一流规划教材

研究生系列教材

物 理

中国科学技术大学研究生教育创新计划项目经费支持

简明统计光学

CONCISE STATISTICAL OPTICS

齐开国　编著

U0256647

中国科学技术大学出版社

内 容 简 介

光学现象在本质上是统计性的. 在光场的产生、传输和光的检测的过程中,会受到许多不可避免的随机因素的影响,进而造成光信号涨落,因此必须使用概率统计的方法来分析和处理.

本书在介绍了随机变量和随机过程的必要的基本预备知识后,讨论了光场的相干性、部分相干光经过均匀的或不均匀的介质的成像、光电探测等过程中的统计性质,介绍了不同光场的统计模型、斑纹的成因及应用等,最后还简单介绍了量子相关函数.

本书可作为光学专业研究生的教学用书或参考书,也可供感兴趣的读者阅读.

图书在版编目(CIP)数据

简明统计光学/齐开国编著. —合肥:中国科学技术大学出版社,2021.3
(中国科学技术大学一流规划教材)
ISBN 978-7-312-05154-8

Ⅰ. 简… Ⅱ. 齐… Ⅲ. 统计光学—教材 Ⅳ. O43

中国版本图书馆 CIP 数据核字(2021)第 026853 号

简明统计光学
JIANMING TONGJI GUANGXUE

出版	中国科学技术大学出版社
	安徽省合肥市金寨路 96 号,230026
	http://press.ustc.edu.cn
	https://zgkxjsdxcbs.tmall.com
印刷	安徽国文彩印有限公司
发行	中国科学技术大学出版社
经销	全国新华书店
开本	787 mm×1092 mm 1/16
印张	11
字数	261 千
版次	2021 年 3 月第 1 版
印次	2021 年 3 月第 1 次印刷
定价	40.00 元

前　言

传统光学与通信理论联系紧密,从而形成了现代光学.我们在传统光学里所考虑的成像过程,用通信理论的语言来说实际上就是空间信息的传输.这样就形成了光学的新分支.

光学与通信理论结合,引入通信理论的频谱分析方法和线性系统理论后形成了傅里叶(Fourier)光学;而采用通信理论中的随机过程、相关函数、统计估值等统计方法来讨论光学问题,则形成了统计光学.

光学现象在本质上是统计性的.在光场的产生、传输和光的检测的过程中,由于受到许多不可避免的随机因素的影响,产生了光信号的涨落,因此必须使用概率统计的方法来分析和处理.例如光场的产生,自然界的光源是由大量原子或分子构成的发光单元形成的.每个发光单元发出的基元辐射之间没有任何关联,所以就没有固定的相位关系,它们叠加形成的总光场就会有很大的涨落.而激光器发出的受激辐射的光就会好得多、有序得多,但是也会残存着少量自发辐射的混沌光,使得光场有涨落.再如在光场的传播过程中,传播介质(如大气)的不均匀性,也会使光场产生随机涨落.对于光的探测,由于探测器的机理基本都是基于光与物质的相互作用,如光电效应,探测结果为光电子计数分布,显然应该是随机分布的,所以对于这些光的过程的讨论,我们必须用统计方法来分析.

本书是笔者在为中国科学技术大学物理学院硕士研究生多年讲授"统计光学"课程的讲义的基础上编写的,适用于60学时的教学.一般来讲,学过傅里叶光学的同学再学习本课程会较好地理解本课程的内容.但这也不是必需的,书后的附录给出了一些学习本课程必须了解的有关傅里叶变换及其在光学中的基本应用,以及书中用到的一些特殊函数如贝塞尔(Bessel)函数,等等.

本书的书名为《简明统计光学》,其意在于使学生学完后对光的统计性质有必要的初步了解,掌握一定的统计分析方法,并摆脱已熟悉的确定论光学的束缚.

本书内容分为五个部分:

第一部分为前两章,主要是数学准备知识,对概率论、随机变量和随机过程理论做了必要的回顾,介绍了与本书密切相关的一些随机过程的数学知识,为后面内容的学习打下基础.

第二部分为第3章至第7章,对统计光学问题进行了讨论.第3章介绍了几种光波的一阶统计性质.第4章介绍了光场的二阶统计性质,即时间相干性和空间相干性.第5章讨论了相干性在各种条件下的传播,并把理论推广到二阶以上的相干性,同时介绍了一些相关的例子.还讨论了部分相干光成像理论.第6章介绍了随机介质(例如地球大气)对光学仪器成像的影响,大气涨落的统计模型以及这种涨落对光波的影响的模型.第7章介绍了斑纹形成的原因、它的基本特性和应用.

第三部分为第8章,讨论了光电探测的半经典理论.

第四部分为第9章,简单介绍了光统计性质的量子理论,以及它与经典理论之间的关系.

第五部分为附录,介绍了学习本书的一些必要的基础知识.

本书的主要参考书之一是顾德门(Joseph W. Goodman)著的《统计光学》(*Statistical Optics*,秦克诚等译).另外一本参考书是戚康男等编著的《统计光学导论》.这两本书都对统计光学的内容做了详尽细致的描述.本书的有些插图取自这两本书,另外,为方便教学使用,本书前几章加入了一些习题,这些习题多数选自顾德门先生的书.在此我对上述两本书的作者和译者们表示感谢.

本教材入选2020年度中国科学技术大学研究生教育创新计划项目——优秀教材出版项目(项目编号:2020ycjc02),并得到了专项经费支持,在此表示感谢.

编　者

2020 年 10 月

目　　录

第1章　随　机　变　量

概率统计、随机变量和随机过程是大家熟知的,也是学习统计光学所需要的数学工具.本章和下一章将对此做一个简单的回顾,所涉及的内容仅限于与本书内容有关的随机变量和随机过程的基本知识,不追求数学上的完整性和严密性.如果需要进一步了解,可参阅有关概率与统计的论著.

1.1　概率与随机变量

1.1.1　概率

1. 概率的定义

一个随机试验具有不能预言的结果,每一个可能出现的结果都是一个**随机事件**,或简称**事件**.事件的所有可能的结果的集合用 Ω 表示.最简单的事件称为基本事件.

重复 N 次试验,若事件 A 出现 n 次,则定义事件 A 出现的相对频率为 $\dfrac{n}{N}$.相对频率仍然具有随机性.当试验次数趋于无限大时,相对频率趋于定值,将其定义为事件 A 的**概率**

$$P(A) \equiv \lim_{N \to \infty} \frac{n}{N} \tag{1.1.1}$$

概率的性质(公理):

(1) $P(A) \geqslant 0$(非负性);

(2) 若 S 为必然事件,则 $P(S) = 1$(归一性);

(3) 若 A_1 和 A_2 是**不相容事件**(或称**互斥事件**),则事件 A_1 或(or)A_2 发生的概率

$$P(A_1 \bigcup A_2) = P(A_1) + P(A_2) \quad \text{(可加性)}$$

例 1.1.1　在运动会上某项目中,一个运动员获得第一名(事件 A)的概率 $P(A) = 0.1$;获得第二名(事件 B)的概率 $P(B) = 0.2$;获得第三名(事件 C)的概率 $P(C) = 0.3$.显然这三个事件为互斥事件,在这个项目中如果他获得了某个名次,就不可能同时获得其他的名次,因此在此项目中他获得前三名(第一名、第二名或第三名)的概率就可用概率加法公式

得出

$$P(A \bigcup B \bigcup C) = P(A) + P(B) + P(C) = 0.1 + 0.2 + 0.3 = 0.6$$

2. 联合事件及其概率

两个随机事件,事件集合分别记为 Ω_1 和 Ω_2,设它们不是互斥事件,即它们有可能联合发生. A, B 联合发生本身也是一个随机事件,我们用 $A \bigcap B$(即 A 与(and) B)表示,它的所有可能结果构成事件集合 $\{A \bigcap B\}$.

若在 N 次试验中,事件 $A \bigcap B$ 出现的次数为 n,则联合概率 $P(A \bigcap B)$($P(A \bigcap B)$ 常记为 $P(A,B)$ 或者 $P(AB)$)定义为

$$P(A,B) = \lim_{N \to \infty} \frac{n}{N} \tag{1.1.2}$$

设在 N 次试验中,联合出现 A, B 的次数为 n,出现 A 的次数为 m,显然 $m \geqslant n$,因此

$$P(A,B) = \lim_{N \to \infty} \frac{n}{N} = \lim_{N \to \infty} \frac{n}{m} \cdot \frac{m}{N}$$

$\frac{n}{m}$ 是已知 A 发生情况下 B 发生的频率,相应的概率称为**条件概率**,用 $P(B|A)$ 表示,因此

$$P(A,B) = P(A) \cdot P(B|A) \tag{1.1.3a}$$

同样,应该也有

$$P(B,A) = P(B) \cdot P(A|B) \tag{1.1.3b}$$

称此式为**一般的概率乘法规则**.

上式也可写成

$$P(B|A) = \frac{P(A,B)}{P(A)}$$

或

$$P(A|B) = \frac{P(A,B)}{P(B)}$$

联合以上两式还可以得到贝叶斯(**Bayes**)**定则**

$$P(B|A) = \frac{P(A|B)P(B)}{P(A)} \quad \text{或} \quad P(A|B) = \frac{P(B|A)P(A)}{P(B)} \tag{1.1.4}$$

若事件 A 与事件 B **相互独立**,即一个事件的发生与否与另一个事件无关,则有

$$P(A|B) = P(A), \quad P(B|A) = P(B)$$

进而

$$P(A,B) = P(A) \cdot P(B) \tag{1.1.5}$$

称此式为**概率的乘法规则**.

例 1.1.2 一个布袋里装有 12 个质地相同的球:6 个红色的、4 个蓝色的、2 个白色的. 设事件 R 是任意摸出一个球是红色的,事件 B 是任意摸出一个球是蓝色的,事件 W 是任意摸出一个球是白色的,则

$$P(R) = \frac{6}{12} = \frac{1}{2}, \quad P(B) = \frac{4}{12} = \frac{1}{3}, \quad P(W) = \frac{2}{12} = \frac{1}{6}$$

$P(R \bigcup B)$ 表示摸出一个球是红色的或者是蓝色的概率,由于这两个事件是互斥的,所

以可用加法规则,从而有

$$P(R \bigcup B) = P(R) + P(B) = \frac{1}{2} + \frac{1}{3} = \frac{5}{6}$$

$P(RB)$表示连续摸出两个球,一个球是红色的并且另一个球是蓝色的概率.可以有两种摸法:

(1) 第一次摸出的球看完颜色后**放回**袋中,再摸第二个球,这种情况下 R 和 B 是独立的,可用概率乘法规则,有

$$P(RB) = P(R)P(B) = \frac{1}{2} \times \frac{1}{3} = \frac{1}{6}$$

(2) 第一次摸出的球**不放回**袋中,继续摸第二个球.这时 R 和 B 不是独立的,B 事件与 R 事件有关联,因为第二次摸球时袋中只有 11 个球了,所以条件概率为

$$P(B \mid R) = \frac{4}{11}$$

利用一般概率乘法规则可得

$$P(RB) = P(R)P(B \mid R) = \frac{1}{2} \times \frac{4}{11} = \frac{2}{11} \neq \frac{1}{6}$$

1.1.2 随机变量及其分布

1. 一维随机变量

首先讨论一维随机变量.

对于随机试验的每一个可能的基本事件 A,赋以一个实数 $u(A)$.**随机变量** U 包括所有可能的实数 $u(A)$以及与 $u(A)$相应的概率 $P(u)$.这样随机变量就构成随机试验的完全模型.以后我们用大写字母表示一个随机变量,用相应的小写字母表示这个随机变量的取值,即随机变量的**样本值**.

随机变量可以用概率分布函数与概率密度函数来描述.

概率分布函数的定义为

$$F_U(u) \equiv P(U \leqslant u) \tag{1.1.6}$$

这里符号 $P(\cdot)$表示括号内所描述的事件发生的概率,$F_U(u)$表示随机变量 U 取值不大于数值 u 时的总概率.

显然,概率分布函数有如下性质:

(1) $F_U(u)$是随 u 的增大非下降的函数;

(2) $F_U(-\infty) = 0$;

(3) $F_U(+\infty) = 1$.

分布函数分为连续型的、离散型的和混合型(由连续和离散混合)的.

实际应用中更重要的是**概率密度函数**,定义为

$$p_U(u) \equiv \frac{\mathrm{d}}{\mathrm{d}u} F_U(u) \tag{1.1.7}$$

根据导数的基本定义,我们取 u 的一个足够小的区间 Δu,有

$$p_U(u)\Delta u \simeq F_U(u) - F_U(u - \Delta u)$$
$$= P(u - \Delta u < U \leqslant u) \tag{1.1.8}$$

可以将一维随机变量的讨论推广到多维随机变量.

概率密度函数的基本性质如下:

(1) $p_U(u) \geqslant 0$(非负性);

(2) $\int_{-\infty}^{\infty} p_U(u)\mathrm{d}u = 1$(归一性);

(3) $P(a < U \leqslant b) = \int_a^b p_U(u)\mathrm{d}u$.

对于离散型的分布函数,由于 $F_U(u)$ 不连续,故 $p_U(u)$ 通常不存在,可以引入 δ 函数(参见附录 A)来描述,定义概率密度函数为

$$p_U(u) = \sum_{k=1}^{\infty} p(u_k)\delta(u - u_k) \tag{1.1.9}$$

通过此定义,可以把离散情况当作连续情况来处理,这可利用 δ 函数的筛选性来完成.

2. 多维随机变量

定义**二维联合随机变量** UV 为数组 (u, v) 的一切可能值的集合,并有相应的概率测度.

联合随机变量 UV 的概率分布函数定义为

$$F_{UV}(u, v) \equiv P(U \leqslant u, V \leqslant v) \tag{1.1.10}$$

概率密度函数定义为

$$p_{UV}(u, v) \equiv \frac{\partial^2}{\partial u \partial v} F_{UV}(u, v) \tag{1.1.11}$$

显然应该有

$$\iint_{-\infty}^{\infty} p_{UV}(u, v)\mathrm{d}u\mathrm{d}v = 1$$

3. 复值随机变量

一个复值随机变量用 $\tilde{U}$ 表示(在字母上加一个"~"表示该量是复的),

$$\tilde{U} = R + \mathrm{j}I \tag{1.1.12}$$

其中,$\mathrm{j} = \sqrt{-1}$ 为虚数单位(光学中,还有某些工程学科中,常用 j 表示虚数单位而不用 i),复值随机变量 $\tilde{U}$ 可以看作两个实值随机变量 R 和 I 构成的二维随机变量.因此 $\tilde{U}$ 的概率分布函数和概率密度函数分别用实部 R 和虚部 I 的联合概率分布函数和联合概率密度函数表示:

$$F_{\tilde{U}}(\tilde{u}) \equiv F_{RI}(r, i) \equiv P(R \leqslant r, I \leqslant i) \tag{1.1.13}$$

$$p_{\tilde{U}}(\tilde{u}) \equiv p_{RI}(r, i) \equiv \frac{\partial^2}{\partial r \partial i} F_{RI}(r, i) \tag{1.1.14}$$

4. 边际概率(边缘概率)和条件概率

若已知 A, B 的联合概率,要确定不管事件 B 是否发生条件下事件 A 发生的概率称为

边际概率

$$P(A) = \sum_B P(A, B), \quad P(B) = \sum_A P(A, B)$$

相应地,随机变量 U, V 的边际概率密度函数为

$$p_U(u) \equiv \int_{-\infty}^{\infty} p_{UV}(u, v) \mathrm{d}v$$

$$p_V(v) \equiv \int_{-\infty}^{\infty} p_{UV}(u, v) \mathrm{d}u \tag{1.1.15}$$

条件概率密度函数定义为

$$p_{V|U}(v \mid u) \equiv \frac{p_{UV}(u, v)}{p_U(u)}$$

$$p_{U|V}(u \mid v) \equiv \frac{p_{UV}(u, v)}{p_V(v)} \tag{1.1.16}$$

5. 统计独立

如果随机变量 U, V 互相独立,即随机变量 U 的概率与 V 的概率无关,那么称 U, V 为**统计独立**的,这时有

$$p_{V|U}(v \mid u) = p_V(v), \quad p_{U|V}(u \mid v) = p_U(u) \tag{1.1.17}$$

所以

$$p_{UV}(u, v) = p_U(u) \cdot p_V(v) \tag{1.1.18}$$

即**两个统计独立的随机变量的联合概率密度函数等于两个边际概率密度函数的乘积.**

6. 两种典型的概率密度函数

典型的概率密度函数有高斯型和泊松型.
(1) 高斯(Gauss)概率密度函数(连续型)

$$p_U(u) = \frac{1}{\sqrt{2\pi}\sigma} \exp\left\{-\frac{(u - \bar{u})^2}{2\sigma^2}\right\} \tag{1.1.19}$$

(2) 泊松(Poisson)概率密度函数(离散型)

$$p_U(u) = \sum_{k=0}^{\infty} \frac{\bar{k}^k}{k!} \mathrm{e}^{-\bar{k}} \delta(u - k) \tag{1.1.20}$$

1.2 随机变量的统计平均特征

虽然概率密度函数 $p_U(u)$ 已完全决定了随机变量 U 的统计性质,但对统计模型的描述还往往需要考虑它的某些统计平均量.

1.2.1 期望值与矩

1. 随机变量的期望值

设随机变量 U 的样本值 u 的函数 $g(u)$ 为另一随机变量 G 的样本值. 定义 $g(u)$ 的**期望值**, 即平均值为

$$\overline{g(u)} = E[g(u)] \equiv \int_{-\infty}^{\infty} g(u) p_U(u) \mathrm{d}u \tag{1.2.1}$$

对于离散型随机变量, 利用 δ 函数, 由于

$$p_U(u) = \sum_k p(u_k) \delta(u - u_k) \tag{1.2.2}$$

所以有

$$
\begin{aligned}
\overline{g(u)} &= \int_{-\infty}^{\infty} g(u) \left(\sum_k p(u_k) \delta(u - u_k) \right) \mathrm{d}u \\
&= \sum_k p(u_k) \int_{-\infty}^{\infty} g(u) \delta(u - u_k) \mathrm{d}u \\
&= \sum_k p(u_k) g(u_k)
\end{aligned}
\tag{1.2.3}
$$

其中交换了积分和求和的次序, 并利用了 δ 函数的筛选性质(见附录 A).

2. 随机变量的矩

(1) 原点矩(中心位于坐标原点)

设 $g(u) = u^n$, 随机变量 U 的 n 阶**原点矩**为

$$E[u^n] = \overline{u^n} \equiv \int_{-\infty}^{\infty} u^n p_U(u) \mathrm{d}u \tag{1.2.4}$$

一阶和二阶原点矩分别对应随机变量的期望值和均方值.

一阶情况 ($n=1$)

$$\bar{u} = E[u] \equiv \int_{-\infty}^{\infty} u p_U(u) \mathrm{d}u$$

这是随机变量 U 的期望值(平均值).

二阶情况 ($n=2$)

$$\overline{u^2} = E[u^2] \equiv \int_{-\infty}^{\infty} u^2 p_U(u) \mathrm{d}u$$

(2) 中心矩(中心位于 $\bar{u}$)

随机变量的 n 阶**中心矩**为

$$E[(u - \bar{u})^n] = \overline{(u - \bar{u})^n} \equiv \int_{-\infty}^{\infty} (u - \bar{u})^n p_U(u) \mathrm{d}u \tag{1.2.5}$$

随机变量 U 的二阶中心矩称为随机变量 U 的**方差**, 用 σ^2 表示:

$$\sigma^2 = E[(u - \bar{u})^2] = \int (u - \bar{u})^2 p_U(u) \mathrm{d}u = \overline{u^2} - \bar{u}^2 \tag{1.2.6}$$

可见, 方差为二阶原点矩与平均值的平方之差. σ 称为**标准差**, 它反映了随机变量相对于它

的平均值,即期望值的涨落.

3. 二维随机变量的联合矩

二维随机变量的 $n+m$ 阶**联合矩**定义为

$$\overline{u^n v^m} \equiv \iint\limits_{-\infty}^{\infty} u^n v^m p_{UV}(u,v)\mathrm{d}u\mathrm{d}v \tag{1.2.7}$$

(1) U 和 V 的相关

最常用的是 U 和 V 的**相关值**,当 $n=m=1$ 时,有

$$\Gamma_{UV} = \overline{UV} = \iint\limits_{-\infty}^{\infty} uv p_{UV}(u,v)\mathrm{d}u\mathrm{d}v \tag{1.2.8}$$

根据定义,显然有

$$\Gamma_{UV} = \Gamma_{VU} \tag{1.2.9}$$

(2) 协方差(中心混合矩)

U 和 V 的**协方差**为

$$C_{UV} = \overline{(u-\bar{u})(v-\bar{v})} = \Gamma_{UV} - \bar{u}\cdot\bar{v} \tag{1.2.10}$$

根据定义,显然有

$$C_{UV} = C_{VU} \tag{1.2.11}$$

协方差是随机变量 U 和 V 之间相关性的一个量度,提供 U,V 之间涨落趋势的一些信息.而相关函数 Γ_{UV} 与协方差 C_{UV} 之间只相差一个常数,故它也给出 U,V 之间相关性的信息.

(3) 相关系数

相关系数的定义为

$$\rho = \frac{C_{UV}}{\sigma_U \sigma_V} \tag{1.2.12}$$

其中,σ_U 和 σ_V 分别是 U 和 V 的标准差.

利用施瓦茨(Schwarz)不等式,可以证明 $C_{UV} \leqslant \sigma_U \cdot \sigma_V$,因此相关系数 ρ 满足

$$0 \leqslant |\rho| \leqslant 1 \tag{1.2.13}$$

当 $\rho=1$ 时,U 与 V 完全相关,涨落一致,见图 1.2.1(d);

当 $\rho=-1$ 时,U 与 V 反相关,涨落大小相同,方向相反,见图 1.2.1(e);

当 $\rho=0$ 时,U 与 V 不相关,涨落无关,见图 1.2.1(c).

由于 $C_{UV}=\overline{uv}-\bar{u}\cdot\bar{v}$,所以 U 与 V 不相关的条件是 $\overline{uv}=\bar{u}\cdot\bar{v}$,这说明:统计独立的两个随机变量一定不相关! 但是反之不一定成立! 即不相关的随机变量不一定统计独立!

(4) 协方差矩阵

对于 n 维联合随机变量 $X_1,X_2,\cdots,X_n$,可用一个 n 行列矢量表示,我们通常称为 n **维随机矢量**,可用列矢量表示为

$$\boldsymbol{X} = \begin{pmatrix} X_1 \\ X_2 \\ \vdots \\ X_n \end{pmatrix} \tag{1.2.14}$$

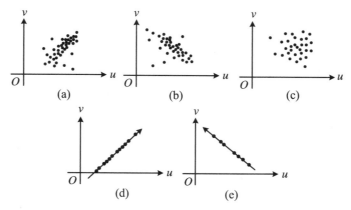

图 1.2.1　散布图

(a) $C_{UV}>0,0<\rho_{UV}<1$,正相关;(b) $C_{UV}<0,-1<\rho_{UV}<0$,负相关;

(c) $C_{UV}=0,\rho_{UV}=0$,不相关;(d) $\rho_{UV}=+1$;(e) $\rho_{UV}=-1$

每组样本值也构成一个 n 行列矢量:

$$\boldsymbol{x}=\begin{pmatrix} x_1 \\ x_2 \\ \vdots \\ x_n \end{pmatrix} \tag{1.2.15}$$

可定义一个 $n\times n$ **协方差矩阵**:

$$\boldsymbol{C}=\begin{pmatrix} C_{11} & C_{12} & \cdots & C_{1n} \\ C_{21} & C_{22} & \cdots & C_{2n} \\ \vdots & \vdots & & \vdots \\ C_{n1} & C_{n2} & \cdots & C_{nn} \end{pmatrix} \tag{1.2.16}$$

其中,第 i 行第 j 列矩阵元素为 $C_{ij}=\overline{(x_i-\bar{x}_i)\cdot(x_j-\bar{x}_j)}$,矩阵主对角线上的元素 C_{11},C_{22},$\cdots$,C_{nn} 为各个随机变量的方差,而非对角元素则是随机变量之间的协方差.

易见,$C_{ij}=C_{ji}$,故协方差矩阵是实对称矩阵.

1.2.2　特征函数

1. 特征函数的定义

随机变量 U 的**特征函数**定义为 $\exp(\mathrm{j}\omega u)$ 的期望值,它通常是复值函数

$$\widetilde{M}_U(\omega)\equiv E[\exp(\mathrm{j}\omega u)]=\int_{-\infty}^{\infty}\mathrm{e}^{\mathrm{j}\omega u}p_U(u)\mathrm{d}u \tag{1.2.17}$$

可见特征函数实际上是概率密度函数的傅里叶变换.因此它和 $p_U(u)$ 一样包含所有随机变量 U 的统计特征的信息.由特征函数的逆傅里叶变换可以求出概率密度函数

$$p_U(u)=\frac{1}{2\pi}\int_{-\infty}^{\infty}\widetilde{M}_U(\omega)\mathrm{e}^{-\mathrm{j}\omega u}\mathrm{d}\omega \tag{1.2.18}$$

也就是说,**概率密度函数与特征函数是一个傅里叶变换对**.

常见的高斯随机变量和泊松随机变量的概率密度函数和特征函数如下:

高斯概率密度函数:

$$p_U(u) = \frac{1}{\sqrt{2\pi}\sigma}\exp\left\{-\frac{(u-\bar{u})^2}{2\sigma^2}\right\} \tag{1.2.19}$$

特征函数:

$$\widetilde{M}_U(\omega) = \exp\left\{\mathrm{j}\omega\bar{u} - \frac{\omega^2\sigma^2}{2}\right\} \tag{1.2.20}$$

泊松概率密度函数:

$$p_U(u) = \sum_{k=0}^{\infty}\frac{\bar{k}^k}{k!}\mathrm{e}^{-\bar{k}}\delta(u-k) \tag{1.2.21}$$

特征函数:

$$\widetilde{M}_U(\omega) = \exp\{\bar{k}(\mathrm{e}^{\mathrm{j}\omega}-1)\} \tag{1.2.22}$$

2. 特征函数与矩的关系

将 $\exp(\mathrm{j}\omega u)$ 展开成幂级数,有

$$\mathrm{e}^{\mathrm{j}\omega u} = \sum_{n=0}^{\infty}\frac{(\mathrm{j}\omega u)^n}{n!}$$

将它代入特征函数定义式,可以求出特征函数与随机变量 U 的 n 阶矩的关系:

$$\widetilde{M}(\omega) = \sum_{n=0}^{\infty}\frac{(\mathrm{j}\omega)^n}{n!}\overline{u^n} \tag{1.2.23}$$

从而可以得到

$$\overline{u^n} = \frac{1}{\mathrm{j}^n}\frac{\mathrm{d}^n}{\mathrm{d}\omega^n}\widetilde{M}_U(\omega)\Big|_{\omega=0} \tag{1.2.24}$$

因此,随机变量 U 的 n 阶矩与随机变量 U 的特征函数具有同样的信息. 也就是说,知道了随机变量 U 的特征函数就可以求出它的任何一阶矩.

3. 联合特征函数与联合矩

定义随机变量 U 与 V 的**联合特征函数**

$$\widetilde{M}_{UV}(\omega_U, \omega_V) \equiv \iint\limits_{-\infty}^{\infty}\mathrm{e}^{\mathrm{j}(\omega_U u + \omega_V v)}p_{UV}(u, v)\mathrm{d}u\mathrm{d}v \tag{1.2.25}$$

同样也有

$$p_{UV}(u, v) = \frac{1}{(2\pi)^2}\iint\limits_{-\infty}^{\infty}\mathrm{e}^{-\mathrm{j}(\omega_U u + \omega_V v)}\widetilde{M}_{UV}(\omega_U, \omega_V)\mathrm{d}\omega_U\mathrm{d}\omega_V \tag{1.2.26}$$

可见**联合特征函数与联合概率密度函数互为二维傅里叶变换对**.

类似地,可以建立随机变量 U 和 V 的 $n+m$ 阶矩与联合特征函数之间的关系:

$$\overline{u^n v^m} = \frac{1}{\mathrm{j}^{n+m}}\frac{\partial^{n+m}}{\partial\omega_U^n\partial\omega_V^m}M_{UV}(\omega_U, \omega_V)\Big|_{\omega_U=0, \omega_V=0} \tag{1.2.27}$$

1.3 随机变量的变换

当随机变量经过某种变换后,如何决定其概率密度函数的变换呢? 这是实际中常遇到的问题.

1.3.1 概率密度函数的变换

1. 一维情况

已知随机变量 U 的概率密度函数为 $p_U(u)$,对于 U 的每一个样本值 u,经过变换 $z = f(u)$,可得到 z,则 Z 也是一个随机变量,我们要得到它的概率密度函数 $p_Z(z)$.

若变换 $z = f(u)$ 是单值且可逆的,u 和 z 值点点对应,区域 $u + \Delta u$ 对应 $z + \Delta z$,那么在这个区域中 u 的概率与 z 的概率相同,即

$$p_Z(z < Z \leqslant z + \Delta z) \simeq p_U(u < U \leqslant u + \Delta u) \qquad (1.3.1)$$

$$p_Z(z)\Delta z \simeq p_U(u)\Delta u \qquad (1.3.2)$$

于是

$$p_Z(z) = p_U(u)\left|\frac{\mathrm{d}u}{\mathrm{d}z}\right| = p_U(u = f^{-1}(z))\left|\frac{\mathrm{d}u}{\mathrm{d}z}\right|$$

或写成

$$p_Z(z) = \frac{p_U(u = f^{-1}(z))}{\left|\dfrac{\mathrm{d}z}{\mathrm{d}u}\right|} \qquad (1.3.3)$$

我们可以看到,变换的斜率 $\dfrac{\mathrm{d}z}{\mathrm{d}u}$ 影响到 $p_Z(z)$,$\left|\dfrac{\mathrm{d}z}{\mathrm{d}u}\right|$ 大,即与 Δu 相应的 Δz 大,$p_Z(z)$ 相应要小;反之亦然,如图 1.3.1 所示.

一般情况下,当变换 $z = f(u)$ 不在整个区域单值而在分区域内单值可逆时,设第 n 区段上的函数可以用可逆函数 $f_n^{-1}(z)$ 来表示,则 z 的概率密度函数可分段求和表示为

$$p_Z(z) = \sum p_U(u = f_n^{-1}(z))\left|\frac{\mathrm{d}f_n^{-1}(z)}{\mathrm{d}z}\right| \qquad (1.3.4)$$

例 1.3.1 考虑变换 $z = u^2$,由于在下列区域变换分段单值可逆:

$$u = +\sqrt{z}, \quad 0 < u \leqslant \infty$$

$$u = -\sqrt{z}, \quad -\infty < u \leqslant 0$$

并且在每段区域都有

$$\left|\frac{\mathrm{d}u}{\mathrm{d}z}\right| = \frac{1}{2\sqrt{z}}$$

因此

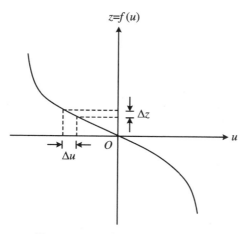

图 1.3.1 一对一概率变换的例子

$$p_Z(z) = \frac{p_U(\sqrt{z})}{2\sqrt{z}} + \frac{p_U(-\sqrt{z})}{2\sqrt{z}} \tag{1.3.5}$$

2. 多维情况

我们以二维为例. 两个联合分布的随机变量 U 和 V 经过变换

$$\begin{cases} w = f(u, v) \\ z = g(u, v) \end{cases} \tag{1.3.6}$$

产生两个联合分布的随机变量 W 和 Z. 若变换是单值且可逆的, 给定一对 (u, v) 对应一对 (w, z), 则 u, v 在 $\Delta u \Delta v$ 增量区的概率应等于 w, z 在 $\Delta w \Delta z$ 增量区的概率,

$$p_{WZ}(w, z)\Delta w \Delta z = p_{UV}(u, v)\Delta u \Delta v \tag{1.3.7}$$

对于微小量 $(\Delta u, \Delta v)$, 有

$$\Delta u \Delta v \simeq |J| \Delta w \Delta z \tag{1.3.8}$$

其中, J 为逆变换

$$\begin{cases} u = F(w, z) \\ v = G(w, z) \end{cases} \tag{1.3.9}$$

的雅可比 (Jacobi) 行列式,

$$|J| = \left\| \begin{matrix} \dfrac{\partial F}{\partial w} & \dfrac{\partial F}{\partial z} \\ \dfrac{\partial G}{\partial w} & \dfrac{\partial G}{\partial z} \end{matrix} \right\| \tag{1.3.10}$$

式中, $\| \cdot \|$ 表示行列式的模, 于是我们得到

$$p_{WZ}(w, z) = |J| p_{UV}(u = F(w, z), v = G(w, z)) \tag{1.3.11}$$

式中, $|J|$ 的作用与式 (1.3.3) 中 $\left| \dfrac{\mathrm{d}z}{\mathrm{d}u} \right|$ 的作用相同.

1.3.2 随机变量之和

1. 随机变量之和

首先考虑两个实值随机变量之和的情况.

若已知随机变量 U, V 之和是一个新的随机变量 $Z, Z = U + V$,求 Z 的概率密度函数 $p_Z(z)$.这个问题可以用多维随机变量变换来解决.

设

$$\begin{cases} z = u + v \\ w = v \end{cases} \tag{1.3.12}$$

则有

$$\begin{cases} u = z - w \\ v = w \end{cases} \tag{1.3.13}$$

$$|J| = \begin{Vmatrix} \dfrac{\partial u}{\partial z} & \dfrac{\partial u}{\partial w} \\ \dfrac{\partial v}{\partial z} & \dfrac{\partial v}{\partial w} \end{Vmatrix} = \begin{Vmatrix} 1 & -1 \\ 0 & 1 \end{Vmatrix} = 1 \tag{1.3.14}$$

所以有

$$p_{WZ}(w, z) = p_{UV}(z - w, w) \tag{1.3.15}$$

$p_Z(z)$ 对 $p_{WZ}(w, z)$ 求边际概率密度函数,得到

$$p_Z(z) = \int_{-\infty}^{\infty} p_{WZ}(w, z)\mathrm{d}w = \int_{-\infty}^{\infty} p_{UV}(z - w, w)\mathrm{d}w$$

$$= \int_{-\infty}^{\infty} p_{UV}(z - v, v)\mathrm{d}v \tag{1.3.16}$$

2. 独立随机变量

若 U, V 统计独立,则有

$$p_{UV}(u, v) = p_U(u) \cdot p_V(v) = p_U(z - v) \cdot p_V(v) \tag{1.3.17}$$

这时,$p_Z(z)$ 为卷积形式:

$$p_Z(z) = \int_{-\infty}^{\infty} p_U(z - v) \cdot p_V(v)\mathrm{d}v = p_U(z) * p_V(z) \tag{1.3.18}$$

由卷积定理(见附录 B)可知,其特征函数 $\widetilde{M}_Z(\omega)$ 为乘积形式:

$$\widetilde{M}_Z(\omega) = \widetilde{M}_U(\omega) \cdot \widetilde{M}_V(\omega) \tag{1.3.19}$$

3. 中心极限定理

高斯分布也叫正态分布,是特别重要的一类分布.在自然现象和社会现象中,很多随机变量服从或近似服从这种分布,这在理论上是由下述的中心极限定理决定的.

对于大量相互独立的随机变量之和的情况,存在一条非常重要的**中心极限定理**,指出了这一问题必然遵循的规律.

设随机变量 $U_1, U_2, \cdots, U_n$ 相互独立,具有任意的概率分布,期望值为 $\bar{u}_1, \bar{u}_2, \cdots, \bar{u}_n$,方差为 $\sigma_1^2, \sigma_2^2, \cdots, \sigma_n^2$.它们之和构成随机变量 Z,则有

$$z = \frac{1}{\sqrt{n}} \sum_{i=1}^{n} \frac{u_i - \bar{u}_i}{\sigma_i} \tag{1.3.20}$$

这里,对每一个 n,z 具有零期望值和单位标准差.中心极限定理指出,在一定条件下(实际中常常满足这些条件),当随机变量的数目 n 趋于无穷大时,概率密度函数 $p_Z(z)$ 趋近于高斯分布(正态分布)

$$\lim_{n \to \infty} p_Z(z) = \frac{1}{\sqrt{2\pi}} e^{-\frac{z^2}{2}} \tag{1.3.21}$$

当以后讨论到大量相互独立的随机变量求和问题时,中心极限定理将起着十分重要的作用.

中心极限定理所要求的数学条件我们不去讨论了.这里我们只告诉大家这个定理所要求的条件并不苛刻,在实际中经常是可以满足的.于是我们可以利用中心极限定理得到如下结论:如果一个随机变量是由大量独立的小概率事件的总和叠加而形成的,它就应该服从高斯分布.在实际中,我们可能会遇到许多随机变量是由大量相互独立的随机因素综合影响所形成的,其中每一个个别因素在总的影响中所起的作用都是微小的.

有很多这样的例子.例如物理实验的误差,在排除系统误差之后,实验的偶然误差是由许多独立的随机因素导致的微小误差叠加而成的,所以它应当服从高斯分布.再如光学中,热光场中一点的光振幅是由光源中大量相互独立的原子或分子受激发后发出的微小振动叠加而成的,因此也符合高斯分布.

1.4 高斯随机变量与泊松随机变量

1.4.1 高斯随机变量

在实际问题中常常遇到由许多独立随机变量叠加而成的随机变量,根据中心极限定理,这个随机变量的分布应是高斯型的.因此下面介绍高斯随机变量及其一些重要特性.

1. 高斯随机变量的定义

若随机变量 U 的特征函数具有下列形式,则 U 是高斯随机变量:

$$\widetilde{M}_U(\omega) = \exp\left\{ j\omega\bar{u} - \frac{\omega^2 \sigma^2}{2} \right\} \tag{1.4.1}$$

其中,$\bar{u}$ 是随机变量 U 的均值,σ^2 是 U 的方差.

对特征函数做逆傅里叶变换,得到 U 的概率密度函数:

$$p_U(u) = \frac{1}{\sqrt{2\pi}\sigma} \exp\left\{ -\frac{(u - \bar{u})^2}{2\sigma^2} \right\} \tag{1.4.2}$$

2. 高斯随机变量的矩

高斯随机变量的 n 阶中心矩为

$$\overline{(u - \bar{u})^n} = \begin{cases} 1 \times 3 \times 5 \times \cdots \times (n - 1)\sigma^n, & n \text{ 为偶数} \\ 0, & n \text{ 为奇数} \end{cases}$$

3. 二维联合高斯随机变量

二维联合高斯随机变量的密度函数的一般形式是（设 $\bar{u} = \bar{v} = 0$）

$$p_{UV}(u, v) = \frac{1}{2\pi\sigma_U\sigma_V\sqrt{1 - \rho^2}}\exp\left\{-\frac{1}{2(1 - \rho^2)}\left(\frac{u^2}{\sigma_U^2} - \frac{2\rho uv}{\sigma_U\sigma_V} + \frac{v^2}{\sigma_V^2}\right)\right\} \quad (1.4.3)$$

其中

$$\rho = \rho_{UV} = \frac{C_{UV}}{\sigma_U\sigma_V} \quad (1.4.4)$$

为相关系数.

我们看看如何得到这个一般的二维联合高斯随机变量的概率密度函数公式.

考虑两个相互独立的均值为零的一维高斯随机变量 X 和 Y,它们的样本值分别为 x 和 y,构成 xy 平面,已知 $\bar{x} = 0, \bar{y} = 0$,所以概率密度函数为

$$p_X(x) = \frac{1}{\sqrt{2\pi}\sigma_x}\exp\left\{-\frac{x^2}{2\sigma_x^2}\right\}$$

$$p_Y(y) = \frac{1}{\sqrt{2\pi}\sigma_y}\exp\left\{-\frac{y^2}{2\sigma_y^2}\right\}$$

由于二者相互独立,所以联合概率密度分布为

$$p_{XY}(x, y) = p_X(x) \cdot p_Y(y) = \frac{1}{2\pi\sigma_x\sigma_y}\exp\left\{-\frac{1}{2}\left(\frac{x^2}{\sigma_x^2} + \frac{y^2}{\sigma_y^2}\right)\right\}$$

xy 平面上的等概率线为 e 指数上保持为常数的曲线,即

$$\frac{x^2}{\sigma_x^2} + \frac{y^2}{\sigma_y^2} = C$$

（C 为常数）为 xy 平面上的一族椭圆.

将 x, y 坐标做一个旋转变换,旋转 ϑ 角,变成 u, v 坐标,u, v 是另外两个随机变量 U, V 的样本值.我们看看在旋转后新的随机变量 U, V 的联合概率密度函数是什么样的.

新、老坐标之间的变换关系为

$$\begin{cases} u = x\cos\vartheta + y\sin\vartheta \\ v = -x\sin\vartheta + y\cos\vartheta \end{cases}$$

或者

$$\begin{cases} x = u\cos\vartheta - v\sin\vartheta \\ y = u\sin\vartheta + v\cos\vartheta \end{cases}$$

易见

$$\bar{u} = \overline{x\cos\vartheta + y\sin\vartheta} = \bar{x}\cos\vartheta + \bar{y}\sin\vartheta = 0$$

$$\bar{v} = \overline{-x\sin\vartheta + y\cos\vartheta} = -\bar{x}\sin\vartheta + \bar{y}\cos\vartheta = 0$$

$$\sigma_U^2 = \overline{u^2} - \bar{u}^2 = \sigma_x^2 \cos^2 \vartheta + \sigma_y^2 \sin^2 \vartheta$$

$$\sigma_V^2 = \overline{v^2} - \bar{v}^2 = \sigma_x^2 \sin^2 \vartheta + \sigma_y^2 \cos^2 \vartheta$$

我们利用变量变换的方法求随机变量 U, V 的联合概率密度函数 $p_{UV}(u, v)$.

$$J = \begin{vmatrix} \dfrac{\partial x}{\partial u} & \dfrac{\partial x}{\partial v} \\ \dfrac{\partial y}{\partial u} & \dfrac{\partial y}{\partial v} \end{vmatrix} = \begin{vmatrix} \cos \vartheta & -\sin \vartheta \\ \sin \vartheta & \cos \vartheta \end{vmatrix} = 1$$

所以有

$$p_{UV}(u, v) = |J| p_{XY}(x = u\cos \vartheta - v\sin \vartheta, y = u\sin \vartheta + v\cos \vartheta)$$

$$= 1 \cdot \frac{1}{2\pi \sigma_x \sigma_y} \exp\left\{ -\frac{1}{2}\left(\frac{x^2}{\sigma_x^2} + \frac{y^2}{\sigma_y^2} \right) \right\}_{\left\{ \begin{array}{l} x = u\cos \vartheta - v\sin \vartheta \\ y = u\sin \vartheta + v\cos \vartheta \end{array} \right.}$$

通过运算,最后可以得到

$$p_{UV}(u, v) = \frac{1}{2\pi (\sigma_U^2 \sigma_V^2 - C_{UV}^2)^{\frac{1}{2}}} \exp\left\{ -\frac{\sigma_V^2 u^2 - 2C_{UV} uv + \sigma_U^2 v^2}{2(\sigma_U^2 \sigma_V^2 - C_{UV}^2)} \right\}$$

其中

$$C_{UV} = \overline{(u - \bar{u})(v - \bar{v})} = \Gamma_{UV} - \bar{u} \cdot \bar{v}$$

为协方差.

引入相关系数

$$\rho = \frac{C_{UV}}{\sigma_U \cdot \sigma_V}$$

可将结果最后写成

$$p_{UV}(u, v) = \frac{1}{2\pi \sigma_U \sigma_V \sqrt{1 - \rho^2}} \exp\left\{ -\frac{1}{2(1 - \rho^2)}\left(\frac{u^2}{\sigma_U^2} - \frac{2\rho uv}{\sigma_U \sigma_V} + \frac{v^2}{\sigma_V^2} \right) \right\}$$

这就是我们前面给出的公式(1.4.3).

若 $\sigma_U^2 = \sigma_V^2 = \sigma^2$,则

$$p_{UV}(u, v) = \frac{1}{2\pi \sigma^2 \sqrt{1 - \rho^2}} \exp\left\{ -\frac{u^2 + v^2 - 2\rho uv}{2(1 - \rho^2)\sigma^2} \right\} \tag{1.4.5}$$

相关系数 $\rho = \dfrac{\overline{uv}}{\sigma^2}$.

当随机变量 U 和 V 不相关时,$\rho = 0$,有

$$p_{UV}(u, v) = \frac{1}{2\pi \sigma^2} \exp\left\{ -\frac{1}{2\sigma^2}(u^2 + v^2) \right\} \tag{1.4.6}$$

而当 $\sigma_U^2 \neq \sigma_V^2$ 时

$$p_{UV}(u, v) = \frac{1}{2\pi \sigma_U \sigma_V} \exp\left\{ -\frac{1}{2}\left(\frac{u^2}{\sigma_U^2} + \frac{v^2}{\sigma_V^2} \right) \right\} \tag{1.4.7}$$

为了便于向高维推广,我们引入下列矩阵和矢量表示:

随机变量 U 和 V 与相应的取值表示为

$$\boldsymbol{U} = \begin{pmatrix} U \\ V \end{pmatrix}, \quad \boldsymbol{u} = \begin{pmatrix} u \\ v \end{pmatrix} \tag{1.4.8}$$

协方差矩阵及其对应的行列式为

$$C = \begin{pmatrix} \sigma_U^2 & C_{UV} \\ C_{UV} & \sigma_V^2 \end{pmatrix}, \quad |C| = \sigma_U^2 \sigma_V^2 - C_{UV}^2 \tag{1.4.9}$$

协方差矩阵的逆矩阵为

$$C^{-1} = \frac{1}{|C|} \begin{pmatrix} \sigma_V^2 & -C_{UV} \\ -C_{UV} & \sigma_U^2 \end{pmatrix} \tag{1.4.10}$$

可将概率密度函数(1.4.3)改写为如下简洁的矩阵形式:

$$p_U(u) = \frac{1}{2\pi |C|^{\frac{1}{2}}} \exp\left\{-\frac{1}{2} u^T C^{-1} u\right\} \tag{1.4.11}$$

其中,上标"T"表示矢量或矩阵的转置.

4. n 维联合高斯随机变量

n 维联合高斯随机变量 $U_1, U_2, \cdots, U_n$ 可表示为如下的 n 维矢量:

$$U = \begin{pmatrix} U_1 \\ U_2 \\ \vdots \\ U_n \end{pmatrix} \tag{1.4.12}$$

它们相应的样本函数与均值为

$$u = \begin{pmatrix} u_1 \\ u_2 \\ \vdots \\ u_n \end{pmatrix}, \quad \bar{u} = \begin{pmatrix} \bar{u}_1 \\ \bar{u}_2 \\ \vdots \\ \bar{u}_n \end{pmatrix} \tag{1.4.13}$$

特征函数可表示为

$$\widetilde{M}_U(\boldsymbol{\omega}) = \exp\left\{j\bar{u}^T \boldsymbol{\omega} - \frac{1}{2} \boldsymbol{\omega}^T C \boldsymbol{\omega}\right\} \tag{1.4.14}$$

其中

$$\boldsymbol{\omega} = \begin{pmatrix} \omega_1 \\ \omega_2 \\ \vdots \\ \omega_n \end{pmatrix} \tag{1.4.15}$$

$$C = \begin{pmatrix} \sigma_{11}^2 & \sigma_{12}^2 & \cdots & \sigma_{1n}^2 \\ \sigma_{21}^2 & \sigma_{22}^2 & \cdots & \sigma_{2n}^2 \\ \vdots & \vdots & & \vdots \\ \sigma_{n1}^2 & \sigma_{n2}^2 & \cdots & \sigma_{nn}^2 \end{pmatrix} \tag{1.4.16}$$

为 $n \times n$ 协方差矩阵.

i 行、k 列矩阵元素为

$$\sigma_{ik}^2 = E\left[(u_i - \bar{u}_i)(u_k - \bar{u}_k)\right] \tag{1.4.17}$$

可以证明,相应的 n 维概率密度函数是

$$p_U(u) = \frac{1}{(2\pi)^{\frac{n}{2}} |C|^{\frac{1}{2}}} \exp\left\{-\frac{1}{2}(u - \bar{u})^{\mathrm{T}} C^{-1}(u - \bar{u})\right\} \quad (1.4.18)$$

5. 高斯随机变量的性质

高斯随机变量具有许多重要特性.

(1) 两个不相关的联合高斯随机变量也是统计独立的.

因为 $\rho = 0$,所以,式(1.4.7)表示的概率密度函数为

$$p_{UV}(u, v) = \frac{\exp\left\{-\dfrac{u^2 + v^2}{2\sigma^2}\right\}}{2\pi\sigma^2} = \frac{1}{\sqrt{2\pi}\sigma} \mathrm{e}^{-\frac{u^2}{2\sigma^2}} \cdot \frac{1}{\sqrt{2\pi}\sigma} \mathrm{e}^{-\frac{v^2}{2\sigma^2}} = p_U(u) \cdot p_V(v)$$

$$(1.4.19)$$

这说明,对于高斯随机变量,统计独立与不相关等价.

(2) 两个统计独立的高斯随机变量的和仍是高斯随机变量.

对于 U 和 V,特征函数为

$$\widetilde{M}_U(\omega) = \exp\left\{\mathrm{j}\omega\bar{u} - \frac{\omega^2\sigma_U^2}{2}\right\} \quad (1.4.20a)$$

$$\widetilde{M}_V(\omega) = \exp\left\{\mathrm{j}\omega\bar{v} - \frac{\omega^2\sigma_V^2}{2}\right\} \quad (1.4.20b)$$

由于 $Z = U + V$,根据方程(1.3.19),有

$$\widetilde{M}_Z(\omega) = \widetilde{M}_U(\omega) \cdot \widetilde{M}_V(\omega) = \exp\left\{\mathrm{j}\omega(\bar{u} + \bar{v}) - \frac{\omega^2}{2}(\sigma_U^2 + \sigma_V^2)\right\} \quad (1.4.21)$$

于是 Z 也是高斯随机变量,其均值为 $\bar{u} + \bar{v}$,方差为 $\sigma_U^2 + \sigma_V^2$.

(3) 两个不独立(或相关)的高斯随机变量之和仍是高斯随机变量.

设随机变量 U 和 V 具有零平均值、等方差,由 $Z = U + V$,根据方程(1.3.16)以及方程(1.4.3)可得

$$\begin{aligned}
p_Z(z) &= \int_{-\infty}^{\infty} p_{UV}(z - v, v)\mathrm{d}v \\
&= \int_{-\infty}^{\infty} \frac{1}{2\pi\sigma^2 \sqrt{1 - \rho^2}} \exp\left\{-\frac{(z - v)^2 + v^2 - 2\rho(z - v)v}{2(1 - \rho^2)\sigma^2}\right\}\mathrm{d}v \\
&= \frac{1}{\sqrt{2\pi} \sqrt{2(1 + \rho)\sigma^2}} \exp\left\{-\frac{z^2}{4(1 + \rho)\sigma^2}\right\}
\end{aligned} \quad (1.4.22)$$

可见 Z 也是高斯随机变量,$\bar{z} = 0$,$\sigma_Z^2 = 2(1 + \rho)\sigma^2$.

(4) 任何独立或不独立的高斯随机变量的线性组合仍是高斯随机变量.

设

$$Z = \sum_{i=1}^{n} a_i U_i$$

其中,a_i 为已知常数,U_i 为高斯随机变量.由(1),(2)两性质可知,Z 仍为高斯随机变量.

(5) 联合高斯随机变量 $U_1, U_2, \cdots, U_n$ 的 n 阶联合矩总可以用一阶矩和二阶矩表示.

6. 高斯随机变量的矩定理

可以证明,多个零均值的高斯随机变量具有下列性质:

$$\overline{u_1 u_2 \cdots u_{2k+1}} = 0$$

$$\overline{u_1 u_2 \cdots u_{2k}} = \sum_p \left(\overline{u_j u_m} \cdot \overline{u_l u_p} \cdot \cdots \cdot \overline{u_q u_s} \right)_{j \neq m, l \neq p, q \neq s} \tag{1.4.23}$$

其中,$\sum_p$ 表示对 $2k$ 个变量所有可能的不同的配对方式求和. 一共有 $\dfrac{(2k)!}{2^k k!}$ 种不同的配对方式. 对于最重要的 $k = 2$ 的情况,我们有

$$\overline{u_1 u_2 u_3 u_4} = \overline{u_1 u_2} \cdot \overline{u_3 u_4} + \overline{u_1 u_3} \cdot \overline{u_2 u_4} + \overline{u_1 u_4} \cdot \overline{u_2 u_3} \tag{1.4.24}$$

称这个关系式为实数高斯随机变量的矩定理.

7. 圆型复值高斯随机变量

(1) 复值随机变量的一般描述

类似于实值随机变量的定义,对于随机事件集 Ω 的每一个事件 A 赋以一个复数 $\tilde{u}(A)$,连同相应的概率测度就构成了复值随机变量 $\tilde{U}$.

描述复值随机变量的最简单方法是描述它的实部和虚部的联合随机变量.

若

$$\tilde{U} = R + jI \tag{1.4.25}$$

相应的样本取值为

$$\tilde{u} = r + ji \tag{1.4.26}$$

则 R 和 I 的联合分布函数为

$$F_{\tilde{U}}(\tilde{u}) \equiv F_{RI}(r, i) = P(R \leqslant r, I \leqslant i) \tag{1.4.27}$$

R 和 I 的联合概率密度函数为

$$p_{\tilde{U}}(\tilde{u}) = p_{RI}(r, i) = \frac{\partial^2}{\partial r \partial i} F_{RI}(r, i) \tag{1.4.28}$$

R 和 I 的联合概率密度函数为

$$\tilde{M}_{\tilde{U}}(\omega^r, \omega^i) = E\{\exp[j(\omega^r \cdot r + \omega^i \cdot i)]\} \tag{1.4.29}$$

对于 n 个联合复随机变量 $\tilde{U}_1, \tilde{U}_2, \cdots, \tilde{U}_n$,设相应的样本函数为

$$\tilde{u}_1 = r_1 + ji_1, \quad \tilde{u}_2 = r_2 + ji_2, \quad \cdots, \quad \tilde{u}_n = r_n + ji_n$$

联合分布函数为

$$F_{\tilde{U}}(\tilde{u}) = P(R_1 \leqslant r_1, R_2 \leqslant r_2, \cdots, R_n \leqslant r_n; I_1 \leqslant i_1, I_2 \leqslant i_2, \cdots I_n \leqslant i_n) \tag{1.4.30}$$

其中

$$\tilde{U} = \begin{bmatrix} \tilde{U}_1 \\ \tilde{U}_2 \\ \vdots \\ \tilde{U}_n \end{bmatrix}, \quad \tilde{u} = \begin{bmatrix} \tilde{u}_1 \\ \tilde{u}_2 \\ \vdots \\ \tilde{u}_n \end{bmatrix} \tag{1.4.31}$$

联合概率密度函数为

$$p_{\widetilde{U}}(\widetilde{u}) = \frac{\partial^{2n}}{\partial r_1 \partial r_2 \cdots \partial r_n \partial i_1 \partial i_2 \cdots \partial i_n} F_{\widetilde{U}}(\widetilde{u}) \tag{1.4.32}$$

特征函数为

$$\widetilde{M}_{\widetilde{U}}(\boldsymbol{\omega}) = E[\exp(\mathrm{j}\boldsymbol{\omega}^\mathrm{T} \boldsymbol{u})] \tag{1.4.33}$$

其中

$$\boldsymbol{u} = \begin{bmatrix} r_1 \\ r_2 \\ \vdots \\ r_n \\ i_1 \\ i_2 \\ \vdots \\ i_n \end{bmatrix}, \quad \boldsymbol{\omega} = \begin{bmatrix} \omega_1^r \\ \omega_2^r \\ \vdots \\ \omega_n^r \\ \omega_1^i \\ \omega_2^i \\ \vdots \\ \omega_n^i \end{bmatrix} \tag{1.4.34}$$

两个矢量均有 $2n$ 个元素.

（2）复值高斯随机变量

一个复值随机变量可以看作由其实部与虚部构成的两个实值的二维随机变量. 根据前述多维高斯随机变量的定义，我们可以得到 n 个复值高斯随机变量 $U_1, U_2, \cdots, U_n$ 的联合概率密度函数：

$$p_U(\boldsymbol{u}) = \frac{1}{(2\pi)^n |\boldsymbol{C}|^{\frac{1}{2}}} \exp\left\{ -\frac{1}{2} (\boldsymbol{u} - \bar{\boldsymbol{u}})^\mathrm{T} \boldsymbol{C}^{-1} (\boldsymbol{u} - \bar{\boldsymbol{u}}) \right\} \tag{1.4.35}$$

特征函数为

$$\widetilde{M}_U(\boldsymbol{\omega}) = \exp\left\{ \mathrm{j}\boldsymbol{u}^\mathrm{T} \boldsymbol{\omega} - \frac{1}{2} \boldsymbol{\omega}^\mathrm{T} \boldsymbol{C} \boldsymbol{\omega} \right\} \tag{1.4.36}$$

其中, $\boldsymbol{u}$ 和 $\bar{\boldsymbol{u}}$ 都是具有 $2n$ 个实值的列矩阵, $\boldsymbol{C}$ 是 $2n \times 2n$ 的实值协方差矩阵：

$$\boldsymbol{u} = \begin{bmatrix} r_1 \\ r_2 \\ \vdots \\ r_n \\ i_1 \\ i_2 \\ \vdots \\ i_n \end{bmatrix}, \quad \bar{\boldsymbol{u}} = \begin{bmatrix} \bar{r}_1 \\ \bar{r}_2 \\ \vdots \\ \bar{r}_n \\ \bar{i}_1 \\ \bar{i}_2 \\ \vdots \\ \bar{i}_n \end{bmatrix} \tag{1.4.37}$$

$$\boldsymbol{C} = E[(\boldsymbol{u} - \bar{\boldsymbol{u}})(\boldsymbol{u} - \bar{\boldsymbol{u}})^\mathrm{T}] \tag{1.4.38}$$

其中, $|\boldsymbol{C}|$ 为 $\boldsymbol{C}$ 的行列式, $\boldsymbol{C}^{-1}$ 是 $\boldsymbol{C}$ 的逆矩阵.

（3）圆型复值高斯随机变量

我们考虑一类特殊的复随机变量——圆型复值随机变量.

称一个复值随机变量 $\tilde{z} = x + \mathrm{j}y$ 为圆型对称的,简称圆型的,如果它满足以下条件:

① 均值为零:$\bar{\tilde{z}} = 0$,即 $\bar{x} = 0$,$\bar{y} = 0$;

② 实部与虚部的方差相等:$\overline{x^2} = \overline{y^2}$;

③ 实部与虚部不相关:$\overline{xy} = 0$.

其实条件②和③可以合写成 $\overline{\tilde{z}^2} = 0$.

为什么叫作圆型对称性呢? 我们来简单看一下.

将复值随机变量 $\tilde{Z} = X + \mathrm{j}Y$ 在极坐标中表示为

$$\tilde{Z} = R\mathrm{e}^{\mathrm{j}\Theta}$$

R 和 Θ 分别是 $\tilde{Z}$ 的模和辐角,也都是实的随机变量:

$$\begin{cases} R = \sqrt{X^2 + Y^2} \\ \Theta = \mathrm{acrtan}\,\dfrac{Y}{X} \end{cases}$$

$\tilde{Z}$ 具有圆型对称的统计性质,概率密度函数 $p_{\tilde{Z}}(\tilde{z})$ 仅为 $r = |\tilde{z}|$ 的函数,而与 ϑ 无关:

$$p_{\tilde{Z}}(\tilde{z}) = f(r) = p_{\Theta}(\vartheta) \cdot p_R(r)$$

其中

$$p_{\Theta}(\vartheta) = \frac{1}{2\pi}, \quad p_R(r) = 2\pi f(r)$$

这时,$\tilde{z}$ 平面上的等概率线为圆.

对于 n 维复随机变量 $\tilde{U}_k (k = 1, 2, \cdots, n)$,引入矩阵 $\boldsymbol{r}$ 和 $\boldsymbol{i}$:

$$\boldsymbol{r} = \begin{bmatrix} r_1 \\ r_2 \\ \vdots \\ r_n \end{bmatrix}, \quad \boldsymbol{i} = \begin{bmatrix} i_1 \\ i_2 \\ \vdots \\ i_n \end{bmatrix} \tag{1.4.39}$$

定义下列协方差矩阵:

$$\boldsymbol{C}^{(r,r)} \equiv E\big[(\boldsymbol{r} - \bar{\boldsymbol{r}})(\boldsymbol{r} - \bar{\boldsymbol{r}})^{\mathrm{T}}\big] \tag{1.4.40}$$

$$\boldsymbol{C}^{(i,i)} \equiv E\big[(\boldsymbol{i} - \bar{\boldsymbol{i}})(\boldsymbol{i} - \bar{\boldsymbol{i}})^{\mathrm{T}}\big] \tag{1.4.41}$$

$$\boldsymbol{C}^{(r,i)} \equiv E\big[(\boldsymbol{r} - \bar{\boldsymbol{r}})(\boldsymbol{i} - \bar{\boldsymbol{i}})^{\mathrm{T}}\big] \tag{1.4.42}$$

$$\boldsymbol{C}^{(i,r)} \equiv E\big[(\boldsymbol{i} - \bar{\boldsymbol{i}})(\boldsymbol{r} - \bar{\boldsymbol{r}})^{\mathrm{T}}\big] \tag{1.4.43}$$

若满足下列条件,则称 $\tilde{U}_k$ 为联合圆型复值随机变量:

① 实部与虚部具有零均值:

$$\bar{\boldsymbol{r}} = \begin{bmatrix} 0 \\ 0 \\ \vdots \\ 0 \end{bmatrix}, \quad \bar{\boldsymbol{i}} = \begin{bmatrix} 0 \\ 0 \\ \vdots \\ 0 \end{bmatrix} \tag{1.4.44}$$

② $\boldsymbol{C}^{(r,r)} = \boldsymbol{C}^{(i,i)}$,$\boldsymbol{C}^{(r,i)} = -\boldsymbol{C}^{(i,r)}$. $\tag{1.4.45}$

例如,当 $\tilde{U}_k$ 为一维复随机变量时,

$$\bar{r} = \bar{r}, \quad \bar{i} = \bar{i}$$

$$C^{(r,r)} = E\big[(r - \bar{r})(r - \bar{r})\big] = \sigma_r^2 \tag{1.4.46}$$

$$C^{(i,i)} = E\big[(i - \bar{i})(i - \bar{i})\big] = \sigma_i^2 \tag{1.4.47}$$

$$C^{(i,r)} = E\big[(i - \bar{i})(r - \bar{r})\big] = \sigma_i \sigma_r \rho \tag{1.4.48}$$

$$C^{(r,i)} = E\big[(r - \bar{r})(i - \bar{i})\big] = \sigma_r \sigma_i \rho \tag{1.4.49}$$

其中,σ_r^2 和 σ_i^2 分别是 $\widetilde{U}$ 实部和虚部的方差,ρ 是实部和虚部的相关系数.

若要满足圆型复随机变量条件,则必须有

$$\bar{r} = \bar{i} = 0$$
$$\sigma_r^2 = \sigma_i^2 = \sigma^2$$
$$\rho = 0$$

于是协方差矩阵为

$$C = \begin{pmatrix} \sigma^2 & 0 \\ 0 & \sigma^2 \end{pmatrix} \tag{1.4.50}$$

若 R, I 为高斯分布,则联合随机变量 U 也是高斯的,其概率密度函数为

$$p_U(\boldsymbol{u}) = \frac{1}{2\pi\sigma^2} \exp\left\{-\frac{r^2 + i^2}{2\sigma^2}\right\} \tag{1.4.51}$$

其等概率曲线在 (r, i) 平面上是圆.

圆复高斯随机变量在实际中会经常遇到.

对于圆型复高斯随机变量 $\widetilde{U}_1, \widetilde{U}_2, \cdots, \widetilde{U}_{2k}$,其矩定理为

$$\overline{u_1^* \cdots u_k^* u_{k+1} \cdots u_{2k}} = \sum_{\pi} \overline{u_1^* u_p} \cdot \overline{u_2^* u_q} \cdot \cdots \cdot \overline{u_k^* u_r} \tag{1.4.52}$$

其中,$\displaystyle\sum_{\pi}$ 表示对 $(1, 2, \cdots, k)$ 的 $k!$ 个可能的排列 $(p, q, \cdots, r)$ 求和.

例如,当 $k = 2$ 时,求和有 $2! = 2$ 项:

$$\overline{u_1^* u_2^* u_3 u_4} = \overline{u_1^* u_3} \cdot \overline{u_2^* u_4} + \overline{u_1^* u_4} \cdot \overline{u_2^* u_3} \tag{1.4.53}$$

1.4.2 泊松随机变量

前面已经给出了泊松随机变量的定义.

概率密度函数:

$$p_U(u) = \sum_{k=0}^{\infty} \frac{\bar{k}^k}{k!} \mathrm{e}^{-\bar{k}} \delta(u - k) \tag{1.4.54}$$

特征函数:

$$\widetilde{M}_U(\omega) = \exp\{\bar{k}(\mathrm{e}^{\mathrm{j}\omega} - 1)\} \tag{1.4.55}$$

显然,泊松分布只有一个参数 $\bar{k}$,是一种单参数分布.参数 $\bar{k}$ 可以是离散值,也可以取连续值.

泊松分布随机变量 K 的期望值为

$$\bar{K} = \bar{k} \tag{1.4.56}$$

方差为

$$\sigma_k^2 = \bar{k} \tag{1.4.57}$$

因此,泊松分布的参数 $\bar{k}$ 既是 K 的期望值,又是 K 的方差.

泊松分布有如下的矩定理:

$$\overline{K(K-1)\cdots(K-n+1)} = \bar{k}^n, \quad n = 1,2,\cdots \tag{1.4.58}$$

例如

$$\bar{K} = \bar{k}, \quad n = 1$$

$$\overline{K(K-1)} = \bar{k}^2, \quad n = 2$$

由此式可得 $\overline{K^2} - \bar{K} = (\bar{k})^2$,即方差 $\sigma_k^2 = \overline{K^2} - \bar{k}^2 = \bar{k}$.

$$\overline{K(K-1)(K-2)} = \bar{k}^3, \quad n = 3$$

$$\cdots\cdots$$

两个独立的泊松随机变量 K_1 和 K_2,参数分别为 a 和 b,很容易证明这两个随机变量之和 $K_1 + K_2$ 也是泊松随机变量,参数为 $a + b$.反过来它的逆定理也成立.

泊松分布是一种很重要的分布,自然界中很多随机现象都服从泊松分布.例如在光强恒定的光场中,光电器件在一定时间内发射的光电子数目的分布就服从泊松分布.

1.5 随机相位复矢的和

在许多物理领域中,尤其在光学中,常常要研究一种特殊的复值随机变量,这种复值随机变量是许多随机复值元素求和贡献的结果.复值随机变量的求和也称为随机相位复矢求和.

1.5.1 合矢的概率密度函数

1. 合矢的实部与虚部

考虑大量(N 个)随机相位复矢的和.令第 k 个相位复矢具有随机振幅 $\dfrac{\alpha_k}{\sqrt{N}}$ 及随机相位 ϕ_k,设合矢的振幅为 a,相位为 ϑ,则

$$\tilde{a} = a\mathrm{e}^{\mathrm{j}\vartheta} = \frac{1}{\sqrt{N}}\sum_{k=1}^{N}\alpha_k\mathrm{e}^{\mathrm{j}\phi_k} \tag{1.5.1}$$

如图 1.5.1 所示.

为简化分析,对基元复矢做以下假设:

(1) 第 k 个基元复矢的振幅与相位统计独立,并与其他复矢的振幅与相位彼此统计

独立.

(2) 随机变量 α_k 对所有的 k 均为同样分布,具有均值 $\bar{\alpha}$、二阶矩 $\overline{\alpha^2}$.

(3) 相位 ϕ_k 在 $(-\pi,\pi)$ 区间内均匀分布.

上述三条假设中,(1)最重要,(2),(3)两条可略松些.

设合矢的实部为 r,虚部为 i,则有

$$r \equiv \mathrm{Re}\{a\,\mathrm{e}^{\mathrm{j}\vartheta}\} = \frac{1}{\sqrt{N}}\sum_{k=1}^{N}\alpha_k\cos\phi_k \tag{1.5.2}$$

$$i \equiv \mathrm{Im}\{a\,\mathrm{e}^{\mathrm{j}\vartheta}\} = \frac{1}{\sqrt{N}}\sum_{k=1}^{N}\alpha_k\sin\phi_k \tag{1.5.3}$$

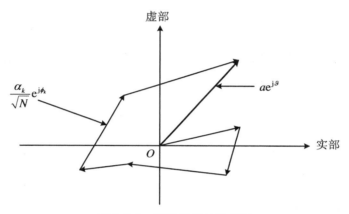

图 1.5.1 随机相幅矢量求和

2. 合矢实部与虚部的均值、方差和相关系数

由于 r 和 i 都是独立随机变量之和,根据中心极限定理,当 N 足够大时,r 与 i 均为高斯分布.因此为了求出 r 与 i 的联合概率密度函数,必须先计算 $\bar{r}$,$\bar{i}$,σ_r^2,σ_i^2 以及相关系数 ρ.

$$\bar{r} = \frac{1}{\sqrt{N}}\sum_{k=1}^{N}\overline{\alpha_k\cos\phi_k} = \frac{1}{\sqrt{N}}\sum_{k=1}^{N}\overline{\alpha_k}\cdot\overline{\cos\phi_k} \tag{1.5.4}$$

$$\bar{i} = \frac{1}{\sqrt{N}}\sum_{k=1}^{N}\overline{\alpha_k\sin\phi_k} = \frac{1}{\sqrt{N}}\sum_{k=1}^{N}\overline{\alpha_k}\cdot\overline{\sin\phi_k} \tag{1.5.5}$$

由于 φ 在 $(-\pi,\pi)$ 内均匀分布,$\overline{\cos\phi_k} = \overline{\sin\phi_k} = 0$,故有

$$\bar{r} = \bar{i} = 0 \tag{1.5.6}$$

$$\sigma_r^2 = \overline{r^2} = \frac{1}{N}\sum_{k=1}^{N}\sum_{n=1}^{N}\overline{\alpha_k\alpha_n}\cdot\overline{\cos\phi_k\cos\phi_n} = \frac{\overline{\alpha^2}}{2}$$

$$\sigma_i^2 = \overline{i^2} = \frac{1}{N}\sum_{k=1}^{N}\sum_{n=1}^{N}\overline{\alpha_k\alpha_n}\cdot\overline{\sin\phi_k\sin\phi_n} = \frac{\overline{\alpha^2}}{2}$$

即

$$\sigma_r^2 = \sigma_i^2 = \frac{\overline{\alpha^2}}{2} \tag{1.5.7}$$

其中利用了

$$\overline{\cos \phi_k \cos \phi_n} = \overline{\sin \phi_k \sin \phi_n} = \begin{cases} 0, & k \neq n \\ \dfrac{1}{2}, & k = n \end{cases}$$

为了得到相关系数 ρ,首先计算实部 r 和虚部 i 的相关值:

$$\overline{ri} = \frac{1}{N} \sum_{k=1}^{N} \sum_{n=1}^{N} \overline{\alpha_k \alpha_n} \cdot \overline{\cos \phi_k \sin \phi_n} = 0 \tag{1.5.8}$$

其中利用了

$$\overline{\cos \phi_k \sin \phi_n} = 0$$

所以

$$\rho = \frac{\overline{ri}}{\sigma_r \sigma_i} = 0 \tag{1.5.9}$$

以上得出,合矢的实部与虚部的均值为零,方差相同,互不相关.因此,合矢为圆型复值高斯随机变量,其联合概率密度函数为

$$p_{RI}(r,i) = \frac{1}{2\pi\sigma^2} \exp\left\{ -\frac{r^2 + i^2}{2\sigma^2} \right\} \tag{1.5.10}$$

1.5.2 合矢复振幅的统计特性

由合矢的实部与虚部的联合概率密度函数,通过随机变量的变换,可以求出合矢 $\boldsymbol{a}$ 的长度及相位 ϑ 的统计分布.

我们知道

$$\begin{cases} a = \sqrt{r^2 + i^2} \\ \vartheta = \arctan \dfrac{i}{r} \end{cases}, \quad \begin{cases} r = a\cos\vartheta \\ i = a\sin\vartheta \end{cases} \tag{1.5.11}$$

$$\| J \| = \left\| \begin{matrix} \dfrac{\partial r}{\partial a} & \dfrac{\partial r}{\partial \vartheta} \\ \dfrac{\partial i}{\partial a} & \dfrac{\partial i}{\partial \vartheta} \end{matrix} \right\| = \left\| \begin{matrix} \cos\vartheta & -a\sin\vartheta \\ \sin\vartheta & a\cos\vartheta \end{matrix} \right\| = a \tag{1.5.12}$$

A 和 ϑ 的联合密度函数为

$$\begin{aligned} p_{A\theta}(a, \vartheta) &= p_{RI}(r = a\cos\vartheta, i = a\sin\vartheta) \cdot a \\ &= \begin{cases} \dfrac{a}{2\pi\sigma^2} \exp\left\{ -\dfrac{a^2}{2\sigma^2} \right\}, & -\pi < \vartheta < \pi, a > 0 \\ 0, & \text{其他} \end{cases} \end{aligned} \tag{1.5.13}$$

A 的边际密度函数可以通过对 ϑ 积分求出:

$$\begin{aligned} p_A(a) &= \int_{-\pi}^{\pi} p_{A\theta}(a, \vartheta) \mathrm{d}\vartheta \\ &= \begin{cases} \dfrac{a}{\sigma^2} \exp\left\{ -\dfrac{a^2}{2\sigma^2} \right\}, & a > 0 \\ 0, & \text{其他} \end{cases} \end{aligned} \tag{1.5.14}$$

这个密度函数叫瑞利(Rayleigh)密度函数,如图 1.5.2 所示. 它具有均值 $\bar{a} = \sqrt{\dfrac{\pi}{2}}\,\sigma$ 以及方差 $\sigma_a^2 = \left(2 - \dfrac{\pi}{2}\right)\sigma^2$.

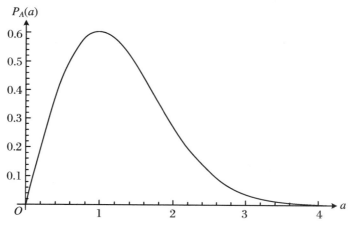

图 1.5.2 瑞利概率密度函数

ϑ 的边际密度可以通过对 a 积分求出:

$$p_\theta(\vartheta) = \int_0^\infty p_{A\theta}(a,\vartheta)\mathrm{d}a = \begin{cases} \dfrac{1}{2\pi}, & -\pi < \vartheta < \pi \\ 0, & \text{其他} \end{cases} \tag{1.5.15}$$

由于

$$p_{A\theta}(a,\vartheta) = p_A(a) \cdot p_\theta(\vartheta) \tag{1.5.16}$$

所以振幅 A 与相位 ϑ 是相互独立的随机变量.

习　题　1

1. 试分别导出高斯随机变量和泊松随机变量的特征函数 $M_U(\omega)$.

2. 证明对于任何随机变量 U,有
$$\overline{u^2} = \sigma^2 + \bar{u}^2$$

3. 证明任何两个统计独立的随机变量的相关系数为零.

4. 给定随机变量
$$U = \cos\Theta, \quad V = \sin\Theta$$
并且

$$p_\Theta(\vartheta) = \begin{cases} \dfrac{1}{\pi}, & -\dfrac{\pi}{2} < \theta \leqslant \dfrac{\pi}{2} \\ 0, & \text{其他} \end{cases}$$

证明 $\rho = 0$.

5. 证明特征函数的以下性质:

(1) 每个特征函数在宗量为零处的值为 1.

(2) 二阶特征函数 $M_{UV}(\omega_U, \omega_V)$ 取 $\omega_V = 0$ 时,等于单独一个随机变量的特征函数 $M_U(\omega)$.

(3) 对于两个独立随机变量 U 和 V,有

$$M_{UV}(\omega_U, \omega_V) = M_U(\omega_U) M_V(\omega_V)$$

6. 求联合概率密度函数 $p_{WZ}(w, z)$,若

$$w = u^2, \quad z = u + v$$

并且 $p_{UV}(u, v) = \text{rect}(u)\,\text{rect}(v)$,其中

$$\text{rect}(x) = \begin{cases} 1, & |x| \leqslant \dfrac{1}{2} \\ 0, & \text{其他} \end{cases}$$

7. (1) 证明:两个统计独立的泊松分布随机变量之和仍服从泊松分布.

(2) 证明:若 K 是泊松分布随机变量,则

$$\overline{K(K-1)\cdots(K-n+1)} = \overline{k}^n$$

8. 令随机变量 U_1 和 U_2 是联合高斯随机变量,均值为零,方差相等,相关系数 $\rho \neq 0$. 由绕 $u_1 u_2$ 平面原点的旋转变换定义的一对新的随机变量 V_1 和 V_2,有

$$\begin{bmatrix} v_1 \\ v_2 \end{bmatrix} = \begin{pmatrix} \cos\phi & \sin\phi \\ -\sin\phi & \cos\phi \end{pmatrix} \cdot \begin{bmatrix} u_1 \\ u_2 \end{bmatrix}$$

式中,ϕ 是转角. 证明:若选 ϕ 为 45°,则 V_1 和 V_2 是独立随机变量. 这时 V_1 和 V_2 的平均值和方差各是多少?

第2章 随机过程

仅用随机变量不足以描述全部的随机现象.本章要讨论的随机过程,或者说随机函数,是随机变量的一个推广.

2.1 随机过程的描述

2.1.1 随机过程的定义及概率密度函数

1. 随机过程的定义

我们回顾一下随机变量的定义.对随机试验 $\{A\}$ 的每个基元事件 A,赋以一个**实数值** $u(A)$,简写为 u,称其为一个样本值.全体样本值的集合,连同相应的概率测度,就构成一个随机变量 U.但是有时我们遇到的随机事件更复杂,它的一个结果不能仅仅用一个数值来表示,而必须用一个函数才能描述.例如,一个电信号 $f(t)$ 通过一个电学系统后会有所变化,比如变成 $f'(t)$.由于系统本身的原因或者受环境的影响,同一个输入信号 $f(t)$ 不同时刻通过同一个系统时可能得到不同的输出,输出的结果就是一个与时间有关的样本函数,而不能只用一个数值来描述.再如,激光照射到一块毛玻璃上产生的斑纹(散斑)现象,也是一个随机事件.激光照射在同一块毛玻璃的不同位置时会产生不同的斑纹的空间分布 $I(x,y)$,这是一个随空间坐标变化的样本函数.

我们给出随机过程的定义.对随机试验的每个基元事件 A_i,赋以一个**实函数** $u(A_i,t)$,简写为 $u(t)$,称其为一个**样本函数**.全体样本函数的集合,连同相应的概率测度,就构成一个**随机过程** $U(t)$.t 一般是时间,也可以是其他变量,例如空间坐标.

可以通过图 2.1.1 来理解一个随机过程.

随机过程 $U(t)$ 包含所有可能的样本函数 $u(t)$ 及其概率测度,这是从纵的方向看,即所有的样本函数的集合构成整个统计系综.

从横的方向看,我们可以看到,随机过程在任一固定时刻 t_1 的状态 $U(t_1)$ 是一个随机变量.随机过程 $U(t)$ 的一个实现对应于随机变量 $U(t_1)$ 的一个可能取值.所以我们可以说,随机过程 $U(t)$ 是以 t 为参数的一簇随机变量.

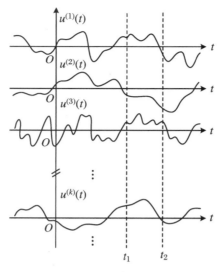

图 2.1.1　一个随机过程

当我们考察随机过程 $U(t)$ 在某一确定时刻 t_1 的统计特性时($n=1$),称为一阶统计.一阶统计只描述随机过程在各个孤立时刻的统计特性,而没有考虑随机过程在不同时刻的状态之间的联系.

考察随机过程 $U(t)$ 在任意两个时刻 t_1 和 $t_2(n=2)$ 的统计特性,称为二阶统计.以此类推,可以定义高阶统计.

随机过程是依赖于时间的一簇随机变量.参量 t 的取值可以是连续的,也可以是分立的(对应于随机序列的情况),t 取值的集合 T 中的元素 n 可以有限,也可以无限.要完备地描述随机过程 $U(t)$,n 必须是趋于无穷的.所以随机过程又可定义为**多维随机变量当维数$n \to \infty$ 的极限**.

综上所述,随机过程的两种定义和描述方法,对应于看待随机过程的两种观点.

从纵的方向看,随机过程由一个个的随时间变化样本函数组成,这些样本函数以一定的概率测度构成这个随机过程.

从横的方向看,随机过程每一时刻的状态("纵跨"系综的各个验本函数)是一个随机变量,这些随机变量的联合分布就构成了这个随机过程.

这两种定义本质上是一致的.在理论分析中经常采用第二种方法("横"的观点);而在实际测量中往往采用第一种方法("纵"的观点).

2. 随机过程的数字特征

数学上要完备地描述随机过程,必须列出随机过程的所有样本函数及其概率,但这样的描述几乎是不可能实现的,而且也没有这个必要.实际应用中,一般只需考虑一维和二维概率密度函数及其相应的矩,也就是随机过程的数字特征.

一维概率密度函数 $p_U(u,t)$ 表示 t 时刻随机过程的任一样本函数的值在 u 和 $u+du$

区间内的概率

$$p_U(u,t)\mathrm{d}u = P(u < U(t) \leqslant u + \mathrm{d}u) \qquad (2.1.1)$$

由 $p_U(u,t)$ 我们可以得到在 t 时刻的各阶矩. 其中一阶矩和二阶矩分别为

$$E[u(t)] = \overline{u(t)} \equiv \int_{-\infty}^{\infty} u p_U(u,t)\mathrm{d}u \qquad (2.1.2)$$

和

$$E\{[u(t)]^2\} = \overline{[u(t)]^2} \equiv \int_{-\infty}^{\infty} u^2 p_U(u,t)\mathrm{d}u \qquad (2.1.3)$$

同理,由二维概率密度函数 $p_U(u_1,u_2;t_1,t_2)$ 我们可以得到二阶联合矩,例如

$$E[u_1(t_1) \cdot u_2(t_2)] = \overline{u_1(t_1) \cdot u_2(t_2)} \equiv \iint_{-\infty}^{\infty} u_1 u_2 p_U(u_1,u_2;t_1,t_2)\mathrm{d}u_1\mathrm{d}u_2 \qquad (2.1.4)$$

在某些情况下,有时要求更高维的概率密度函数. 为了完备描述随机过程,必须给定所有的 n 维概率密度函数 $p_U(u_1,u_2,\cdots,u_n;t_1,t_2,\cdots,t_n)$,如前所述,这是不太可能的.

2.1.2 随机过程的平稳性与各态历经性

随机过程原则上可以是各种各样的,但在物理应用中很重要的只是有限的几种.

1. 平稳性

最重要的一类随机过程是**平稳**随机过程,它的全部统计性质不随时间原点的选择(时间轴的平移)而变化. 可以用如下数学式子表述:

若 k 维联合概率密度函数 $p_U(u_1,u_2,\cdots,u_k;t_1,t_2,\cdots,t_k)$ 对所有的 k 均与所选的时间原点无关,即有

$$p_U(u_1,u_2,\cdots,u_k;t_1,t_2,\cdots,t_k) = p_U(u_1,u_2,\cdots,u_k;t_1 - T,t_2 - T,\cdots,t_k - T)$$
$$(2.1.5)$$

对所有的 k 和 T 都成立,则称这个随机过程是**严格平稳**(strictly stationary)的随机过程,简称平稳过程. 因此,严格平稳随机过程的一维概率密度函数 $p_U(u,t)$ 与 t 无关,可以写成 $p_U(u)$. 其二维概率密度函数 $p_U(u_1,u_2;t_1,t_2)$ 与 t_1 和 t_2 均无关,只与时间差 $\tau = t_2 - t_1$ 有关,可以写成 $p_U(u_1,u_2;\tau)$.

条件放宽一些的一种平稳性是广义平稳.

若一个随机过程满足下列两个条件:

(1) $E[u(t)]$ 与 t 无关;

(2) $E[u(t_1) \cdot u(t_2)]$ 只与 $\tau = t_2 - t_1$ 有关,

则称这样的随机过程是**广义平稳**(wide-sense stationary)的随机过程.

这里我们看到对于广义平稳随机过程,不是要求过程本身与时间起点无关,而是要求过程的期望,通常是过程的自相关函数与时间起点无关.

显然,严格平稳过程必是广义平稳的,但反之则不然,广义平稳过程未必是严格平稳的.

2. 各态历经性

实际中使用十分广泛的一类随机过程为**各态历经**(ergodic)随机过程,或称为**遍历**随机

过程,其定义为:

若每一个样本函数沿时间轴(水平轴)取值与通过系综在任何瞬时或多个瞬时集合(垂直轴)的取值有同样的联合相对频率,则称此随机过程是具有各态历经性的随机过程.

也就是说,一个各态历经过程必须满足两个必要条件:首先,每条样本函数曲线在纵向取值的各阶联合频率都应该相同,因此,整个系综的纵向取值频率分布是唯一的.其次,每个样本函数在整个时间过程中取值的联合频率是与时间平移无关的,因此,系综的各阶概率密度也应与时间平移无关.

一个各态历经过程必定是一个严格平稳过程.但是反过来不一定成立,一个严格平稳的过程不一定是一个各态历经过程.

图 2.1.2 中,所有样本函数沿时间轴都具有同样的相对频率分布,但因为时刻 t_2 比时刻 t_1 的涨落大,显然在 t_1,t_2 时刻通过系综所观察的相对频率不同.由于这个过程不是严格平稳的,因而不可能是各态历经的.另一方面,也并非所有的严格平稳过程都是各态历经的,但是各态历经过程必须是严格平稳的随机过程.

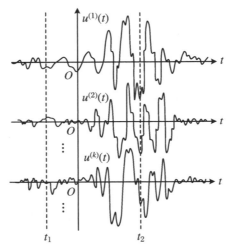

图 2.1.2   一个非平稳过程的样本函数

各态历经的随机过程具有一个重要性质,即沿任何一个样本函数的时间平均值一定等于对系综的平均值,**各态历经随机过程的时间平均值与系综平均值是可交换的**.

2.2   随机过程的频谱分析

傅里叶变换作为研究函数的一个重要手段,同样可以用于研究随机过程.

2.2.1 随机过程的谱密度

1. 能谱密度和功率谱密度

我们先考虑**确定函数**的情况. 我们知道, 对于确定函数 $u(t)$, 若满足狄利克雷 (Dirichlet)条件(物理中一般的函数都满足), 并且满足:

$$\int_{-\infty}^{\infty} |u(t)| \, dt < \infty \tag{2.2.1}$$

则此函数称为有限能量函数, 可以对它进行傅里叶变换:

$$\tilde{u}(\nu) = \int_{-\infty}^{\infty} u(t) e^{j2\pi\nu t} \, dt \tag{2.2.2}$$

由帕塞瓦尔(Parseval)定理, 可得

$$\int_{-\infty}^{\infty} |u(t)|^2 \, dt = \int_{-\infty}^{\infty} |\tilde{u}(\nu)|^2 \, d\nu \tag{2.2.3}$$

它告诉我们函数的总能量是守恒的, 即时域和频域的总能量是相同的.

定义该函数的**能谱密度**为

$$\epsilon(\nu) \equiv |\tilde{u}(\nu)|^2 \tag{2.2.4}$$

它表示该函数单位频率间隔所具有的能量.

若 $u(t)$ 不满足式(2.2.1), 但具有有限的平均功率, 即满足

$$\lim_{T\to\infty} \frac{1}{T} \int_{-T/2}^{T/2} u^2(t) \, dt < \infty \tag{2.2.5}$$

则称之为**有限功率函数**. 截断后的函数:

$$u_T(t) = \begin{cases} u(t), & -\dfrac{T}{2} \leqslant t \leqslant \dfrac{T}{2} \\ 0, & \text{其他} \end{cases} \tag{2.2.6}$$

可以进行傅里叶变换. 其变换记为 $\tilde{u}_T(\nu)$, 我们定义 $u(t)$ 的**功率谱密度**为

$$\mathcal{G}(\nu) \equiv \lim_{T\to\infty} \frac{|\tilde{u}_T(\nu)|^2}{T} \tag{2.2.7}$$

我们看一个例子.

例 2.2.1 考察简单的确定性函数 $u(t)=1$ 的(1)频谱; (2)能谱密度; (3)功率谱密度.

解 (1) 由于函数 $u(t)=1$ 不满足有限能量条件:

$$\int_{-\infty}^{\infty} |u(t)| \, dt < \infty$$

因此它的频谱不能通过普通的傅里叶变换运算得到, 而只能在 δ 函数的意义上存在.

利用 δ 函数的积分表达式(参见附录 A)

$$\delta(\nu) = \int_{-\infty}^{\infty} e^{\pm j2\pi\nu t} \, dt$$

我们得到函数 $u(t)=1$ 的频谱

$$\tilde{u}(\nu) = \mathcal{F}\{u(t)\} = \mathcal{F}\{1\} = \int_{-\infty}^{\infty} 1 \cdot e^{j2\pi\nu t} \, dt = \delta(\nu)$$

这里 $\mathcal{F}\{\,\cdot\,\}$ 表示 "·" 的傅里叶变换.

（2）由于函数 $u(t)=1$ 不满足有限能量条件，所以它的能谱密度不存在.

（3）函数 $u(t)=1$ 的平均功率是有限的：

$$\frac{1}{T}\int_{-T/2}^{T/2}|u(t)|^2\mathrm{d}t = \frac{1}{T}\int_{-T/2}^{T/2}1\cdot\mathrm{d}t = 1 < \infty$$

故可以考虑它的功率谱密度. 它的截断函数为

$$u_T(t) = \begin{cases} 1, & -\dfrac{T}{2} \leqslant t \leqslant \dfrac{T}{2} \\ 0, & \text{其他} \end{cases}$$

$$= \mathrm{rect}\left(\frac{t}{T}\right)$$

它的傅里叶变换为

$$\widetilde{u}_T(\nu) = \mathcal{F}\{u_T(t)\} = \mathcal{F}\left\{\mathrm{rect}\left(\frac{t}{T}\right)\right\} = T\mathrm{sinc}(T\nu)$$

所以得到函数 $u(t)=1$ 的功率谱密度为

$$\widetilde{\mathcal{G}}(\nu) = \lim_{T\to\infty}\frac{|\widetilde{u}_T(\nu)|^2}{T} = \lim_{T\to\infty}T\mathrm{sinc}^2(T\nu) = \delta(\nu)$$

2. 随机过程的谱密度

对于确定函数，我们容易求出它的确定的能谱密度或功率谱密度，但是对于随机过程，它的样本函数是不确定的，我们应该如何处理呢？

我们实际上是利用对随机过程的整个系综取平均来定义它的能谱密度和功率谱密度的. 随机过程的能谱密度和功率谱密度定义为

$$\epsilon_U(\nu) \equiv E\big[\,|\widetilde{u}(\nu)|^2\,\big] \tag{2.2.8}$$

$$\mathcal{G}_U(\nu) \equiv \lim_{T\to\infty}\frac{E\big[\,|u_T(\nu)|^2\,\big]}{T} \tag{2.2.9}$$

由上述定义，我们可以得到它们具有如下性质：

$$\epsilon_U(\nu) \geqslant 0, \quad \mathcal{G}_U(\nu) \geqslant 0 \tag{2.2.10}$$

$$\epsilon_U(-\nu) = \epsilon_U(\nu), \quad \mathcal{G}_U(-\nu) = \mathcal{G}_U(\nu) \tag{2.2.11}$$

$$\int_{-\infty}^{\infty}\epsilon_U(\nu)\mathrm{d}\nu = \int_{-\infty}^{\infty}\overline{u^2(t)}\,\mathrm{d}t \tag{2.2.12}$$

$$\int_{-\infty}^{\infty}\mathcal{G}_U(\nu)\mathrm{d}\nu = \begin{cases} \overline{u^2}, & \text{若 } U(t) \text{ 为平稳} \\ \langle\overline{u^2}\rangle, & \text{若 } U(t) \text{ 非平稳} \end{cases} \tag{2.2.13}$$

2.2.2 线性滤波后的谱密度

1. 线性系统简介

（1）系统

　　许多物理仪器或物理装置能对一个输入信号产生一个响应而变成一个输出信号.这些仪器或装置的结构可能很简单,也可能很复杂.我们往往不关心它的具体内部结构,而只关心它产生的效果,也就是它对给定的激励能产生什么样的响应.我们可以用"系统"这样一个概念来表示这样的仪器或装置.

　　所谓系统,就相当于一个黑箱,我们不关心它的具体内部结构,而只关心它对输入信号和输出信号之间的变换关系.光学中的一个例子是成像系统,输入信号是物,输出信号是物所成的像.

　　数学上,一个系统就是一个操作(operation),我们可以把此操作用 $\mathcal{T}\{\cdot\}$ 表示.若函数 $f(x)$ 经过此操作,变成另一个函数 $g(x)$,我们记成

$$g(x) = \mathcal{T}\{f(x)\} \tag{2.2.14}$$

　　(2) 线性系统

　　物理中有一类简单且常见的系统是线性系统.

　　设有两个函数 $f_1(x)$ 和 $f_2(x)$,经系统操作后分别变成 $g_1(x)$ 和 $g_2(x)$,即

$$g_1(x) = \mathcal{T}\{f_1(x)\}, \quad g_2(x) = \mathcal{T}\{f_2(x)\} \tag{2.2.15}$$

　　若对于两个任意的常数(可以是复值常数)c_1 和 c_2,有

$$\mathcal{T}\{c_1 f_1(x) + c_2 f_2(x)\} = c_1 \mathcal{T}\{f_1(x)\} + c_2 \mathcal{T}\{f_2(x)\} = c_1 g_1(x) + c_2 g_2(x) \tag{2.2.16}$$

则该系统称为**线性系统**.

　　也就是说,系统对同时作用的两个激励之和的响应,等于系统对每个激励的响应之和.这很容易推广到任意多个激励同时作用的情形.

　　系统对于激励的一个线性组合的响应,等于每个个别响应的同一个线性组合,这称为**叠加原理**.线性系统满足叠加原理.这里没有对输入信号的幅度给予限制,实际上当输入信号幅度很大而超过一定的范围时,会产生非线性效应,系统就不满足线性叠加原理了.

　　(3) 叠加积分

　　一个复杂的函数(信号)$f(x)$ 可以分解成简单的基元函数的叠加,即它们的线性组合.先计算系统对每个基元函数的响应,再将这些个别的响应线性叠加,得到系统对这个复杂信号的总的响应.

　　基元函数可以有多种.这里我们用 δ 函数(参见附录 A)作为基元函数,从而可以将 $f(x)$ 写成

$$f(x) = \int_{-\infty}^{\infty} f(\xi)\delta(x-\xi)\mathrm{d}\xi \tag{2.2.17}$$

此式可看成由无限多个 δ 函数加权连续叠加而成.线性系统对它操作后可得($f(\xi)$是线性叠加的权重,所以 $\mathcal{T}$ 只对 δ 函数作用)

$$g(x) = \mathcal{T}\{f(x)\} = \mathcal{T}\left\{\int_{-\infty}^{\infty} f(\xi)\delta(x-\xi)\mathrm{d}\xi\right\}$$

$$= \int_{-\infty}^{\infty} f(\xi)\mathcal{T}\{\delta(x-\xi)\}\mathrm{d}\xi \tag{2.2.18}$$

　　我们定义**点扩散函数**,或称脉冲响应:

$$h(x,\xi) = \mathcal{T}\{\delta(x-\xi)\} \tag{2.2.19}$$

上述结果可写成如下形式：

$$g(x) = \int_{-\infty}^{\infty} f(\xi) h(x,\xi) d\xi \qquad (2.2.20)$$

此积分称为**叠加积分**，它描述了线性系统（该系统由点扩散函数 $h(x,\xi)$ 决定）对输入函数 $f(x)$ 的操作，结果为 $g(x)$.

（4）平移不变系统

线性系统中有一类很重要，这一类线性系统具有平移不变性，这就是线性平移不变系统.

若系统的点扩散函数可以写成

$$h(x,\xi) = h(x-\xi) \qquad (2.2.21)$$

这说明系统对于输入函数的平移不敏感，保持点扩散函数不变，点扩散函数只与坐标差有关，两个自变量只剩下一个，这时叠加积分可以写成函数 $f(x)$ 与系统点扩散函数 $h(x)$ 的**卷积**（参见附录 B）

$$g(x) = \int_{-\infty}^{\infty} f(\xi) h(x-\xi) d\xi = f(x) * h(x) \qquad (2.2.22)$$

于是我们可以得到结论：**线性平移不变系统的输出信号等于输入信号与系统的点扩散函数的卷积**.

光学中，一个较好的光学成像系统对于不是很大的物和像，能满足平移不变性. 也就是说，放在不同位置的同一个物（有了平移）能得到同样的像，只是像的位置有了相应的平移而已. 光学成像的这种平移不变性叫作**等晕性**.

上面说的是**空间**平移不变的情况. 如果变量为时间，则有**时间**平移不变性. 例如，对一个电子学系统，输入一个随时间变化的信号 $f(t)$，可得到输出信号 $g(t)$. 若 t_0 时刻输入一个电脉冲 $\delta(t-t_0)$，则可得到一个输出信号 $h(t,t_0)$，为此电子学系统的脉冲响应，通常此系统是线性系统. 而且系统通常也是时间平移不变的，简称**时移不变**. 也就是在不同时刻输入同一个信号，得到的输出信号应该是一样的. 如果电子线路系统是稳定的，那么明年做实验的结果与今年做的结果也应该是一样的. 这样时移不变线性系统的脉冲响应可写为

$$h(t,t_0) = h(t-t_0) \qquad (2.2.23)$$

输出信号的叠加积分就可写成卷积形式：

$$g(t) = \int_{-\infty}^{\infty} f(\eta) h(t-\eta) d\eta = f(t) * h(t) \qquad (2.2.24)$$

（5）频谱空间情况

设

$$f(x) \rightleftharpoons F(\nu) \qquad (2.2.25)$$

$$g(x) \rightleftharpoons G(\nu) \qquad (2.2.26)$$

$$h(x) \rightleftharpoons H(\nu) \qquad (2.2.27)$$

称 $H(\nu)$ 为系统的传递函数，根据卷积定理可以得到

$$G(\nu) = F(\nu) \cdot H(\nu) \qquad (2.2.28)$$

2. 线性滤波后的谱密度

一个随机过程 $U(t)$ 经过一个**线性系统**后，其输出 $V(t)$ 仍是一个随机过程. 也就是说

$V(t)$的每一个样本函数$v(t)$都是由$U(t)$的每一个样本函数$u(t)$通过线性滤波而产生的.

如果此线性系统是**时移不变**的,则输出函数$v(t)$为输入函数$u(t)$与系统脉冲响应$h(t)$的**卷积**:

$$v(t) = \int_{-\infty}^{\infty} h(t-\xi)u(\xi)\mathrm{d}\xi = h(t)*u(t) \tag{2.2.29}$$

式中,$h(t)$为滤波器的**脉冲响应**,或称**点扩散函数**.

在频率域中,设

$$\tilde{u}(\nu) = \mathcal{F}\{u(t)\} \tag{2.2.30}$$

$$\tilde{v}(\nu) = \mathcal{F}\{v(t)\} \tag{2.2.31}$$

$$\tilde{H}(\nu) = \mathcal{F}\{h(t)\} \tag{2.2.32}$$

根据**卷积定理**,可以得到十分简单的关系

$$\tilde{v}(\nu) = \tilde{H}(\nu) \cdot \tilde{u}(\nu) \tag{2.2.33}$$

式中,$\tilde{H}(\nu)$为系统的**传递函数**.

由此,对于有限能量随机过程,我们可以得到线型滤波输出的**能谱密度**

$$\epsilon_V(\nu) = E\big[\,|\tilde{H}(\nu)\tilde{u}(\nu)|^2\,\big] = |\tilde{H}(\nu)|^2 \epsilon_U(\nu) \tag{2.2.34}$$

这说明,随机过程通过线性时移不变线性系统滤波后,能量的平均谱受到一个简单乘积因子$|\tilde{H}(\nu)|^2$的修正.

当输入的样本函数不是能量有限的,其截断函数可做傅里叶变换时,我们有

$$\tilde{v}_T(\nu) = \tilde{H}(\nu)\tilde{u}_T(\nu) \tag{2.2.35}$$

输出的**功率谱密度**同样受到一个简单乘积因子$|\tilde{H}(\nu)|^2$的修正.

$$\mathcal{G}_V(\nu) = |\tilde{H}(\nu)|^2 \mathcal{G}_U(\nu) \tag{2.2.36}$$

式(2.2.12)和式(2.2.14)清楚地表明了在频域中输出、滤波器及输入这三者之间的关系.

2.2.3 自相关函数与维纳-欣钦定理

相关函数在光的相干理论中有着巨大的作用.对于已知的时间函数$u(t)$,它可以是一个随机过程的样本函数,它的**时间自相关函数**定义为

$$\Gamma_{\tilde{U}}(\tau) \equiv \langle u(t+\tau)u(t) \rangle$$
$$= \lim_{T\to\infty} \frac{1}{T}\int_{-T/2}^{T/2} u(t+\tau)u(t)\mathrm{d}t \tag{2.2.37}$$

时间自相关函数描述一个时间函数$u(t)$与其自身平移一段时间后的$u(t+\tau)$在结构上的相似性.

对于随机过程$U(t)$,其**统计自相关函数**定义为

$$\Gamma_U(t_2,t_1) \equiv \overline{u(t_2)u(t_1)}$$

$$= \iint_{-\infty}^{\infty} u_2 u_1 p_U(u_2, u_1; t_2, t_1) \mathrm{d}u_2 \mathrm{d}u_1 \tag{2.2.38}$$

它则是整个系综在两个时刻 t_1, t_2 的状态 $U(t_1)$ 和 $U(t_2)$ 之间的联系(统计依从关系).

从物理学的观点看,$u(t)$ 的时间自相关函数是衡量 $u(t)$ 与 $u(t+\tau)$ 在所有时间上平均的结构相似性.而统计自相关函数则是衡量 $u(t_1)$ 和 $u(t_2)$ 在系综内的统计相似性.

对于至少是广义平稳的随机过程,$\Gamma_U(t_2, t_1)$ 仅是时间差 $\tau = t_2 - t_1$ 的函数.对于各态历经随机过程,所有 Γ_U 均相等,并且有

$$\Gamma_{\tilde{U}}(\tau) = \Gamma_U(\tau) \tag{2.2.39}$$

这就是说,对于各态历经的随机过程,上述两种自相关函数之间没有任何差别.

对于至少是广义平稳的随机过程的自相关函数有如下性质:

(1) $\Gamma_U(0) = \overline{u^2}$;

(2) $\Gamma_U(-\tau) = \Gamma_U(\tau)$;

(3) $|\Gamma_U(\tau)| \leqslant \Gamma_U(0)$.

前面两条性质可直接从定义得到,而第三条性质可由施瓦茨不等式得出.

对于至少是广义平稳的随机过程,自相关函数和功率谱密度之间构成一个傅里叶变换对

$$\mathcal{G}_U(\nu) = \int_{-\infty}^{\infty} \Gamma_U(\tau) \mathrm{e}^{\mathrm{j}2\pi\nu\tau} \mathrm{d}\tau \tag{2.2.40}$$

$$\Gamma_U(\tau) = \int_{-\infty}^{\infty} \mathcal{G}_U(\nu) \mathrm{e}^{-\mathrm{j}2\pi\nu\tau} \mathrm{d}\nu \tag{2.2.41}$$

称这个重要关系为维纳-欣钦(Wiener-Khinchin)定理.

对于随机过程,实验上可测的或有意义的不是功率谱就是自相关函数,而维纳-欣钦定理表明,通过傅里叶变换可以由一个得到另一个.因此在研究随机过程中,经常用到维纳-欣钦定理.

简单讨论一下此定理的意义.一个函数(或过程)的变化快慢在时间域(简称时域)或空间域(简称空域)与对应的频率域(简称频域)是相反的,这是由傅里叶变换的反比定律决定的(见附录 C).变化快的函数或过程,在频域中就具有较多的高频分量.而变化缓慢的函数或过程,在频域中主要是低频分量,高频分量就很少.

在时域中,函数或随机过程变化的快慢可以用它的自相关函数来度量.对于一个变化很快的函数或过程,相隔一定时间间隔 τ 的两个时刻的状态之间已经没有什么联系,相关为零,因此自相关函数很窄.反之,慢变化函数或过程的相关函数则较宽.

在频域中,功率谱密度正是频谱中不同频率分量的相对权重的自然量度.高频分量越多,功率谱越宽,相应的自相关函数就越窄.这正是维纳-欣钦定理所规定的这两者之间成傅里叶变换对的关系.

顺便介绍两个与自相关函数有关的统计参数.

自协方差函数,其定义为

$$C_U(t_2, t_1) \equiv \overline{[u(t_2) - \overline{u(t_2)}][u(t_1) - \overline{u(t_1)}]}$$
$$= \Gamma_U(t_2, t_1) - \overline{u(t_2)} \cdot \overline{u(t_1)} \tag{2.2.42}$$

结构函数，其定义为

$$D_U(t_2, t_1) \equiv \overline{[u(t_2) - u(t_1)]^2}$$
$$= \overline{u^2(t_2)} + \overline{u^2(t_1)} - 2\Gamma_U(t_2, t_1) \tag{2.2.43}$$

若 $U(t)$ 是广义平稳的随机过程，则

$$D_U(\tau) = 2\Gamma_U(0) - 2\Gamma_U(\tau)$$
$$= 2\int_{-\infty}^{\infty} \mathcal{G}_U(\nu)(1 - \cos 2\pi\nu\tau)\mathrm{d}\nu \tag{2.2.44}$$

2.2.4　互相关函数和互谱密度

对于两个已知的时间函数 $u(t)$，$v(t)$，它们可以是随机过程 $U(t)$，$V(t)$ 的样本函数，它们的时间平均意义下的**互相关函数**（交叉相关函数）定义为

$$\Gamma_{\widetilde{U}V}(\tau) \equiv \langle u(t+\tau)v(t)\rangle \tag{2.2.45}$$

随机过程 $U(t)$ 和 $V(t)$ 的系综平均意义下的**互相关函数**定义为

$$\Gamma_{UV}(t_2, t_1) \equiv E[u(t_2)v(t_1)] \tag{2.2.46}$$

联合广义平稳随机过程的互相关函数具有如下性质：

(1) $\Gamma_{UV}(0) = \overline{u(t)v(t)}$；

(2) $\Gamma_{UV}(-\tau) = \Gamma_{VU}(\tau)$；

(3) $|\Gamma_{UV}(\tau)| \leqslant [\Gamma_U(0)\Gamma_V(0)]^{\frac{1}{2}}$.

互谱密度（交叉谱密度）定义为

$$\widetilde{\mathcal{G}}_{UV}(\nu) \equiv \lim_{T\to\infty} \frac{E[\widetilde{u}_T(\nu)\widetilde{v}_T^*(\nu)]}{T} \tag{2.2.47}$$

$$\widetilde{\mathcal{G}}_{VU}(\nu) \equiv \lim_{T\to\infty} \frac{E[\widetilde{v}_T(\nu)\widetilde{u}_T^*(\nu)]}{T} \tag{2.2.48}$$

互谱密度没有能量、功率的具体含义，它具有下列性质：

$$\widetilde{\mathcal{G}}_{VU}(\nu) = \widetilde{\mathcal{G}}_{UV}^*(\nu) \tag{2.2.49}$$

$$\widetilde{\mathcal{G}}_{UV}(-\nu) = \widetilde{\mathcal{G}}_{UV}^*(\nu) \tag{2.2.50}$$

对于联合广义平稳随机过程 $U(t)$ 和 $V(t)$，$\widetilde{\mathcal{G}}_{UV}(\nu)$ 和 $\Gamma_{UV}(\tau)$ 之间构成一个傅里叶变换对

$$\widetilde{\mathcal{G}}_{UV}(\nu) = \int_{-\infty}^{\infty} \Gamma_{UV}(\tau)\mathrm{e}^{\mathrm{j}2\pi\nu\tau}\mathrm{d}\tau \tag{2.2.51}$$

$$\Gamma_{UV}(\tau) = \int_{-\infty}^{\infty} \widetilde{\mathcal{G}}_{UV}(\nu)\mathrm{e}^{-\mathrm{j}2\pi\nu\tau}\mathrm{d}\nu \tag{2.2.52}$$

若 $Z(t)$ 是 $U(t)$ 与 $V(t)$ 之和，则随机过程 $Z(t)$ 的功率谱密度为

$$\mathcal{G}_Z(\nu) = \lim_{T\to\infty} \frac{E[\widetilde{z}_T(\nu)\widetilde{z}_T^*(\nu)]}{T}$$
$$= \lim_{T\to\infty} \frac{E\{[\widetilde{u}_T(\nu) + \widetilde{v}_T(\nu)][\widetilde{u}_T^*(\nu) + \widetilde{v}_T^*(\nu)]\}}{T}$$
$$= \mathcal{G}_U(\nu) + \mathcal{G}_V(\nu) + \widetilde{\mathcal{G}}_{UV}(\nu) + \widetilde{\mathcal{G}}_{UV}(\nu) \tag{2.2.53}$$

如图 2.2.1 所示，若随机过程 $U(t)$ 和 $V(t)$ 分别通过两个线性滤波器后，其输出分别

为 $W(t)$ 和 $Z(t)$,则有

$$\widetilde{\mathcal{G}}_{WZ}(\tau) = \mathcal{H}_1(\nu)\mathcal{H}_2^*(\nu)\widetilde{\mathcal{G}}_{UV}(\nu) \tag{2.2.54}$$

2.3　高斯随机过程与泊松随机过程

2.3.1　高斯随机过程

若随机变量 $U(t_1),U(t_2),\cdots,U(t_k),\cdots$ 对所有确定瞬时的集合是联合高斯变量,则称 $U(t)$ 为**高斯随机过程**.

对于 $t_1,t_2,\cdots,t_n,n$ 维高斯随机过程的联合概率密度函数可表示为

$$p_U(\boldsymbol{u}) = \frac{1}{(2\pi)^{\frac{n}{2}}|\boldsymbol{C}|^{\frac{1}{2}}}\exp\left\{-\frac{1}{2}(\boldsymbol{u}-\bar{\boldsymbol{u}})^{\mathrm{T}}\boldsymbol{C}^{-1}(\boldsymbol{u}-\bar{\boldsymbol{u}})\right\} \tag{2.3.1}$$

其中

$$\boldsymbol{u} = \begin{pmatrix} u(t_1) \\ u(t_2) \\ \vdots \\ u(t_n) \end{pmatrix}, \quad \bar{\boldsymbol{u}} = \begin{pmatrix} \bar{u}(t_1) \\ \bar{u}(t_2) \\ \vdots \\ \bar{u}(t_n) \end{pmatrix} \tag{2.3.2}$$

$\boldsymbol{C}$ 是 $n\times n$ 的协方差矩阵,i 行 j 列的元素为

$$\sigma_{ij}^2 = E\{[u(t_i)-\bar{u}(t_i)]\cdot[u(t_j)-\bar{u}(t_j)]\} \tag{2.3.3}$$

高斯随机过程具有下列性质:

(1) 线性滤波后的高斯随机过程也是一个高斯随机过程;

(2) 广义平稳的高斯随机过程也是严格平稳的高斯随机过程;

(3) 平稳的、具有零平均值的实值高斯随机过程的四阶矩为

$$\overline{u(t_1)u(t_2)u(t_3)u(t_4)}$$
$$= \Gamma_U(t_2,t_1)\Gamma_U(t_4,t_3) + \Gamma_U(t_3,t_1)\Gamma_U(t_4,t_2) + \Gamma_U(t_4,t_1)\Gamma_U(t_3,t_2) \tag{2.3.4}$$

2.3.2　泊松随机过程

若随机过程 $U(t)$ 的样本函数 $u(t)$ 包含多个 δ 函数,并满足下列两个条件:

(1) K 个脉冲落在时区 $(t_1\leqslant t\leqslant t_2)$ 内的概率满足泊松分布:

$$p(K;t_1,t_2) = \frac{\left(\int_{t_1}^{t_2}\lambda(t)\mathrm{d}t\right)^K}{K!}\exp\left\{-\int_{t_1}^{t_2}\lambda(t)\mathrm{d}t\right\} = \frac{\bar{K}^K}{K!}\mathrm{e}^{-\bar{K}} \tag{2.3.5}$$

式中,$\lambda(t)\geqslant 0$,称为过程的**率函数**.

(2) 落在任何两个不重叠时区内的脉冲数是统计独立的,则称这个随机过程为泊松随

机过程或泊松脉冲过程,其过程的样本函数和对应的率函数分别如图 2.3.1 所示.

给定 $\lambda(t)$,在时区$(t_1 \leqslant t \leqslant t_2)$内平均值及二阶矩分别为

$$\overline{K} = \int_{t_1}^{t_2} \lambda(t)\mathrm{d}t$$

$$\overline{K^2} = \overline{K} + \overline{K}^2 \tag{2.3.6}$$

泊松过程的各阶矩可利用前面给出的泊松分布的矩定理得出.

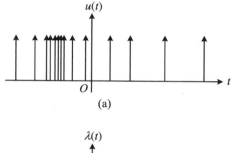

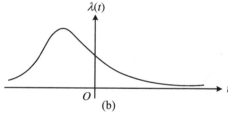

图 2.3.1　泊松脉冲过程的一个样本函数(a)和相应的率函数(b)

我们已经知道,泊松过程在任意时间间隔$[t, t+\tau]$上的脉冲数目 k 服从泊松分布,其平均值为

$$\overline{k} = \int_{t}^{t+\tau} \lambda(t)\mathrm{d}t = W \tag{2.3.7}$$

我们把它写成了 W,并利用第 1 章给出的泊松分布的矩定理,有

$$\overline{K(K-1)\cdots(K-n+1)} = \overline{k}^n, \quad n = 1, 2, \cdots$$

可得

$$\overline{k} = W$$
$$\overline{k^2} = W^2 + W$$
$$\overline{k^3} = W^3 + 3W^2 + W$$
$$\overline{k^4} = W^4 + 6W^3 + 7W^2 + W \tag{2.3.8}$$
$$\cdots\cdots$$

两个不相重叠的时间间隔内的脉冲数目是统计独立的,因此可得到**混合矩**,也就是**相关**为

$$\overline{k_1 k_2} = W_1 W_2 \tag{2.3.9}$$

中心矩:

方差:

$$\overline{(\Delta k)^2} = \overline{k} = W \tag{2.3.10}$$

协方差：

$$\overline{\Delta k_1 \Delta k_2} = 0 \tag{2.3.11}$$

泊松过程有两种情况. 首先,若率函数 $\lambda(t)$ 是一个已知函数, $U(t)$ 的所有随机性是由给定的 $\lambda(t)$ 变换成一个泊松过程的样本函数 $u(t)$ 引起的. 其次,率函数 $\lambda(t)$ 本身可能是另一随机过程 $\Lambda(t)$ 的样本函数. 在这种情况下,称 $U(t)$ 为双随机泊松过程. 这时 $U(t)$ 的随机性是由 $\lambda(t)$ 变换成样本函数以及 $\lambda(t)$ 本身的统计不确定性引起的.

因为泊松过程所研究的是离散的随机过程,在研究弱光光电计数问题中起着重要的作用. 因此,下面从基本假设出发,推导出泊松统计.

设 $\lambda(t)$ 已知,三个基本假设如下：

(1) 对于充分小的 Δt,在 t 到 $t + \Delta t$ 时区内发生一个脉冲的概率等于 Δt 与一个非负函数 $\lambda(t)$ 的乘积：

$$p(1; t, t + \Delta t) = \lambda(t)\Delta t \tag{2.3.12}$$

(2) 对于充分小的 Δt,在 Δt 内发生多于一个脉冲的概率小到可以忽略(即没有多个事件),因此,不发生时间的概率为

$$p(0; t, t + \Delta t) = 1 - \lambda(t)\Delta t \tag{2.3.13}$$

(3) 在不重复时区的脉冲数是统计独立的.

有了这三条假设,我们可以求在时区 t 到 $t + \tau + \Delta\tau$ 内发生 K 个脉冲的概率 $p(K; t, t + \tau + \Delta\tau)$.

如果 $\Delta\tau$ 很小,在 $(t, t + \tau + \Delta\tau)$ 内得到 K 个脉冲只有两个可能性：

(1) 在 $(t, t + \tau)$ 内有 K 个脉冲,在 $(t + \tau, t + \tau + \Delta\tau)$ 内没有脉冲.

(2) 在 $(t, t + \tau)$ 内有 $K - 1$ 个脉冲,在 $(t + \tau, t + \tau + \Delta\tau)$ 内有一个脉冲.

由前述三个假设,我们得到

$$p(K; t, t + \tau + \Delta\tau) = p(K; t, t + \tau)[1 - \lambda(t + \tau)\Delta\tau]$$
$$+ p(K - 1; t, t + \tau)[\lambda(t + \tau)\Delta\tau]$$

整理,得

$$\frac{p(K; t, t + \tau + \Delta\tau) - p(K; t, t + \tau)}{\Delta\tau}$$
$$= \lambda(t + \tau) \times [p(K - 1; t, t + \tau) - p(K; t, t + \tau)]$$

令 $\Delta\tau \to 0$,有

$$\frac{\mathrm{d}}{\mathrm{d}\tau}p(K; t, t + \tau) = \lambda(t + \tau)[p(K - 1; t, t + \tau) - p(K; t, t + \tau)] \tag{2.3.14}$$

利用边界条件 $p(0; t, t) = 1$,解此微分方程,我们可以得到

$$p(K; t, t + \tau) = \frac{\left[\int_t^{t+\tau} \lambda(\xi)\mathrm{d}\xi\right]^K}{K!} \exp\left\{-\int_t^{t+\tau} \lambda(\xi)\mathrm{d}\xi\right\} \tag{2.3.15}$$

此式与式(2.3.5)完全一致.

2.4　由解析信号导出随机过程

物理和工程中的信号通常是实的信号,例如一个单色振动(单色信号)常用余弦函数表示为

$$u^{(r)}(t) = A\cos(2\pi\nu t - \phi)$$

但是我们常用复值信号来表示这样的实值信号,这样做在计算时可以得到很多便利.这样做还有一个原因是考虑到线性时间不变系统的基本特性,就是这样一个系统的**本征函数**正是形如 $\exp(-\mathrm{j}2\pi\nu t)$ 的复指数形式,即

$$\mathcal{L}\{\exp(-\mathrm{j}2\pi\nu t)\} = \mathcal{H}(\nu)\exp(-\mathrm{j}2\pi\nu t) \tag{2.4.1}$$

其中,$\mathcal{L}\{\cdot\}$ 为线性时间不变系统的操作算符,$\mathcal{H}(\nu)$ 为系统的传递函数,并且由于所选择的复值信号的实部就是实值信号,所以,在所有线性处理过程中只要提取实部即可.

2.4.1　实值信号用复值信号表示

一个**单色**实值信号(频率为 ν_0)可以表示为

$$u^{(r)}(t) = A\cos(2\pi\nu_0 t - \phi) = \frac{1}{2}A\mathrm{e}^{-\mathrm{j}(2\pi\nu_0 t - \phi)} + \frac{1}{2}A\mathrm{e}^{\mathrm{j}(2\pi\nu_0 t - \phi)} \tag{2.4.2}$$

对应的复值表示为

$$\tilde{u}(t) = A\mathrm{e}^{-\mathrm{j}(2\pi\nu_0 t - \phi)} \tag{2.4.3}$$

在频域中,此两式分别为

$$\mathcal{F}\{u^{(r)}(t)\} = \frac{A}{2}\mathrm{e}^{-\mathrm{j}\phi}\delta(\nu + \nu_0) + \frac{A}{2}\mathrm{e}^{\mathrm{j}\phi}\delta(\nu - \nu_0) \tag{2.4.4}$$

$$\mathcal{F}\{\tilde{u}(t)\} = A\mathrm{e}^{\mathrm{j}\phi}\delta(\nu - \nu_0) \tag{2.4.5}$$

我们可以看到,实值单色信号用复值信号表示时,在频域中的做法是:

(1) 将正频成分加倍;

(2) 完全去掉负频率成分.

对于**非单色**信号,我们可以沿用上述单色信号的处理方法:加倍正频率,去掉负频分量.将非单色实值信号 $u^{(r)}(t)$ 展成单色信号之和,即展成实数傅里叶积分,然后把每一单色分量换成对应的复指数函数,从而得到非单色信号的解析信号.因而我们定义

$$\tilde{u}(t) \equiv 2\int_0^\infty \tilde{u}(\nu)\mathrm{e}^{-\mathrm{j}2\pi\nu t}\mathrm{d}\nu \tag{2.4.6}$$

$\tilde{u}(t)$ 称为 $u(t)$ 的**解析信号**,注意这里只对正频积分,并且幅度加倍.

利用符号函数

$$\mathrm{sgn}\,\nu = \begin{cases} 1, & \nu > 0 \\ 0, & \nu = 0 \\ -1, & \nu < 0 \end{cases} \tag{2.4.7}$$

(2.4.6)式还可以表示为

$$\tilde{u}(t) \equiv \int_{-\infty}^{\infty} [1 + \text{sgn}\, \nu] \cdot \tilde{u}(\nu) e^{-j2\pi\nu t} d\nu \tag{2.4.8}$$

显然,解析信号只具有正频率分量的傅里叶单边值.反之,如果复函数的傅里叶谱不包含负频率分量,则其为解析信号.

我们现在讨论一下解析信号的性质.由式(2.4.7),取傅里叶逆变换

$$\begin{aligned}
\tilde{u}(t) &= \mathcal{F}^{-1}\{\tilde{u}(\nu)\} + \mathcal{F}^{-1}\{(\text{sgn}\, \nu)\tilde{u}(\nu)\} \\
&= u^{(r)}(t) + \mathcal{F}^{-1}\{\text{sgn}\, \nu\} * \mathcal{F}^{-1}\{\tilde{u}(\nu)\} \\
&= u^{(r)}(t) + \frac{j}{\pi} P \int_{-\infty}^{\infty} \frac{u^{(r)}(\xi)}{\xi - t} d\xi
\end{aligned} \tag{2.4.9}$$

其中已利用了

$$\mathcal{F}^{-1}\{\text{sgn}\, \nu\} = -\frac{j}{\pi \cdot t}$$

关于此式的由来,可参阅附录 C.

积分 $P\int_{-\infty}^{\infty}$ 表示取积分的柯西(Cauchy)主值:

$$\frac{1}{\pi} P \int_{-\infty}^{\infty} \frac{u^{(r)}(\xi)}{\xi - t} d\xi = H\{u^{(r)}(t)\} \equiv \frac{1}{\pi} \lim_{\varepsilon \to 0}\left[\int_{-\infty}^{t-\varepsilon} \frac{u^{(r)}(\xi)}{\xi - t} d\xi + \int_{t+\varepsilon}^{\infty} \frac{u^{(r)}(\xi)}{\xi - t} d\xi\right]$$

$$\tag{2.2.10}$$

此积分称为 $u^{(r)}(t)$ 的希尔伯特(Hilbert)变换,用 $H\{\cdot\}$ 表示.

由式(2.4.8),可以得到如下解析信号的性质:

$$u^{(r)}(t) = \text{Re}\{\tilde{u}(t)\} \tag{2.4.11}$$

$$u^{(i)}(t) = \text{Im}\{\tilde{u}(t)\} = \frac{1}{\pi} P \int_{-\infty}^{\infty} \frac{u^{(r)}(\xi)}{\xi - t} d\xi = H\{u^{(r)}(t)\} \tag{2.4.12}$$

即解析信号的虚部与实部互为希尔伯特变换对;

$$\mathcal{F}\{u^{(i)}(t)\} = -j\text{sgn}\, \nu \cdot \mathcal{F}\{u^{(r)}(t)\} = -j\text{sgn}\, \nu \cdot \tilde{u}(\nu) \tag{2.4.13}$$

实值信号构造解析信号的过程如图 2.4.1 所示.

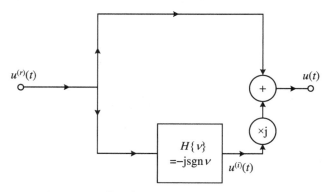

图 2.4.1 从一个实值信号构建一个解析信号

2.4.2　解析信号作为一个复值随机过程的样本函数

若 $u^{(r)}(t)$ 是一个随机过程 $U(t)$ 的一个样本函数,则解析信号 $\tilde{u}(t)$ 可以认为是一个复值随机过程 $\tilde{U}(t)$ 的一个样本函数.

对于随机过程来说,实值信号的谱 $\tilde{u}(\nu)$ 可能不存在,这时解析信号由式(2.4.7)改写为(此定义不需引入傅里叶变换)

$$\tilde{u}(t) \equiv \left[\delta(t) - \frac{\mathrm{j}}{\pi t}\right] * u^{(r)}(t) \tag{2.4.14}$$

复值随机过程 $\tilde{U}(t)$ 的完整描述应有所有可能的瞬时集合过程的实部和虚部的联合统计.但是,即使对某一瞬时的 $\tilde{U}(t)$ 的统计一般也是难以做到的,因为实部和虚部的联合统计要用到希尔伯特变换从实部求出虚部后才能得出.然而,当我们关心的是 $\tilde{U}(t)$ 的实部和虚部的自相关函数及交叉相关函数和 $\tilde{U}(t)$ 为高斯随机过程时,讨论要简单些.

设 $\Gamma_U^{(r,r)}(\tau)$ 表示实随机过程 $U(t)$ 的自相关函数,$U(t)$ 至少是广义平稳的.相应的功率谱密度为

$$\widetilde{\mathcal{G}}_U^{(r,r)}(\nu) = \int_{-\infty}^{\infty} \Gamma_U^{(r,r)}(\tau) \mathrm{e}^{\mathrm{j}2\pi\nu\tau}\mathrm{d}\tau \tag{2.4.15}$$

因为 $u^{(i)}(t)$ 是 $u^{(r)}(t)$ 经希尔伯特变换的线性滤波得来的,所以,复随机过程的虚部的功率谱密度为

$$\widetilde{\mathcal{G}}_U^{(i,i)}(\nu) = |-\mathrm{jsgn}\,\nu|^2 \widetilde{\mathcal{G}}_U^{(r,r)}(\nu) \tag{2.4.17}$$

因为

$$|-\mathrm{jsgn}\,\nu|^2 = (-\mathrm{jsgn}\,\nu)(\mathrm{jsgn}\,\nu) = 1$$

所以,有

$$\widetilde{\mathcal{G}}_U^{(i,i)}(\nu) = \widetilde{\mathcal{G}}_U^{(r,r)}(\nu) \tag{2.4.18}$$

$$\Gamma_U^{(i,i)}(\tau) = \Gamma_U^{(r,r)}(\tau) \tag{2.4.19}$$

对于交叉相关函数,我们让实随机过程分别通过脉冲响应为 $H_1(\nu)=1, H_2(\nu)=-\mathrm{jsgn}\,\nu$ 的两个线性滤波器,利用式(2.2.54),得到

$$\begin{aligned}\widetilde{\mathcal{G}}_U^{(r,i)}(\nu) &= H_1(\nu) \cdot H_2^*(\nu)\widetilde{\mathcal{G}}_U^{(r,r)}(\nu) \\ &= 1 \cdot (\mathrm{jsgn}\,\nu)\widetilde{\mathcal{G}}_U^{(r,r)}(\nu) \\ &= \mathrm{jsgn}\,\nu \cdot \widetilde{\mathcal{G}}_U^{(r,r)}(\nu)\end{aligned} \tag{2.4.20}$$

同样可得

$$\begin{aligned}\widetilde{\mathcal{G}}_U^{(i,r)}(\nu) &= (-\mathrm{jsgn}\nu) \cdot 1 \cdot \widetilde{\mathcal{G}}_U^{(r,r)}(\nu) \\ &= -\mathrm{jsgn}\,\nu \cdot \widetilde{\mathcal{G}}_U^{(r,r)}(\nu)\end{aligned} \tag{2.4.21}$$

因为

$$\widetilde{\mathcal{G}}_U^{(r,i)}(\nu) = \mathcal{F}\{\Gamma_U^{(r,i)}(\tau)\}, \quad \widetilde{\mathcal{G}}_U^{(i,r)}(\nu) = \mathcal{F}\{\Gamma_U^{(i,r)}(\tau)\}$$

所以,由这些结果可以得到

$$\widetilde{\mathcal{G}}_U^{(r,i)}(\nu) = -\widetilde{\mathcal{G}}_U^{(i,r)}(\nu) \tag{2.4.22}$$

$$\Gamma_U^{(r,i)}(\tau) = -\Gamma_U^{(i,r)}(\tau) \tag{2.4.23}$$

$$\Gamma_U^{(i,r)}(\tau) = \frac{1}{\pi} P \int_{-\infty}^{\infty} \frac{\Gamma_U^{(r,r)}(\xi)}{\xi - \tau} \mathrm{d}\xi \tag{2.4.24}$$

由此我们可知,解析信号的实部和虚部的交叉相关函数等于实随机过程的自相关函数的希尔伯特变换.

复随机过程的自相关函数定义为

$$\widetilde{\Gamma}_{\widetilde{U}}(t_2, t_1) = \overline{\widetilde{u}(t_2)\widetilde{u}^*(t_1)} \tag{2.4.25}$$

当 $U(t)$ 的实部和虚部都至少是广义平稳时,$\Gamma_{\widetilde{U}}(\tau)$ 具有下列性质:

$$\widetilde{\Gamma}_{\widetilde{U}}(0) = \overline{[u^{(r)}(t)]^2} + \overline{[u^{(i)}(t)]^2} \tag{2.4.26}$$

$$\widetilde{\Gamma}_{\widetilde{U}}(-\tau) = \widetilde{\Gamma}^*(\tau) \tag{2.4.27}$$

$$|\widetilde{\Gamma}_{\widetilde{U}}(\tau)| \leqslant |\widetilde{\Gamma}_{\widetilde{U}}(0)| \tag{2.4.28}$$

通过把解析信号写成实部和虚部两部分代入上述定义式,并利用实部和虚部的自相关函数和交叉相关函数及其性质,可以得到

$$\widetilde{\Gamma}_{\widetilde{U}}(\tau) = 2\Gamma_U^{(r,r)}(\tau) + \mathrm{j}2\Gamma_U^{(i,r)}(\tau) \tag{2.4.29}$$

此式说明,复值随机过程自相关函数的实部是原实随机过程自相关函数的两倍,而虚部是原实随机过程自相关函数的希尔伯特变换的两倍.

复值随机过程 $U(t)$ 的功率谱密度为

$$\begin{aligned}
\mathcal{G}_{\widetilde{U}}(\nu) &= \mathcal{F}\{\Gamma_U(\tau)\} = 2\mathcal{F}\{\Gamma_U^{(r,r)}(\tau)\} + 2\mathrm{j}\mathcal{F}\{\Gamma_U^{(i,r)}(\tau)\} \\
&= 2\mathcal{G}_U^{(r,r)}(\nu) + 2\mathrm{j}(-\mathrm{j}\,\mathrm{sgn}\,\nu)\mathcal{G}_U^{(r,r)}(\nu) \\
&= 2(1 + \mathrm{sgn}\,\nu)\mathcal{G}_U^{(r,r)}(\nu) \\
&= \begin{cases} 4\mathcal{G}_U^{(r,r)}(\nu), & \nu > 0 \\ 0, & \nu < 0 \end{cases}
\end{aligned} \tag{2.4.30}$$

于是可知,一个解析信号的自相关函数只有单边傅里叶谱.因此,$\Gamma_U(\tau)$ 也是解析信号.

两个解析信号的交叉相关函数定义为

$$\widetilde{\Gamma}_{\widetilde{U}\widetilde{V}}(t_2, t_1) \equiv E[\widetilde{u}(t_2)\widetilde{v}^*(t_1)] \tag{2.4.31}$$

可得

$$\widetilde{\Gamma}_{\widetilde{U}\widetilde{V}}(t_2, t_1) = 2\Gamma_{UV}{}^{(r,r)}(t_2, t_1) + \mathrm{j}2\Gamma_{UV}{}^{(i,r)}(t_2, t_1) \tag{2.4.32}$$

$$\mathcal{G}_{UV}(\nu) = \begin{cases} 4\mathcal{G}_{UV}{}^{(r,r)}(\nu), & \nu > 0 \\ 0, & \nu < 0 \end{cases} \tag{2.4.33}$$

因此,两个解析信号的交叉相关函数也只有单边傅里叶谱,$\widetilde{\Gamma}_{\widetilde{U}\widetilde{V}}(t_2, t_1)$ 也是解析信号.

下面考虑由一个实值高斯随机过程构造其解析信号的情况.

若一个实值高斯随机过程 $U^{(r)}(t)$ 的样本函数为 $u^{(r)}(t)$,对应的解析信号为 $\widetilde{u}(t)$.由于样本函数的虚部是从实部经线性滤波(希尔伯特变换)得来的.按高斯过程的特性,$u^{(i)}(t)$ 仍是高斯过程.既然 $\widetilde{U}(t)$ 的实部和虚部都是高斯随机过程,因此我们得到,实值高斯随机过程的解析信号是一个复值高斯随机过程.当然不是所有的复值高斯随机过程的样

本函数都是解析信号.

借助于圆复高斯随机过程的四阶矩定理:

$$E\left[\tilde{u}^*(t_1)\tilde{u}^*(t_2)\tilde{u}(t_3)\tilde{u}(t_4)\right]$$

$$= \tilde{\Gamma}_{\tilde{U}}(t_3,t_1)\tilde{\Gamma}_{\tilde{U}}(t_4,t_2) + \tilde{\Gamma}_{\tilde{U}}(t_3,t_2)\tilde{\Gamma}_{\tilde{U}}(t_4,t_1) \tag{2.4.34}$$

当 $t_3 = t_1, t_4 = t_2$ 时,上式变成

$$E\left[|\tilde{u}(t_1)|^2 |\tilde{u}(t_2)|^2\right] = \tilde{\Gamma}_{\tilde{U}}(t_1,t_1)\tilde{\Gamma}_{\tilde{U}}(t_2,t_2) + |\tilde{\Gamma}_{\tilde{U}}(t_2,t_1)|^2 \tag{2.4.35}$$

习　题　2

1. 设随机过程 $U(t)$ 由下式定义:

$$U(t) = A\cos(2\pi\nu t - \phi)$$

其中,ν 为已知常数,ϕ 均匀分布在 $(-\pi,\pi)$ 内,A 的概率密度函数为

$$p_A(a) = \frac{1}{2}\delta(a-1) + \frac{1}{2}\delta(a-2)$$

并且 A 和 ϕ 统计独立.

(1) 分别对一个振幅为 1 的样本函数和一个振幅为 2 的样本函数计算 $\langle u^2(t)\rangle$;

(2) 计算 $\overline{u^2}$;

(3) 证明 $\overline{u^2} = \frac{1}{2}\langle u^2\rangle_1 + \frac{1}{2}\langle u^2\rangle_2$.

式中,$\langle u^2\rangle_1$ 和 $\langle u^2\rangle_2$ 分别代表(1)中对振幅 1 和 2 的结果.

2. 考虑随机过程 $U(t) = A$,其中 A 是一个在 $(-1,1)$ 内均匀分布的随机变量.

(1) 粗略画出这个过程的几个样本函数.

(2) 求 $U(t)$ 的时间自相关函数.

(3) 求 $U(t)$ 的统计自相关函数.

(4) $U(t)$ 是广义平稳过程吗? 它是严格平稳过程吗?

(5) $U(t)$ 是遍历随机过程吗? 请加以解释.

3. 求下述随机过程的统计自相关函数

$$U(t) = a_1\cos(2\pi\nu_1 t - \phi_1) + a_2\cos(2\pi\nu_2 t - \phi_2)$$

其中,a_1,a_2,ν_1,ν_2 是已知常数,而 ϕ_1 和 ϕ_2 是在 $(-\pi,\pi)$ 上均匀分布的随机变量.$U(t)$ 的功率谱密度是什么?

4. 给定一个解析信号 $u(t)$ 的自相关函数是 $\Gamma_U(\tau)$,证明:$\dfrac{\mathrm{d}}{\mathrm{d}t}u(t)$ 的自相关函数为 $-\dfrac{\partial^2}{\partial\tau^2}\Gamma_U(\tau)$.提示:在频域中推理.

5. 求实值的时间函数

$$u(t) = \mathrm{rect}(t)$$

的解析信号表示.

第3章 光场的一阶统计性质

自然产生的和人造的各种光源,无论是自发辐射的热光光场,还是受激辐射的激光光场,都存在许多随机因素,应作为随机过程来处理.

本章讨论各种不同光源发出的光场中一个时空点上的统计性质,因此属于一阶统计.

从本章开始我们均忽略光波的矢量特性,也就是说,把电磁场各个偏振分量看成是完全独立的,忽略各个分量之间的耦合,把这样一个分量作为标量处理.实验表明,若问题只涉及不太大的衍射角,标量理论也能给出精确结果.

3.1 热 光

绝大部分光场是由被激发的原子或分子的**自发辐射**而发的光,即一个处于激发态的粒子自发地跃迁到基态而发出一个光子.这个过程是随机的.由大量这样的自发辐射而形成的光称为**热光**,或称**混沌光(chaotic light)**.

我们经常用到的激光,则是由受激辐射而形成的光,它是一种有序的、波长和初始相位相同的、同步的、一致的辐射.

3.1.1 偏振热光

当光的频率宽度 $\Delta\nu$ 远远小于它的中心频率 $\bar\nu$ 时,即 $\Delta\nu \ll \bar\nu$(或者 $\Delta\lambda \ll \bar\lambda$)时,我们称它为窄带光.对于窄带热光,通过检偏器后,光场中 P 点和 t 时刻在偏振方向上(例如 x 方向)的电场为 $u_x(P,t)$,我们略去下标 x 而表为 $u(P,t)$.相应的解析信号为

$$\tilde{u}(P,t) = \tilde{A}(P,t)\mathrm{e}^{-\mathrm{j}2\pi\bar\nu t} \tag{3.1.1}$$

式中,$\bar\nu$ 为中心频率,$\tilde{A}(P,t)$ 为瞬时**复振幅**或**相复矢量(phasor)**.

光场中 (P,t) 时空点的**瞬时光强**为

$$I(P,t) = |\tilde{u}(P,t)|^2 = |\tilde{A}(P,t)|^2 \tag{3.1.2}$$

$I(P,t)$ 的时间平均称为光场 P 点的**强度**,在各态历经情况下,它等于系统的系综平均:

$$I(P) = \langle I(P,t) \rangle = \overline{I(P)}$$

我们要研究光场的一阶统计性质,就是要求出 $|A(P,t)|$ 和 $I(P,t)$ 的统计分布.

由于我们讨论的是热光源,故 $u(P,t)$ 可以看成大量独立原子辐射 $u_i(P,t)$ 贡献之和,即

$$u(P,t) = \sum_i u_i(P,t)$$

它的解析信号及瞬时复振幅相应地为

$$\tilde{u}(P,t) = \sum_i \tilde{u}_i(P,t) \tag{3.1.3}$$

$$\tilde{A}(P,t) = \sum_i \tilde{A}_i(P,t) \tag{3.1.4}$$

由于产生辐射的原子数目是大量的,不同原子的辐射,相互之间可以认为是独立无关的,同一原子辐射的振幅和位相之间也可以认为是独立无关的,并且可以认为 A_i 的相位具有均匀分布.因此,式(3.1.3)和式(3.1.4)满足随机相位复矢求和的全部条件.可知 $\tilde{u}(P,t)$ 和 $\tilde{A}(P,t)$ 都是**圆型复值高斯随机过程**.

由前面讨论的结果可知,$\tilde{A}(P,t)$ 的模 $|\tilde{A}(P,t)| = A$ 遵从**瑞利分布**:

$$p_A(A) = \begin{cases} \dfrac{A}{\sigma^2} \exp\left\{ -\dfrac{A_2}{2\sigma^2} \right\}, & A \geqslant 0 \\ 0, & \text{其他} \end{cases} \tag{3.1.5}$$

其中,σ^2 代表 $\tilde{A}(P,t)$ 的实部和虚部的方差(它们相等).

瞬时光强 I 的概率密度函数可以由 $p_A(A)$ 用概率密度函数的变换得到:

$$\begin{aligned} p_I(I) &= p_A(A = \sqrt{I}) \cdot \left| \dfrac{\mathrm{d}A}{\mathrm{d}I} \right| \\ &= \begin{cases} \dfrac{1}{2\sigma^2} \exp\left\{ -\dfrac{I}{2\sigma^2} \right\}, & I \geqslant 0 \\ 0, & \text{其他} \end{cases} \end{aligned} \tag{3.1.6}$$

因此,瞬时光强服从**负指数**分布.

这种分布具有一个重要的性质,其标准差等于平均值

$$\sigma_I = \overline{I} = 2\sigma^2 \tag{3.1.7}$$

因此,信噪比为

$$\frac{S}{N} = \frac{\overline{I}}{\sigma_I} = 1 \tag{3.1.8}$$

从而 $p_I(I)$ 可以写得更简洁一些:

$$p_I(I) = \begin{cases} \dfrac{1}{\overline{I}} \exp\left\{ -\dfrac{I}{\overline{I}} \right\}, & I \geqslant 0 \\ 0, & \text{其他} \end{cases} \tag{3.1.9}$$

$p_I(I)$ 的形状如图 3.1.1 所示.

最后,对应于式(3.1.9)的特征函数为

$$\widetilde{M}_I(\omega) = \int_{-\infty}^{\infty} p_I(I)\mathrm{e}^{\mathrm{j}\omega I}\mathrm{d}I = \frac{1}{1 - \mathrm{j}\omega\overline{I}} \tag{3.1.10}$$

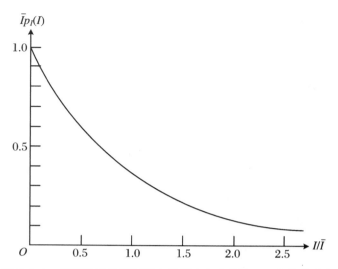

图 3.1.1　偏振热光的瞬时强度的概率密度函数——负指数分布

3.1.2　非偏振热光(自然光)

一个热光源发出的光是非偏振的,如果它满足下列条件:

(1) 将一检偏器放在垂直于光波传播方向的平面内,通过此检偏器光强与检偏器的转角无关;

(2) 光场的任意两个相互垂直的偏振分量 $u_X(P, t)$ 和 $u_Y(P, t)$ 之间,对于任意的时间间隔 τ 都不相关.即

$$\langle \widetilde{u}_X(t + \tau)\widetilde{u}_Y^*(t) \rangle = 0 \tag{3.1.11}$$

这种**非偏振热光**通常也叫作**自然光**.它的**瞬时光强**为

$$\begin{aligned} I(P, t) &= |\widetilde{u}_X(P, t)|^2 + |\widetilde{u}_Y(P, t)|^2 \\ &= I_X(P, t) + I_Y(P, t) \end{aligned} \tag{3.1.12}$$

从上一小节,我们知道 $\widetilde{u}_X(P, t)$ 和 $\widetilde{u}_Y(P, t)$ 都是圆型复值高斯随机过程,条件(2)表明它们之间对于任何时差 τ 都不相关.因此 $\widetilde{u}_X(P, t)$ 和 $\widetilde{u}_Y(P, t)$ 统计独立,同样,$I_X(P, t)$ 和 $I_Y(P, t)$ 也统计独立,每个都遵从负指数分布.条件(1)表明它们的平均值相同:

$$\overline{I}_X(P) = \overline{I}_Y(P) = \frac{1}{2}\overline{I}(P) \tag{3.1.13}$$

因此,$I_X(P, t)$ 和 $I_Y(P, t)$ 的概率密度函数和特征函数分别为

$$p_{I_X}(I_X) = \frac{2}{\overline{I}}\exp\left(-2\frac{I_X}{\overline{I}}\right) \tag{3.1.14}$$

$$p_{I_Y}(I_Y) = \frac{2}{\overline{I}}\exp\left(-2\frac{I_Y}{\overline{I}}\right) \tag{3.1.15}$$

$$M_{I_X}(\omega) = \frac{1}{1 - \dfrac{\mathrm{j}\omega\overline{I}}{2}} \tag{3.1.16}$$

$$M_{I_Y}(\omega) = \frac{1}{1 - \dfrac{\mathrm{j}\omega\overline{I}}{2}} \tag{3.1.17}$$

利用两个独立随机变量之和的特征函数为它们各自的特征函数的乘积这一关系,得 $I(P,t)$ 的特征函数为

$$M_I(\omega) = M_{I_X}(\omega)M_{I_Y}(\omega) = \frac{1}{\left(1 - \dfrac{\mathrm{j}\omega\overline{I}}{2}\right)^2} \tag{3.1.18}$$

对 $M_I(\omega)$ 做傅里叶逆变换,得

$$p_I(I) = \begin{cases} \left(\dfrac{2}{\overline{I}}\right)^2 I \exp\left(-2\,\dfrac{I}{\overline{I}}\right), & I \geqslant 0 \\ 0, & I < 0 \end{cases} \tag{3.1.19}$$

$p_I(I)$ 的形状如图 3.1.2 所示.

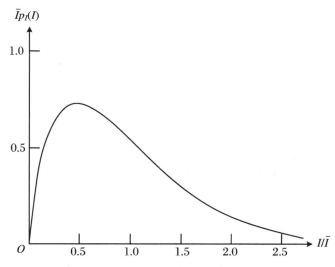

图 3.1.2　非偏振热光瞬时强度的概率密度函数

在这种情况下,标准差为

$$\sigma_I = \frac{1}{\sqrt{2}}\overline{I} \tag{3.1.20}$$

信噪比为

$$\frac{S}{N} = \frac{\overline{I}}{\sigma_I} = \sqrt{2} \tag{3.1.21}$$

3.2 部分偏振光

完全偏振和完全非偏振光是理想的情况.介乎两者之间,存在**部分偏振光**的中间情况,这是普遍存在的实际情况.描述部分偏振光的方法有很多,这里我们引入并利用相干矩阵,定义描述偏振状态的偏振度,再利用有关偏振热光的结果,导出部分偏振热光的一阶统计性质.

3.2.1 相干矩阵和偏振度

1. 琼斯矢量和琼斯矩阵

光场中某点 P 的电场矢量为 $\tilde{U}(t)$,其 x 方向和 y 方向的两个分量分别为 $\tilde{u}_x(t)$ 和 $\tilde{u}_y(t)$,可用一个二维琼斯(Jones)矢量表示为

$$\tilde{U} = \begin{pmatrix} \tilde{u}_x(t) \\ \tilde{u}_y(t) \end{pmatrix} \tag{3.2.1}$$

相应地,一个偏振光学器件,可由一个 2×2 的琼斯矩阵表示

$$\tilde{L} = \begin{pmatrix} \tilde{l}_{11} & \tilde{l}_{12} \\ \tilde{l}_{21} & \tilde{l}_{22} \end{pmatrix} \tag{3.2.2}$$

偏振光通过这个偏振光学器件后,光场可表示为

$$\tilde{U}' = \begin{pmatrix} \tilde{u}'_x(t) \\ \tilde{u}'_y(t) \end{pmatrix} = \tilde{L} \cdot \tilde{U} = \begin{pmatrix} \tilde{l}_{11} & \tilde{l}_{12} \\ \tilde{l}_{21} & \tilde{l}_{22} \end{pmatrix} \cdot \begin{pmatrix} \tilde{u}_x(t) \\ \tilde{u}_y(t) \end{pmatrix} \tag{3.2.3}$$

举几个琼斯矩阵的例子:

(1) 使坐标轴旋转 θ 角的器件

我们可以将这一操作看成一个光学器件,它把 $\tilde{u}_x, \tilde{u}_y$ 变成 $\tilde{u}'_x, \tilde{u}'_y$:

$$\tilde{u}'_x = \tilde{u}_x \cos\theta + \tilde{u}_y \sin\theta$$
$$\tilde{u}'_y = -\tilde{u}_x \sin\theta + \tilde{u}_y \cos\theta$$

因此

$$L = \begin{pmatrix} \cos\theta & \sin\theta \\ -\sin\theta & \cos\theta \end{pmatrix} \tag{3.2.4}$$

(2) 位相延迟板

用双折射光学材料,制成具有一定厚度的平行板,使得光通过它后两个偏振分量之间产生一个相位延迟.

设板厚为 d,材料对两个偏振分量的折射率分别为 n_x 和 n_y,则相应的光传播速度分别

为 $\nu_x = \dfrac{c}{n_x}$ 和 $\nu_y = \dfrac{c}{n_y}$，所以时间延迟为

$$\tau_d = d\left(\frac{1}{v_x} - \frac{1}{v_y}\right) = d\,\frac{(n_x - n_y)}{c} \tag{3.2.5}$$

我们这里假定光是窄带光，$\Delta\nu \ll \nu$，即 $\tau_d \ll \dfrac{1}{\Delta\nu}$.

相位延迟为

$$\delta = \frac{2\pi}{\bar{\lambda}} \cdot c\tau_d = \frac{2\pi c}{\bar{\lambda}} \cdot d\left(\frac{1}{v_x} - \frac{1}{v_y}\right) = \frac{2\pi}{\bar{\lambda}} d\,(n_x - n_y) \tag{3.2.6}$$

则此位相延迟板（光波片，波晶片）的琼斯矩阵为

$$\widetilde{L} = \begin{pmatrix} \mathrm{e}^{\mathrm{j}\frac{\delta}{2}} & 0 \\ 0 & \mathrm{e}^{-\mathrm{j}\frac{\delta}{2}} \end{pmatrix} \tag{3.2.7}$$

（3）检偏器，透振方向与 x 轴成 α 角

$$L(\alpha) = \begin{pmatrix} \cos^2\alpha & \sin\alpha\cos\alpha \\ \sin\alpha\cos\alpha & \sin^2\alpha \end{pmatrix} = \begin{pmatrix} \cos^2\alpha & \dfrac{1}{2}\sin 2\alpha \\ \dfrac{1}{2}\sin 2\alpha & \sin^2\alpha \end{pmatrix} \tag{3.2.8}$$

注意，有些矩阵（如（1）和（2）的情况）是么正矩阵，即

$$\widetilde{L} \cdot \widetilde{L}^{\dagger} = I = \begin{pmatrix} 1 & 0 \\ 0 & 1 \end{pmatrix} \tag{3.2.9}$$

其中

$$\widetilde{L}^{\dagger} = (\widetilde{L}^{*})^{\mathrm{T}} = \begin{pmatrix} \widetilde{l}_{11}^{*} & \widetilde{l}_{21}^{*} \\ \widetilde{l}_{12}^{*} & \widetilde{l}_{22}^{*} \end{pmatrix} \tag{3.2.10}$$

这样的情况对应无损耗的偏振器件.

而（3）的情况，即偏振器的情况，它的行列式 $|L| = 0$，因此是一个奇异矩阵，L^{-1} 不存在，当然谈不上么正性了，这说明偏振器件有损耗，垂直于偏振器透振方向的光被损耗掉了.

每种偏振光学器件都具有自己的琼斯矩阵.当偏振光连续通过多个偏振光学器件时，只要依次左乘上相应的琼斯矩阵即可得到输出光场.

2. 相干矩阵

前面讨论的琼斯方法只能描述完全偏振光，而不能描述非偏振光和部分偏振光.这是因为琼斯矢量的元素 $\widetilde{u}_x(t)$ 和 $\widetilde{u}_y(t)$ 都是不能测量的量，下面介绍的维纳（Wiener）和沃尔夫（Wolf）所引入的相干矩阵除了能描述完全偏振光外，还能描述非偏振光和部分偏振光.

设光场中某点 P 的琼斯矢量为

$$\widetilde{U} = \begin{pmatrix} \widetilde{u}_x(t) \\ \widetilde{u}_y(t) \end{pmatrix} \tag{3.2.11}$$

则光场该点的**相干矩阵**定义为

$$\widetilde{J} \equiv \langle \widetilde{U} \cdot \widetilde{U}^{\dagger} \rangle \tag{3.2.12}$$

其中,无穷长时间平均作用于乘积矩阵的每一元素上,即

$$\widetilde{\boldsymbol{J}} = \begin{bmatrix} \widetilde{J}_{xx} & \widetilde{J}_{xy} \\ \widetilde{J}_{yx} & \widetilde{J}_{yy} \end{bmatrix} \tag{3.2.13}$$

其中,

$$\widetilde{J}_{xx} = \langle \widetilde{u}_x(t) \cdot \widetilde{u}_x^*(t) \rangle = \overline{I}_x \tag{3.2.14}$$

$$\widetilde{J}_{yy} = \langle \widetilde{u}_y(t) \cdot \widetilde{u}_y^*(t) \rangle = \overline{I}_y \tag{3.2.15}$$

$$\widetilde{J}_{xy} = \langle \widetilde{u}_x(t) \cdot \widetilde{u}_y^*(t) \rangle = \widetilde{J}_{yx} \tag{3.2.16}$$

因此,$\widetilde{\boldsymbol{J}}$ 的对角元素是 x 和 y 方向上的偏振分量的平均强度,$\widetilde{\boldsymbol{J}}$ 的非对角元素是 x 和 y 方向上偏振分量的互强度,都是可以用实验测出的量.因此整个矩阵 $\widetilde{\boldsymbol{J}}$ 可以由试验定出.

我们看一下相干光通过偏振仪器的情况.

设输入相干光的琼斯矢量为 $\widetilde{\boldsymbol{U}}$,其相干矩阵为 $\widetilde{\boldsymbol{J}} = \langle \widetilde{\boldsymbol{U}} \cdot \widetilde{\boldsymbol{U}}^\dagger \rangle$,它通过的偏振仪器的琼斯矩阵为 $\widetilde{\boldsymbol{L}}$,输出光的琼斯矢量为 $\widetilde{\boldsymbol{U}}' = \widetilde{\boldsymbol{L}}\widetilde{\boldsymbol{U}}$,则相应的相干矩阵为

$$\widetilde{\boldsymbol{J}}' = \langle \widetilde{\boldsymbol{U}}' \cdot \widetilde{\boldsymbol{U}}'^\dagger \rangle = \langle \widetilde{\boldsymbol{L}}\widetilde{\boldsymbol{U}} \cdot (\widetilde{\boldsymbol{L}}\widetilde{\boldsymbol{U}})^\dagger \rangle = \langle \widetilde{\boldsymbol{L}}\widetilde{\boldsymbol{U}} \cdot \widetilde{\boldsymbol{U}}^\dagger \widetilde{\boldsymbol{L}}^\dagger \rangle = \widetilde{\boldsymbol{L}} \langle \widetilde{\boldsymbol{U}} \widetilde{\boldsymbol{U}}^\dagger \rangle \widetilde{\boldsymbol{L}}^\dagger = \widetilde{\boldsymbol{L}} \widetilde{\boldsymbol{J}} \widetilde{\boldsymbol{L}}^\dagger$$

相干矩阵有下列性质:

(1) $\widetilde{\boldsymbol{J}}$ 为厄米(Hermite)矩阵;

(2) 由于 $|\widetilde{J}_{xy}| \leqslant \sqrt{\widetilde{J}_{xx} \cdot \widetilde{J}_{yy}}$,因此 $\det(\widetilde{\boldsymbol{J}}) = \widetilde{J}_{xx} \cdot \widetilde{J}_{yy} - |\widetilde{J}_{xy}|^2 \geqslant 0$,即 $\widetilde{\boldsymbol{J}}$ 的行列式是非负的或者说矩阵 $\widetilde{\boldsymbol{J}}$ 是非负定的;

(3) $\widetilde{\boldsymbol{J}}$ 的迹等于该点的平均光强

$$\mathrm{Tr}(\boldsymbol{J}) = \overline{I}_x + \overline{I}_y = \overline{I} \tag{3.2.17}$$

相干矩阵的例子:

(1) x 方向上线偏振

$$\boldsymbol{J} = \overline{I} \begin{pmatrix} 1 & 0 \\ 0 & 0 \end{pmatrix} \tag{3.2.18}$$

(2) y 方向上线偏振

$$\boldsymbol{J} = \overline{I} \begin{pmatrix} 0 & 0 \\ 0 & 1 \end{pmatrix} \tag{3.2.19}$$

(3) 右旋圆偏振

$$\widetilde{\boldsymbol{J}} = \frac{\overline{I}}{2} \begin{pmatrix} 1 & \mathrm{j} \\ -\mathrm{j} & 1 \end{pmatrix} \tag{3.2.20}$$

(4) 左旋圆偏振

$$\widetilde{\boldsymbol{J}} = \frac{\overline{I}}{2} \begin{pmatrix} 1 & -\mathrm{j} \\ \mathrm{j} & 1 \end{pmatrix} \tag{3.2.21}$$

(5) 自然光(非偏振光)

$$\boldsymbol{J} = \frac{\overline{I}}{2} \begin{pmatrix} 1 & 0 \\ 0 & 1 \end{pmatrix} \tag{3.2.22}$$

根据矩阵变换理论,一个厄米矩阵总是可以通过一个幺正变换矩阵 $\widetilde{\boldsymbol{P}}$ 实现对角化

$$\widetilde{\boldsymbol{P}} \cdot \widetilde{\boldsymbol{J}} \cdot \widetilde{\boldsymbol{P}}^{\dagger} = \begin{pmatrix} \lambda_1 & 0 \\ 0 & \lambda_2 \end{pmatrix} \tag{3.2.23}$$

其中,λ_1, λ_2 为 $\widetilde{\boldsymbol{J}}$ 的两个本征值(实数).由于矩阵 $\widetilde{\boldsymbol{J}}$ 是非负定的,λ_1 和 λ_2 也大于等于零.λ_1, λ_2 分别是变换后两个偏振分量的平均强度.由于幺正变换对应的是一个无损耗变换,故总强度 $\lambda_1 + \lambda_2$ 不变.λ_1, λ_2 对应的偏振分量之间互不相关.

假设 $\lambda_1 \geqslant \lambda_2$,对角化后的矩阵可以写成

$$\begin{pmatrix} \lambda_1 & 0 \\ 0 & \lambda_2 \end{pmatrix} = \begin{pmatrix} \lambda_2 & 0 \\ 0 & \lambda_2 \end{pmatrix} + \begin{pmatrix} \lambda_1 - \lambda_2 & 0 \\ 0 & 0 \end{pmatrix} \tag{3.2.24}$$

由前面讨论知道,等式右边第一项代表**非偏振光**,平均强度为 $2\lambda_2$,第二项代表**线偏振光**,平均强度为 $\lambda_1 - \lambda_2$.因此任意偏振性质的光可以分解为偏振光和非偏振光之和.于是我们定义光波的**偏振度**为偏振分量的强度与总强度之比

$$P \equiv \frac{\lambda_1 - \lambda_2}{\lambda_1 + \lambda_2} \tag{3.2.25}$$

显然,对于非偏振光,$P = 0$;对于完全偏振光,$P = 1$;而对于一般的部分偏振的情况,$0 < P < 1$.

P 可以用相干矩阵元素表示.按定义,本征值 λ_1 和 λ_2 是如下方程的解:

$$\det(\widetilde{\boldsymbol{J}} - \lambda \boldsymbol{I}) = \begin{vmatrix} \widetilde{J}_{11} - \lambda & \widetilde{J}_{12} \\ \widetilde{J}_{21} & \widetilde{J}_{22} - \lambda \end{vmatrix} = 0 \tag{3.2.26}$$

其解为

$$\lambda_{1,2} = \frac{1}{2} \mathrm{Tr}(\widetilde{\boldsymbol{J}}) \left[1 \pm \sqrt{1 - 4 \frac{\det(\widetilde{\boldsymbol{J}})}{\left[\mathrm{Tr}(\widetilde{\boldsymbol{J}})\right]^2}} \right] \tag{3.2.27}$$

因此,将它们代入偏振度的定义式(3.2.25),得

$$P = \sqrt{1 - 4 \frac{\det(\widetilde{\boldsymbol{J}})}{\left[\mathrm{Tr}(\widetilde{\boldsymbol{J}})\right]^2}} \tag{3.2.28}$$

3.2.2　瞬时强度的一级统计

现在来推导偏振度 P 为任意值的部分偏振热光瞬时强度的概率密度公式.

由上一小节可知,通过一个幺正变换,总是可以把一个部分偏振光波的瞬时强度,分成两个互不相关的偏振分量的强度之和.

$$I(P, t) = I_1(P, t) + I_2(P, t) \tag{3.2.29}$$

$$\langle I_1(P, t) \rangle = \lambda_1, \quad \langle I_2(P, t) \rangle = \lambda_2 \tag{3.2.30}$$

由式(3.2.25)以及 $\bar{I} = \lambda_1 + \lambda_2$,可得

$$\lambda_1 = \frac{\bar{I}}{2}(1 + P), \quad \lambda_2 = \frac{\bar{I}}{2}(1 - P) \tag{3.2.31}$$

由于热光的电场 $u_1(P, t)$ 和 $u_2(P, t)$ 为高斯分布,互不相关(统计独立).因此 $I_1(P, t)$ 和

$I_2(P,t)$也是统计独立的,它们分别遵从负指数分布

$$p_{I_1}(I_1) = \frac{1}{\lambda_1}\exp\left(-\frac{I_1}{\lambda_1}\right) \qquad (3.2.32)$$

$$p_{I_2}(I_2) = \frac{1}{\lambda_2}\exp\left(-\frac{I_2}{\lambda_2}\right) \qquad (3.2.33)$$

$$\widetilde{M}_{I_1}(\omega) = \frac{1}{1 - \mathrm{j}\omega\lambda_1} \qquad (3.2.34)$$

$$\widetilde{M}_{I_2}(\omega) = \frac{1}{1 - \mathrm{j}\omega\lambda_2} \qquad (3.2.35)$$

总强度$I(P,t)$的特征函数为

$$\widetilde{M}_I(\omega) = \widetilde{M}_{I_1}(\omega) \cdot \widetilde{M}_{I_2}(\omega)$$

$$= \frac{\dfrac{1+P}{2P}}{1 - \mathrm{j}\dfrac{\omega}{2}(1+P)\bar{I}} - \frac{\dfrac{1-P}{2P}}{1 - \mathrm{j}\dfrac{\omega}{2}(1-P)\bar{I}} \qquad (3.2.36)$$

对$M_I(\omega)$做傅里叶逆变换,得

$$p_I(I) = \frac{1}{P\bar{I}}\left\{\exp\left[-\frac{2I}{(1+P)\bar{I}}\right] - \exp\left[-\frac{2I}{(1-P)\bar{I}}\right]\right\} \qquad (3.2.37)$$

$p_I(I)$的图形如图 3.2.1 所示. 这时, 标准差和信噪比为

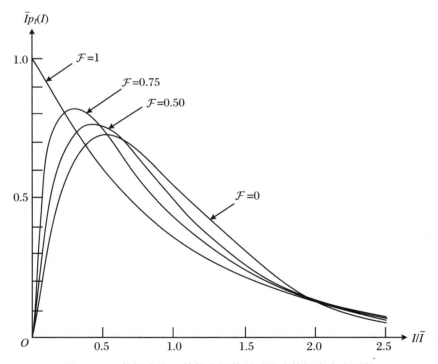

图 3.2.1　偏振度为 P 的热光源的瞬时强度的概率密度函数

$$\sigma_I = \sqrt{\frac{1 + P^2}{2}} \, \overline{I} \tag{3.2.38}$$

$$\frac{S}{N} = \frac{\overline{I}}{\sigma_I} = \sqrt{\frac{2}{1 + P^2}} = \begin{cases} 1, & P = 1 \\ \sqrt{\dfrac{2}{1 + P^2}}, & 0 < P < 1 \\ \sqrt{2}, & P = 0 \end{cases} \tag{3.2.39}$$

3.3　激　　光

前面讨论的热光的生成机制是自发辐射. 而激光的生成机制是受激辐射, 受激辐射产生的光场是更为有序的, 有更好的相干性, 更接近于理想的单色波. 虽然如此, 也仍然存在许多随机因素, 使我们不能对它做确定性的描述, 而必须把它作为随机过程来讨论.

由于激光的工作机制复杂, 并且存在着各种各样的、在不同条件下工作的激光器件, 有的能产生单模激光输出, 有的则产生多模激光输出. 有的有稳频稳幅措施, 有的则没有. 即便是同一激光器, 工作在不同工作区域时输出光的性能也很不相同. 当激光抽运功率在阈值以下时, 不足以产生自持振荡, 产生的辐射仍然是热光而不是激光; 工作在阈值以上时, 离阈值越远, 残存的自发辐射越小, 振幅和相位的随机涨落就越小, 但是这时激光器越来越深入非线性区域, 结果产生多模输出, 并且各个模式之间并不独立.

因此, 讨论激光的统计性质远比热光困难, 难以提出一个统一模型. 下面仅讨论几种理想情况下激光的统计性质.

3.3.1　单模振荡

激光最理想化的模型是假设它是纯粹单色光, 具有已知的振幅 S 和频率 ν_0, 具有固定的但是未知的初位相 ϕ (对每一个样本函数是固定的),

$$u(t) = S\cos(2\pi\nu_0 t - \phi) \tag{3.3.1}$$

ϕ 必须看成是一个随机变量, 均匀分布在区间 $(-\pi, \pi)$ 内. 因此, $u(t)$ 是一个平稳的和各态历经的随机过程.

平稳过程的统计性质不随时间而变, 我们可以求出 $t = 0$ 时的统计性质. 首先计算振幅的特征函数

$$\begin{aligned} \widetilde{M}_U(\omega) &= E\{\exp(j\omega S\cos\phi)\} \\ &= \frac{1}{2\pi}\int_{-\pi}^{\pi}\exp(j\omega S\cos\phi)\mathrm{d}\varphi = J_0(\omega S) \end{aligned} \tag{3.3.2}$$

式中, J_0 是第一类零阶贝塞尔函数 (参见附录 D). 对 $M_U(\omega)$ 做逆傅里叶变换, 可得到概率密度函数

$$p_U(u) = \begin{cases} \left[\pi \sqrt{S^2 - u^2}\right]^{-1}, & |u| \leqslant S \\ 0, & \text{其他} \end{cases} \tag{3.3.3}$$

利用概率变换方法,同样也可以得到 $p_U(u)$. 由于 $\cos\phi$ 在区间 $(-\pi,\pi)$ 内不是可逆的,我们把区间分成 $(-\pi,0)$ 和 $(0,\pi)$,在每一段上 $\cos\phi$ 都是可逆的.因此

$$p_U(u) = 2p_\Phi(\phi)\frac{\mathrm{d}\phi}{\mathrm{d}u}$$

$$= \begin{cases} \left[\pi \sqrt{S^2 - u^2}\right]^{-1}, & |u| \leqslant S \\ 0, & \text{其他} \end{cases}$$

瞬时光强以及光强的概率密度函数分别为

$$I(t) = \left| S\exp\left[-\mathrm{j}(2\pi\nu_0 t - \phi)\right]\right|^2 = S^2 \tag{3.3.4}$$

$$p_I(I) = \delta(I - S^2) \tag{3.3.5}$$

$p_U(u)$ 和 $p_I(I)$ 如图 3.3.1 所示.

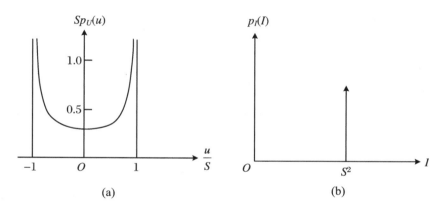

图 3.3.1　一个未知相位的理想单色波的概率密度函数
（a）振幅概率密度分布；（b）强度概率密度分布

稍复杂一些,也更现实一些的模型是认为初位相并不是恒定的,而是随时间随机地涨落,

$$u(t) = S\cos\left[2\pi\nu_0 t - \theta(t)\right] \tag{3.3.6}$$

式中,$\theta(t)$ 表示相位随时间涨落.它的来源包括噪声驱动的激光振荡器中所固有的涨落,以及谐振腔端面镜的无规振动.

对于这种模型,由于我们仍可以认为相位在区间 $(-\pi,\pi)$ 内均匀分布,因此,振幅和强度的统计分布显然同式(3.3.3)和(3.3.5)相同.

更进一步地,我们假定振幅也可在某种程度上随机涨落

$$u(t) = S\cos\left[2\pi\nu_0 t - \theta(t)\right] + u_n(t) \tag{3.3.7}$$

其中,$u_n(t)$ 是一个微弱的噪声项,随着激光器工作区在阈值之上越来越远,$u_n(t)$ 趋于零.

从物理上可以论证,式(3.3.7)右边的第一项代表**受激辐射**,第二项 $u_n(t)$ 则代表小量残余的**自发辐射**.因此我们可以认为,$u_n(t)$ 服从高斯分布,并与 $\theta(t)$ 统计无关.当激光工作区远远高于阈值时,高斯分布 $u_n(t)$ 的标准偏差 $\sigma \ll S$.在这种情况下,振幅 $u(t)$ 为一个很

强的、大小恒定的,但位相随机分布的相幅矢量 $\tilde{S}$ 与一个微弱的服从圆高斯分布的相幅矢量 $\tilde{A}_n$ 的叠加,它的概率密度函数为上两项概率密度函数的卷积.卷积使得图 3.3.1 中的概率分布平滑化.

为了求出强度的概率密度函数,我们注意到

$$I = |\tilde{S} + \tilde{A}_n|^2 \simeq |\tilde{S}|^2 + 2\mathrm{Re}\{\tilde{S}^* \tilde{A}_n\} \tag{3.3.8}$$

其中

$$\tilde{S} = Se^{j\theta}, \quad \tilde{A}_n = A_n e^{j\phi_n}$$

A_n 为高斯噪声的复包络.由于 A_n, θ 和 ϕ_n 均统计无关,θ 和 ϕ_n 在区间 $(-\pi, \pi)$ 内均匀分布,A_n 服从瑞利分布,因此 $2\mathrm{Re}\{\tilde{S}^* \tilde{A}_n\} = 2SA_n\cos(\phi_n - \theta)$ 服从高斯分布,其平均值为零,方差为

$$\sigma_I^2 = 4S^2 \overline{A_n^2}\ \overline{\cos^2(\phi_n - \theta)} = 2I_s \overline{I_N} \tag{3.3.9}$$

因此,I 近似服从下述高斯分布(当 $I_s \gg \overline{I_N}$ 时)

$$p_I(I) \simeq \frac{1}{\sqrt{4\pi I_s \overline{I_N}}} \exp\left\{-\frac{(I - I_s)^2}{4I_s \overline{I_N}}\right\} \tag{3.3.10}$$

关于单模激光强度所遵从的概率密度函数 $p_I(I)$ 的比较完善的解是 Risken[1] 求解福克尔-普朗克(Fokker-Planck)方程得出的

$$p_I(I) = \begin{cases} \dfrac{1}{\pi I_0} \cdot \dfrac{1}{1 + \mathrm{erf}(w)} \exp\left\{-\left(\dfrac{I}{\sqrt{\pi}I_0} - w\right)^2\right\}, & I \geqslant 0 \\ 0, & I < 0 \end{cases} \tag{3.3.11}$$

其中,I_0 为阈值时的平均强度,w 是一个工作参量,随激光器工作在不同区域而定.当激光器工作在阈值以下很远时,w 是一个很大的负数;工作在阈值时,w 变到零;远高于阈值时,w 是一个很大的正数.$\mathrm{erf}(w)$ 是标准误差函数:

$$\mathrm{erf}(w) = \frac{2}{\sqrt{\pi}} \int_0^w \exp(-x^2)\mathrm{d}x, \quad \mathrm{erf}(-w) = -\mathrm{erf}(w) \tag{3.3.12}$$

激光器工作在阈值以下很远时,$w \ll 0$,利用 $|w|$ 大时 $\mathrm{erf}(|w|)$ 的渐进公式,得到

$$p_I(I) \simeq \begin{cases} \dfrac{2|w|}{\sqrt{\pi}I_0} \exp\left\{-\dfrac{2|w|}{\sqrt{\pi}I_0}I\right\}, & I \geqslant 0 \\ 0, & I < 0 \end{cases} \tag{3.3.13}$$

这时,$p_I(I)$ 近似为负指数分布,同热光情况一样.

工作在阈值时,$W = 0$,$p_I(I)$ 的形状为半条高斯曲线

$$p_I(I) = \begin{cases} \dfrac{2}{\pi I_0} \exp\left\{-\dfrac{I^2}{\pi I_0^2}\right\}, & I \geqslant 0 \\ 0, & I < 0 \end{cases} \tag{3.3.14}$$

激光器最常见的工作情况是远高于阈值,$w \gg 0$,$p_I(I)$ 的形状为平均值为 $\overline{I} = w\sqrt{\pi}I_0$

① Risken H. Statistical Properties of Laser Light[C]//Progress in Optics, Vol. Ⅷ, Amsterdam: North-Hollannd Publishing Company,1970:239-294.

的高斯分布

$$p_I(I) \simeq \begin{cases} \dfrac{1}{\pi I_0}\exp\left\{-\left[\dfrac{I - w\sqrt{\pi}\,I_0}{\sqrt{\pi}\,I_0}\right]^2\right\}, & I \geqslant 0 \\ 0, & I < 0 \end{cases} \tag{3.3.15}$$

将此式与前面所得到的式(3.3.10)比较,可以看到

$$\begin{cases} I_S \simeq w\sqrt{\pi}\,I_0 \\ \overline{I_N} \simeq \dfrac{\sqrt{\pi}\,I_0}{4w} \end{cases}, \quad W \gg 0$$

几种不同 w 值的 $p_I(I)$ 的形状如图 3.3.2 所示.

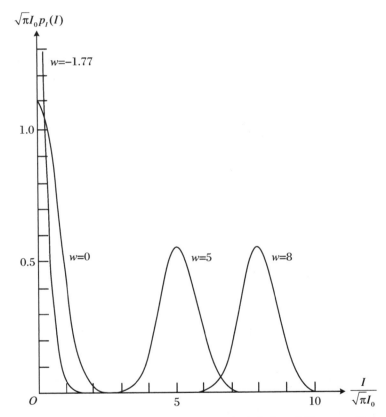

图 3.3.2　一个单模激光振荡器的光强概率密度函数的 Risken 解

3.3.2　多模激光

虽然可以采取一些措施使某些激光器能够产生单模振荡,但是更常见的是激光器在许多模式下振荡.假定激光器的工作区远远超过阈值,那么其稳定输出应为

$$u(t) = \sum_{i=1}^{N} S_i \cos[2\pi\nu_i t - \theta_i(t)] \tag{3.3.16}$$

式中,N 为模式总数,S_i 和 ν_i 分别为第 i 个模式的振幅和中心频率,$\theta_i(t)$ 为这个模式随时

间涨落的相位.

　　从理论上讨论多模激光的总振幅和总强度的统计性质是非常困难的. 如果我们假设各个模式之间完全独立无关, 则可以使讨论得到很大的简化, 但是这一假设常常不成立. 例如, 若相位的随机涨落是由激光器的端面反射镜的无规振动引起的, 那么各个 $\theta_i(t)$ 之间显然不是统计独立的. 而且激光器本身可以说是一种非线性器件, 这种非线性会在各个模式之间引起不小的耦合. 激光器工作在阈值以上越远, 振荡的模式越多, 这种非线性现象也越厉害, 各个模式之间的耦合越强.

　　尽管如此, 我们仍然假定各个模式之间独立, 由式(3.3.2), 得到的总的特征函数为

$$\widetilde{M}(\omega) = \prod_{i=1}^{N} J_0(\omega S_i) \tag{3.3.17}$$

由于 $\widetilde{M}(\omega)$ 通过傅里叶逆变换求概率密度函数的解析形式是非常困难的, 但是可由计算机用数值方法得出概率密度函数的形状. 计算结果表明, 当 $N = 5$ 时, 概率密度函数的形状与高斯分布已十分接近. 也就是说, 在假设各个模式完全独立的前提下, 就一级统计性质而言, 多模激光($N \geqslant 5$)与热光之间的差别已经很小了.

　　多模激光强度的概率密度函数比振幅的更难求. 比较简单的问题是求强度分布的标准偏差. 假设有 N 个等强度的独立模式, 不难求出

$$\frac{\sigma_I}{\bar{I}} = \sqrt{1 - \frac{1}{N}} \tag{3.3.18}$$

当 N 增大时, σ_I 趋于 $\bar{I}$, 这正是热光的特征. $N = 5$ 时, $\frac{\sigma_I}{\bar{I}}$ 与 1 的偏差为 10%, 如图 3.3.3 所示. 这里, 我们再一次看到, 当独立模式数目增加时, 激光的一级统计性质迅速趋于热光的统计性质.

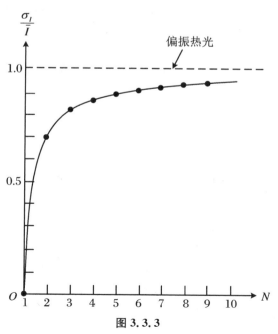

图 3.3.3

习 题 3

1. 证明:偏振热光的强度的特征函数为

$$\widetilde{M}_I(\omega) = \frac{1}{1 - j\omega\overline{I}}$$

2. 通过求变换后的相干矩阵的迹,证明置于与 x 轴成 $+45°$ 角方向的偏振起的透射光强可以表示为

$$I = \frac{1}{2}[\widetilde{J}_{xx} + \widetilde{J}_{yy}] + \mathrm{Re}\{\widetilde{J}_{xy}\}$$

其中,$\widetilde{J}_{xx}$,$\widetilde{J}_{yy}$,$\widetilde{J}_{xy}$ 是入射光的相干矩阵的元素.

3. 通过求变换后的相干矩阵的迹,证明透射过一个四分之一波片和跟在后面的一个与 x 轴成 $+45°$ 角的检偏器的光强可以表示为

$$I = \frac{1}{2}[\widetilde{J}_{xx} + \widetilde{J}_{yy}] + \mathrm{Im}\{\widetilde{J}_{xy}\}$$

其中,$\widetilde{J}_{xx}$,$\widetilde{J}_{yy}$,$\widetilde{J}_{xy}$ 仍是入射光的相干矩阵的元素,并设四分之一波片使 $\widetilde{u}_y$ 相对于 $\widetilde{u}_x$ 延迟 $90°$ 相位.

4. 考虑一个单模激光器,它发出的光由下述解析信号描述:

$$\widetilde{u}(t) = S\exp\{-j[2\pi\nu_0 t - \theta(t)]\}$$

(a) 假定 $\Delta\theta(t)$ 是一个各态历经随机过程,证明 $\widetilde{u}(t)$ 的自相关函数为

$$\Gamma_U(t_2, t_1) = \exp[-j2\pi\nu_0\tau]M_{\Delta\theta}(\omega)$$

式中,$M_{\Delta\theta}(\omega)$ 是位相差 $\Delta\theta = \theta_2 - \theta_1$ 的特征函数.

(b) 证明:对于从一个平稳的瞬时频率过程产生的均值为零的高斯过程 $\theta(t)$,有

$$\Gamma_U(\tau) = \exp[-j2\pi\nu_0\tau]\exp\left[-\frac{1}{2}D_\theta(\tau)\right]$$

其中,$D_\theta(\tau)$ 是相位过程 $\theta(t)$ 的结构函数.

5. 令一个在 N 个等强的独立模式上振荡的激光器发射的波场表示为

$$\widetilde{u}(t) = \sum_{k=1}^{N}\exp[-j(2\pi\nu_k t - \phi_k)]$$

其中,ϕ_k 均匀分布在 $(-\pi, \pi)$ 内,并且使统计独立.求强度的标准偏差 σ_I 和平均强度 $\overline{I}$ 的比值的表示式,它把结果表示成 N 的函数.

6. 证明:与 x 轴成 α 角的检偏器的琼斯矩阵为

$$L(\alpha) = \begin{bmatrix} \cos^2\alpha & \sin\alpha\cos\alpha \\ \sin\alpha\cos\alpha & \sin^2\alpha \end{bmatrix}$$

这个矩阵是幺正的吗?

第4章 光场的二阶统计——光场的相干性

本章讨论光场中两个时空点的统计相关性质,即二阶统计.用相干函数来描述光场的相干性.

我们先给出**相关函数**的定义.

一个光场 $\tilde{u}(P,t)$ 的 $(n+m)$ 阶相关函数定义为

$$\tilde{\Gamma}_{1,2,\cdots,n+m}(t_1,t_2,\cdots,t_{n+m}) = \langle \tilde{u}(P_1,t_1)\cdots\tilde{u}(P_n,t_n)\tilde{u}^*(P_{n+1},t_{n+1})\cdots\tilde{u}^*(P_{n+m},t_{n+m}) \rangle$$

$$= \langle \prod_{j=1}^{n}\tilde{u}(P_j,t_j)\prod_{k=n+1}^{n+m}\tilde{u}^*(P_k,t_k) \rangle \tag{4.0.1}$$

这是描述 $n+m$ 个时空点之间的光场的关联情况的函数,我们已经假定各个时空点的光场具有相同的偏振态而没有给出偏振态下标.对于我们通常涉及的各态历经随机过程,可把时间平均换成对应的系综平均.

当 $n=m$ 时,相干函数成为 $2n$ 阶相关函数

$$\tilde{\Gamma}_{1,2,\cdots,n+m}(t_1,t_2,\cdots,t_{2n}) = \langle \tilde{u}(P_1,t_1)\cdots\tilde{u}(P_n,t_n)\tilde{u}^*(P_{n+1},t_{n+1})\cdots\tilde{u}^*(P_{2n},t_{2n}) \rangle$$

$$= \langle \prod_{j=1}^{n}\tilde{u}(P_j,t_j)\prod_{k=n+1}^{2n}\tilde{u}^*(P_k,t_k) \rangle \tag{4.0.2}$$

而当 $n=1$ 时,则得二阶相关函数

$$\tilde{\Gamma}_{12}(t_1,t_2) \equiv \langle \tilde{u}(P_1,t_1)\tilde{u}^*(P_2,t_2) \rangle \tag{4.0.3}$$

设 $t_1-t_2=\tau$,则有

$$\tilde{\Gamma}_{12}(\tau) \equiv \langle \tilde{u}(P_1,t+\tau)\tilde{u}^*(P_2,t) \rangle \tag{4.0.4}$$

这是两个时空点之间光场的关联函数,叫**互相干函数**,或称**交叉相干函数**.

如果只考虑一个空间点,两个时间点的光场之间的关联情况,则得到**自相干函数**

$$\tilde{\Gamma}(\tau) = \langle \tilde{u}(t+\tau)\tilde{u}^*(t) \rangle \tag{4.0.5}$$

4.1 时间相干性

4.1.1 迈克耳孙干涉仪

考虑迈克耳孙(Michelson)干涉仪,可以引入自相关函数,确切地描述和定义时间相干性.

如图4.4.1所示的干涉仪中,由点光源S发出的光波被透镜L_1准直后射到分束镜BS上,入射光束的一部分被反射后射向可移动反射镜M_1,反射后再次入射到分束器上,其中的一部分光透过分束器经透镜L_2会聚到位于它焦点处的探测器D上.同时,由光源S射出并经过分束器的一部分光束通过补偿板C,然后入射到固定反射镜M_2上,反射后再次通过补偿板,其中的一部分光束被分束器反射后再被透镜L_2聚焦到探测器上.两光路的光到达D时的光程差为$2h$,时间差为$\dfrac{2h}{c}$.

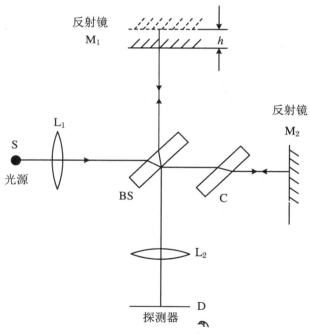

图 4.1.1 迈克耳孙干涉仪

若$\tilde{u}(t)$表示光源发出的光的解析信号,入射到探测器上的光强可以写成

$$I(h) = \left\langle \left| K_1 \tilde{u}(t) + K_2 \tilde{u}\left(t + \frac{2h}{c}\right) \right|^2 \right\rangle$$

$$= (K_1^2 + K_2^2)I_0 + K_1 K_2 \left\langle \tilde{u}\left(t + \frac{2h}{c}\right)\tilde{u}^*(t)\right\rangle$$

$$+ K_1 K_2 \left\langle \tilde{u}^*\left(t + \frac{2h}{c}\right)\tilde{u}(t)\right\rangle \tag{4.1.1}$$

其中，K_1, K_2 是由两支光路透过系数决定的实数.

$$I_0 \equiv \langle |\tilde{u}(t)|^2 \rangle = \left\langle \left|\tilde{u}\left(t + \frac{2h}{c}\right)\right|^2\right\rangle \tag{4.1.2}$$

解析信号 $\tilde{u}(t)$ 的自相关函数称为光扰动的**自相干函数**：

$$\tilde{\Gamma}(\tau) = \langle \tilde{u}(t + \tau)\tilde{u}^*(t)\rangle \tag{4.1.3}$$

在许多情况下，引入归一化形式的自相干函数更方便一些：

$$\tilde{\gamma}(\tau) = \frac{\tilde{\Gamma}(\tau)}{\tilde{\Gamma}(0)} \tag{4.1.4}$$

$\tilde{\gamma}(\tau)$ 称为光的**复相干度**，具有以下性质：

$$\tilde{\gamma}(0) = 1, \quad |\tilde{\gamma}(\tau)| \leqslant 1$$

注意到 $I_0 = \tilde{\Gamma}(0)$，因此，探测器上的光强为

$$I(h) = (K_1^2 + K_2^2)I_0 + 2K_1 K_2 \mathrm{Re}\left\{\tilde{\Gamma}\left(\frac{2h}{c}\right)\right\}$$

$$= (K_1^2 + K_2^2)I_0\left(1 + \frac{2K_1 K_2}{K_1^2 + K_2^2}\mathrm{Re}\left\{\tilde{\gamma}\left(\frac{2h}{c}\right)\right\}\right) \tag{4.1.5}$$

为了进一步分析，将复相干度表示为下面的一般形式：

$$\tilde{\gamma}(\tau) = \gamma(\tau)\exp\{-\mathrm{j}[2\pi\bar{\nu}\tau - \alpha(\tau)]\} \tag{4.1.6}$$

其中，$\gamma(\tau) = |\tilde{\gamma}(\tau)|$，$\alpha(\tau) \equiv \arg\{\tilde{\gamma}(\tau)\} + 2\pi\bar{\nu}\tau$，$\bar{\nu}$ 是光波的中心频率.

假定干涉仪中两支光路透射系数相等，即 $K_1 = K_2 = K$，则

$$I(h) = 2K^2 I_0\left\{1 + \gamma\left(\frac{2h}{c}\right)\cos\left[2\pi\bar{\nu}\left(\frac{2h}{c}\right) - \alpha\left(\frac{2h}{c}\right)\right]\right\} \tag{4.1.7}$$

干涉条纹的**可见度**（visibility）定义为

$$V \equiv \frac{I_{\max} - I_{\min}}{I_{\max} + I_{\min}} \tag{4.1.8}$$

它一般是光程差的函数，式中，$I_{\max}, I_{\min}$ 分别是某光程差时条纹的最大和最小强度.

在两支光路中透射系数相等时，条纹可见度为

$$V(h) = \left|\tilde{\gamma}\left(\frac{2h}{c}\right)\right| = \gamma\left(\frac{2h}{c}\right) \tag{4.1.9}$$

而一般情况下

$$V(h) = \frac{2K_1 K_2}{K_1^2 + K_2^2}\gamma\left(\frac{2h}{c}\right) \tag{4.1.10}$$

由以上结果，我们可以分析探测器上 $I(h)$ 的干涉图形. 在相应于光程差为零附近（$h = 0$），$\gamma\left(\frac{2h}{c}\right) = 1, \alpha\left(\frac{2h}{c}\right) = 0$，这时干涉图由完全调制的余弦构成，其强度围绕平均值 $2K^2 I_0$ 从 $4K^2 I_0$ 到零变化. 当光程差 $2h$ 增大时，振幅调制 $\gamma\left(\frac{2h}{c}\right)$ 下降，即条纹可见度下

降,并且条纹将受到一个取决于光源光谱性质的相位 $\alpha\left(\dfrac{2h}{c}\right)$ 的调制,这时我们说两支光束之间的**相干性**减小了.当可见度降至零附近时,我们说光程已超过光的**相干长度**了,或者等效地说,相对延迟已经超过**相干时间**了.图 4.1.2 是一个典型的干涉图形.

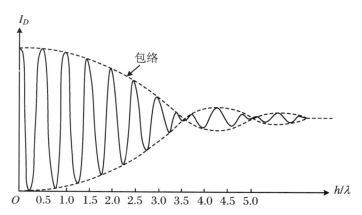

图 4.1.2　移动迈克耳孙干涉仪反射镜时,干涉光强的典型变化趋势

4.1.2　干涉图与光的功率谱密度之间的关系

我们已经看到,由迈克耳孙干涉仪得到的干涉图的特征是由光源的自相干函数或者说是由复相干度确定的.另外,我们从平稳随机过程知道,光源的功率谱密度与自相关函数之间正是傅里叶变换对:

$$\widetilde{\Gamma}(\tau) = \int_0^\infty 4\,\mathcal{G}^{(r,r)}(\nu)\,\mathrm{e}^{-\mathrm{j}2\pi\nu\tau}\,\mathrm{d}\nu \tag{4.1.11}$$

这里, $\mathcal{G}^{(r,r)}(\nu)$ 是实值光扰动 $u^{(r)}(t)$ 的功率谱密度.同样,我们可以借助于 $\mathcal{G}^{(r,r)}(\nu)$ 表示复相干度 $\widetilde{\gamma}(\tau)$:

$$\widetilde{\gamma}(\tau) = \frac{\displaystyle\int_0^\infty 4\,\mathcal{G}^{(r,r)}(\nu)\,\mathrm{e}^{-\mathrm{j}2\pi\nu\tau}\,\mathrm{d}\nu}{\displaystyle\int_0^\infty 4\,\mathcal{G}^{(r,r)}(\nu)\,\mathrm{d}\nu}$$

$$= \int_0^\infty \hat{\mathcal{G}}(\nu)\,\mathrm{e}^{-\mathrm{j}2\pi\nu\tau}\,\mathrm{d}\nu \tag{4.1.12}$$

这里, $\hat{\mathcal{G}}(\nu)$ 是归一化的功率谱密度:

$$\hat{\mathcal{G}}(\nu) = \begin{cases} \dfrac{\mathcal{G}^{(r,r)}(\nu)}{\displaystyle\int_0^\infty \mathcal{G}^{(r,r)}(\nu)\,\mathrm{d}\nu}, & \nu > 0 \\[2ex] 0, & \text{其他} \end{cases} \tag{4.1.13}$$

我们注意到,归一化的功率谱密度具有单位面积:

$$\int_0^\infty \hat{\mathcal{G}}(\nu)\,\mathrm{d}\nu = 1 \tag{4.1.14}$$

知道了上面 $\widetilde{\gamma}(\tau)$ 和 $\hat{\mathcal{G}}(\nu)$ 的关系,我们很容易预示由不同功率谱密度形状的光源得到的干涉图的形状. 以下是几种类型功率谱分布及对应的复相干度：

高斯线型：

$$\hat{\mathcal{G}}(\nu) \simeq \frac{2\sqrt{\ln 2}}{\sqrt{\pi}\Delta\nu} \exp\left[-\left(2\sqrt{\ln 2}\,\frac{\nu-\bar{\nu}}{\Delta\nu}\right)^2\right] \tag{4.1.15}$$

$$\tilde{\gamma}(\tau) = \exp\left[-\left(\frac{\pi\Delta\nu\tau}{2\sqrt{\ln 2}}\right)^2\right]\exp(-j2\pi\bar{\nu}\tau) \tag{4.1.16}$$

洛伦兹（Lorentz）线型：

$$\hat{\mathcal{G}}(\nu) \simeq \frac{2(\pi\Delta\nu)^{-1}}{1+\left(2\dfrac{\nu-\bar{\nu}}{\Delta\nu}\right)^2} \tag{4.1.17}$$

$$\tilde{\gamma}(\tau) = \exp(-\pi\Delta\nu|\tau|)\exp(-j2\pi\bar{\nu}\tau) \tag{4.1.18}$$

矩形线型：

$$\hat{\mathcal{G}}(\nu) = \frac{1}{\Delta\nu}\mathrm{rect}\left(\frac{\nu-\bar{\nu}}{\Delta\nu}\right) \tag{4.1.19}$$

$$\tilde{\gamma}(\tau) = \mathrm{sinc}(\Delta\nu\tau)\exp(-j2\pi\bar{\nu}\tau) \tag{4.1.20}$$

其中定义 $\mathrm{sinc}(x) \equiv \dfrac{\sin\pi x}{\pi x}$.

以上三种归一化功率谱密度形状以及相应的复相干度的包络如图 4.1.3 所示.

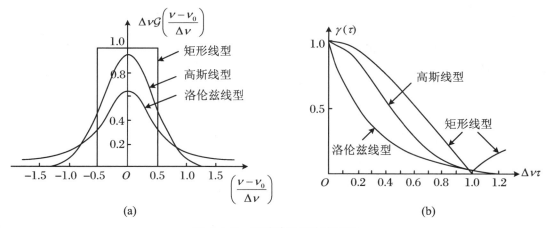

图 4.1.3 三种功率谱密度函数

（a）功率谱密度；（b）复（自）相干度

借助于复相干度可以对相干时间做出确切定义. 我们定义扰动 $\tilde{u}(t)$ 的**相干时间**为

$$\tau_c \equiv \int_0^\infty |\tilde{\gamma}(\tau)|^2 \mathrm{d}\tau \tag{4.1.21}$$

对于以上三种功率谱分布，这样定义的相干时间为

$$\tau_c = \sqrt{\frac{2\ln 2}{\pi}} \cdot \frac{1}{\Delta\nu} = \frac{0.664}{\Delta\nu} \quad \text{高斯线型} \tag{4.1.22}$$

$$\tau_c = \frac{1}{\pi\Delta\nu} = \frac{0.318}{\Delta\nu} \quad \text{洛伦兹线型} \tag{4.1.23}$$

$$\tau_c = \frac{1}{\Delta\nu} \quad \text{矩形线型} \tag{4.1.24}$$

因此,这样定义的 τ_c,其数量级上与我们要求的 τ_c 具有 $\frac{1}{\Delta\nu}$ 量级是一致的.

显然,用适当的干涉实验可获得条纹可见度与光程差变化之间的干涉图,利用干涉图与功率谱密度之间的关系,通过测量干涉图就有可能确定未知的入射光的功率谱密度.这个原理就是"傅里叶光谱学"这一重要分支的基础.

4.2 空间相干性

在讨论时间相干性时,我们假定光源是一个严格的点源.当然,实际上任何一个真实的光源都有一定的尺寸(线度),自然要考虑这个有限的大小,这样就提出了空间相干性的问题.

4.2.1 杨氏实验

杨氏干涉实验与空间相干性有密切的联系.

考虑如图 4.2.1 所示的实验.一个扩展光源 S 照明一个不透明的屏,在这个屏上的 P_1 和 P_2 点开有两个针孔.在不透明屏后面一段距离处放一个观察屏,在这个屏上可以看到来自两个针孔的光的干涉图形.

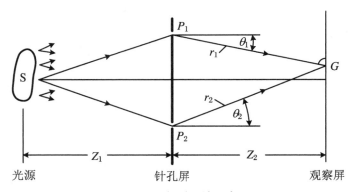

图 4.2.1 杨氏干涉示意图

在观察点 Q 的光强可以写为

$$I(Q) = \langle \tilde{u}^*(Q, t)\tilde{u}(Q, t) \rangle \tag{4.2.1}$$

而

$$\tilde{u}(Q, t) = \tilde{K}_1 \tilde{u}\left(P_1, t - \frac{r_1}{c}\right) + \tilde{K}_2 \tilde{u}\left(P_2, t - \frac{r_2}{c}\right) \tag{4.2.2}$$

所以有

$$I(Q) = |\widetilde{K}_1|^2 \left\langle \left| \widetilde{u}\left(P_1, t - \frac{r_1}{c}\right) \right|^2 \right\rangle + |\widetilde{K}_2|^2 \left\langle \left| \widetilde{u}\left(P_2, t - \frac{r_2}{c}\right) \right|^2 \right\rangle$$

$$+ \widetilde{K}_1 \widetilde{K}_2^* \left\langle \widetilde{u}\left(P_1, t - \frac{r_1}{c}\right) \widetilde{u}^*\left(P_2, t - \frac{r_2}{c}\right) \right\rangle$$

$$+ \widetilde{K}_1^* \widetilde{K}_2 \left\langle \widetilde{u}^*\left(P_1, t - \frac{r_1}{c}\right) \widetilde{u}\left(P_2, t - \frac{r_2}{c}\right) \right\rangle \qquad (4.2.3)$$

其中，$\widetilde{K}_1, \widetilde{K}_2$ 是常数，且为复值，由惠更斯-菲涅耳（Huygens-Fresnel）原理，我们有

$$\widetilde{K}_1 \simeq \iint\limits_{\text{针孔}P_1} \frac{\chi(\theta_1)}{\mathrm{j}\lambda r_1} \mathrm{d}S_1, \quad \widetilde{K}_2 \simeq \iint\limits_{\text{针孔}P_2} \frac{\chi(\theta_2)}{\mathrm{j}\lambda r_2} \mathrm{d}S_2 \qquad (4.2.4)$$

θ_1, θ_2, r_1 和 r_2 已在图中标出. 在写出式（4.2.2）时，已明显假定了针孔是足够小的，以至于可以认为在针孔的空间区域中入射场是常数. 对于直径为 δ 的圆形针孔以及最大线度为 D 的光源，这个假定是精确的，只要满足条件：

$$\delta \ll \frac{\bar{\lambda} z}{D} \qquad (4.2.5)$$

其中，z 是光源到针孔平面的垂直距离.

对于一个平稳的光源，我们规定：

$$\begin{cases} I^{(1)}(Q) \equiv |K_1|^2 \left\langle \left| \widetilde{u}\left(P_1, t - \frac{r_1}{c}\right) \right|^2 \right\rangle \\[3mm] I^{(2)}(Q) \equiv |K_2|^2 \left\langle \left| \widetilde{u}\left(P_2, t - \frac{r_2}{c}\right) \right|^2 \right\rangle \end{cases} \qquad (4.2.6)$$

它们分别表示由针孔 P_1 和 P_2 单独发出的光在 Q 点产生的光强. 另外，考虑到干涉效应，我们引入定义

$$\widetilde{\Gamma}_{12}(\tau) \equiv \langle \widetilde{u}(P_1, t + \tau) \widetilde{u}^*(P_2, t) \rangle \qquad (4.2.7)$$

它表示到达针孔 P_1 和 P_2 的光场的交叉相关函数，称为光场的**互相干函数**，它在部分相干性理论中起着十分重要的作用.

借助于上述各量，Q 点的光强可以表示为

$$I(Q) = I^{(1)}(Q) + I^{(2)}(Q) + \widetilde{K}_1 \widetilde{K}_2^* \widetilde{\Gamma}_{12}\left(\frac{r_2 - r_1}{c}\right) + \widetilde{K}_1^* \widetilde{K}_2 \widetilde{\Gamma}_{21}\left(\frac{r_1 - r_2}{c}\right)$$

$$(4.2.8)$$

因为 $\widetilde{\Gamma}_{12}(\tau)$ 具有 $\widetilde{\Gamma}_{21}(-\tau) = \widetilde{\Gamma}_{12}^*(\tau)$ 的性质，并且 $\widetilde{K}_1, \widetilde{K}_2$ 都是纯虚数（见式（4.2.4）），有 $\widetilde{K}_1 \widetilde{K}_2^* = \widetilde{K}_1^* \widetilde{K}_2 = K_1 K_2$，这里，$K_1 = |\widetilde{K}_1|, K_2 = |\widetilde{K}_2|$，这样，$Q$ 点光强为

$$I(Q) = I^{(1)}(Q) + I^{(2)}(Q) + 2K_1 K_2 \mathrm{Re}\left\{ \widetilde{\Gamma}_{12}\left(\frac{r_2 - r_1}{c}\right) \right\} \qquad (4.2.9)$$

如同我们在讨论迈克耳孙干涉仪时所做的那样，引入归一化的互相干函数的话，结果还可以简化. 我们定义

$$\widetilde{\gamma}_{12}(\tau) \equiv \frac{\widetilde{\Gamma}_{12}(\tau)}{[\widetilde{\Gamma}_{11}(0) \widetilde{\Gamma}_{22}(0)]^{\frac{1}{2}}} \qquad (4.2.10)$$

$\widetilde{\gamma}_{12}(\tau)$称为**复相干度**. 其中, $\widetilde{\Gamma}_{11}(0)$和$\widetilde{\Gamma}_{22}(0)$是入射到两个针孔上的光强度. 由施瓦茨不等式, 我们有

$$\left|\widetilde{\Gamma}_{12}(\tau)\right| \leqslant \left[\widetilde{\Gamma}_{11}(0)\widetilde{\Gamma}_{22}(0)\right]^{\frac{1}{2}}$$

我们很容易看到

$$0 \leqslant \left|\widetilde{\gamma}_{12}(\tau)\right| \leqslant 1 \tag{4.2.11}$$

利用复相干度, 并且注意到

$$I^{(1)}(Q) = K_1^2 \widetilde{\Gamma}_{11}(0), \quad I^{(2)}(Q) = K_2^2 \widetilde{\Gamma}_{22}(0)$$

我们可以将$I(Q)$表示成更方便的形式:

$$I(Q) = I^{(1)}(Q) + I^{(2)}(Q) + 2\sqrt{I^{(1)}(Q)I^{(2)}(Q)}\,\mathrm{Re}\left\{\widetilde{\gamma}_{12}\left(\frac{r_2 - r_1}{c}\right)\right\} \tag{4.2.12}$$

为了进一步揭示条纹图形的基本性质, 我们将复相干度写成下面的形式:

$$\widetilde{\gamma}_{12}(\tau) = \gamma_{12}(\tau)\exp\left\{-\mathrm{j}\left[2\pi\bar{\nu}\tau - \alpha_{12}(\tau)\right]\right\} \tag{4.2.13}$$

代入式(4.2.10), 得

$$I(Q) = I^{(1)}(Q) + I^{(2)}(Q) + 2\sqrt{I^{(1)}(Q)I^{(2)}(Q)}\,\gamma_{12}\left(\frac{r_2 - r_1}{c}\right)$$

$$\times \cos\left[2\pi\bar{\nu}\left(\frac{r_2 - r_1}{c}\right) - \alpha_{12}\left(\frac{r_2 - r_1}{c}\right)\right] \tag{4.2.14}$$

至此, 虽然我们尚不能精确地确定干涉图的几何特性, 但是我们现在可以给出一些一般性的结论. 式(4.2.12)的前两项表示单独每一个针孔对Q点光强的贡献. 对一定大小的针孔来说, $I^{(1)}(Q)$和$I^{(2)}(Q)$在观察平面上将按照针孔径的衍射图形变化. 但是, 目前我们假定针孔足够小, 以至于在观察的范围内这些光强是常数, 在这个均匀的背景上, 我们会看到由第三项所产生的条纹图形, 他的周期由$\bar{\nu}$确定, 并且受其他的几何因素的影响, 条纹具有缓慢变化的振幅和相位调制. 在零程差附近($r_2 - r_1 = 0$), 条纹具有可见度

$$V = \frac{2\sqrt{I^{(1)}I^{(2)}}}{I^{(1)} + I^{(2)}}\gamma_{12}(0) \tag{4.2.15}$$

为了确定条纹的几何结构, 必须将时间延迟$(r_2 - r_1)/c$联系到具体的几何因子中去. 借助于图4.2.2, 可以找到这些关系. 位于同一个不透明屏上的针孔P_1和P_2的坐标为(ξ_1, η_1), (ξ_2, η_2). 该观察屏与针孔屏平行, 相距为z_2. 观察屏上的观察点Q的坐标用(x, y)表示.

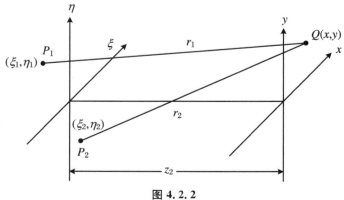

图4.2.2

在旁轴近似下：

$$z_2 \gg \sqrt{x^2 + y^2}, \quad z_2 \gg \sqrt{\xi_1^2 + \eta_1^2}, \quad z_2 \gg \sqrt{\xi_2^2 + \eta_2^2}$$

我们得到

$$r_1 = z_2 \sqrt{1 + \frac{(\xi_1 - x)^2}{z_2^2} + \frac{(\eta_1 - y)^2}{z_2^2}}$$

$$\simeq z_2 + \frac{(\xi_1 - x)^2}{2z_2} + \frac{(\eta_1 - y)^2}{2z_2}$$

同样有

$$r_2 \simeq z_2 + \frac{(\xi_2 - x)^2}{2z_2} + \frac{(\eta_2 - y)^2}{2z_2}$$

利用这些结果,程差为

$$r_2 - r_1 \simeq \frac{1}{2z_2}\left[(\xi_2^2 + \eta_2^2) - (\xi_1^2 + \eta_1^2) + 2(\xi_1 - \xi_2)x + 2(\eta_1 - \eta_2)y\right] \tag{4.2.16}$$

我们用 ρ 表示针孔到光轴的距离,有

$$\rho_1 = \sqrt{\xi_1^2 + \eta_1^2}, \quad \rho_2 = \sqrt{\xi_2^2 + \eta_2^2} \tag{4.2.17}$$

用

$$\Delta\xi = \xi_2 - \xi_1, \quad \Delta\eta = \eta_2 - \eta_1 \tag{4.2.18}$$

表示两个针孔在 ξ 方向和 η 方向的间隔.这样,程差就可以表示成

$$r_2 - r_1 \simeq \frac{1}{2z_2}\left[(\rho_2^2 - \rho_1^2) - 2(\Delta\xi x + \Delta\eta y)\right] \tag{4.2.19}$$

代入式(4.2.14),最后得到杨氏条纹的光强分布为

$$I(Q) = I^{(1)}(Q) + I^{(2)}(Q) + 2\sqrt{I^{(1)}(Q)I^{(2)}(Q)}\gamma_{12}\left(\frac{r_2 - r_1}{c}\right)$$

$$\times \cos\left\{\frac{\pi}{\lambda z_2}(\rho_2^2 - \rho_1^2) - \frac{2\pi}{\lambda z_2}(\Delta\xi x + \Delta\eta y) - \alpha_{12}\left(\frac{r_2 - r_1}{c}\right)\right\} \tag{4.2.20}$$

图 4.2.3 是以 α_{12} 为常数画出的条纹分布,条纹的方向与 P_1 和 P_2 的连线垂直,条纹的空间周期为

$$L = \frac{\overline{\lambda}z_2}{d} \tag{4.2.21}$$

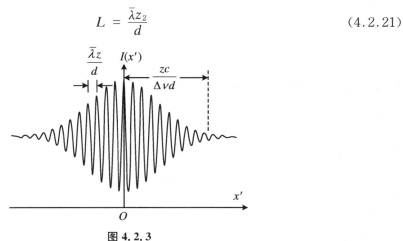

图 4. 2. 3

其中

$$\bar{\lambda} = \frac{c}{\bar{\nu}}, \quad d = \sqrt{(\Delta \xi)^2 + (\Delta \eta)^2}$$

d 是两个针孔之间的距离. 这个图是在所示范围内 $I^{(1)}(Q)$ 和 $I^{(2)}(Q)$ 是常数, α_{12} 和 $\frac{\pi}{\bar{\lambda} z_2}(\rho_2^2 - \rho_1^2)$ 都为零这些条件下做出的.

以零程差的位置为 x' 轴的原点, 沿 x' 轴条纹包络的半宽度是

$$\Delta l = \frac{z_2 c}{\Delta \nu d} \tag{4.2.22}$$

在包络中出现的条纹数目是

$$N \simeq 2 \frac{\Delta l}{L} = 2 \frac{\bar{\nu}}{\Delta \nu} \tag{4.2.23}$$

由上面的讨论我们可以看到, 杨氏干涉实验的结果取决于时间相干性和空间相干性. 在零程差位置附近的条纹反映了空间相干效应. 在大程差位置的条纹包络的逐渐消失反映了时间相干效应. 既然目前我们注意力集中在空间相干效应上, 那就必须对光施加进一步的限制, 以忽略时间相干效应.

4.2.2　准单色条件下的干涉

如果光是窄带光, 并且光的相干长度远远大于在我们感兴趣的干涉范围内的最大光程差, 即满足下面两个条件:

$$\Delta \nu \ll \bar{\nu}, \quad \frac{r_2 - r_1}{c} \ll \tau_c \tag{4.2.24}$$

称这样的光是满足**准单色条件**的.

上面第一个条件是窄带光条件; 第二个条件是光程差限制条件. 第二个条件的结果是认为在感兴趣的观察范围内条纹的可见度可看成是常数. 因此, 在准单色条件下, 互相干函数和复相干度可以写成

$$\tilde{\Gamma}_{12}(\tau) \simeq \tilde{J}_{12} \mathrm{e}^{-\mathrm{j}2\pi\bar{\nu}\tau} \tag{4.2.25}$$

$$\tilde{\gamma}_{12}(\tau) \simeq \tilde{\mu}_{12} \mathrm{e}^{-\mathrm{j}2\pi\bar{\nu}\tau} \tag{4.2.26}$$

其中

$$\tilde{J}_{12} \equiv \tilde{\Gamma}_{12}(0) = \langle \tilde{u}(P_1, t)\tilde{u}^*(P_2, t) \rangle = \langle \tilde{A}(P_1, t)\tilde{A}^*(P_2, t) \rangle \tag{4.2.27}$$

称为 P_1 和 P_2 处光的**互强度**.

$$\tilde{\mu}_{12} \equiv \tilde{\gamma}_{12}(0) = \frac{\tilde{J}_{12}}{[I(P_1)I(P_2)]^{\frac{1}{2}}} \tag{4.2.28}$$

称为光的**复相干系数**.

事实上, $\tilde{J}_{12}$ 可以认为是一个空间正弦条纹的相位复矢振幅, $\tilde{\mu}_{12}$ 是 $\tilde{J}_{12}$ 的归一化形式, 具有性质:

$$0 \leqslant |\tilde{\mu}_{12}| \leqslant 1 \tag{4.2.29}$$

在准单色条件下, 式(4.2.20)可以表示成

$$I(x,y) = I^{(1)} + I^{(2)} + 2K_1 K_2 J_{12} \cos\left[\frac{2\pi}{\lambda z_2}(\Delta\xi x + \Delta\eta y) + \phi_{12}\right] \tag{4.2.30}$$

或者

$$I(x,y) = I^{(1)} + I^{(2)} + 2\sqrt{I^{(1)} I^{(2)}}\,\mu_{12} \cos\left[\frac{2\pi}{\lambda z_2}(\Delta\xi x + \Delta\eta y) + \phi_{12}\right] \tag{4.2.31}$$

其中

$$J_{12} = |\tilde{J}_{12}|, \quad \mu_{12} = |\tilde{\mu}_{12}|$$

$$\phi_{12} = \arg\{\tilde{J}_{12}\} - \frac{\pi}{\lambda z_2}(\rho_2^2 - \rho_1^2) = \alpha_{12}(0) - \frac{\pi}{\lambda z_2}(\rho_2^2 - \rho_1^2) \tag{4.2.32}$$

可见度为

$$V = \begin{cases} \dfrac{2\sqrt{I^{(1)} I^{(2)}}}{I^{(1)} + I^{(2)}}\mu_{12}, & I^{(1)} \neq I^{(2)} \\ \mu_{12}, & I^{(1)} = I^{(2)} \end{cases} \tag{4.2.33}$$

当 $\mu_{12} = 0$ 时,条纹消失,两个光波是**互不相干**的.当 $\mu_{12} = 1$ 时,两个光波是完全相关的或者说是**互相干**的.对于 μ_{12} 的其他中间值来说,两个光波是**部分相干**的.

在 $I^{(1)} = I^{(2)}$ 的假定下,图 4.2.4 显示了在 μ_{12} 和 ϕ_{12} 的不同条件下看到的条纹图形特征.

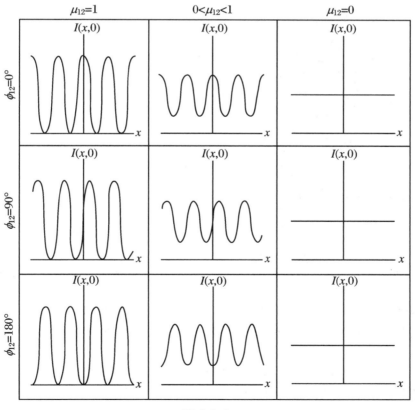

图 4.2.4

4.2.3 范西泰特-策尼克定理

在讨论时间相干性时,我们得到一个重要结论:复相干度 $\widetilde{\gamma}(\tau)$ 和光源的功率谱密度 $\mathcal{G}(\nu)$ 互为傅里叶变换关系.在空间相干性中,对应着一个十分重要的定理,即**范西泰特-策尼克**(van Cittert-Zernike)定理.它表明非相干光源的强度分布 $I(\xi, \eta)$ 与它所产生的复相干系数 $\widetilde{\mu}_{12}$ 互为傅里叶变换关系.

范西泰特-策尼克定理的形式如下:

$$\widetilde{J}(x_1, y_1; x_2, y_2) = \frac{k\,\mathrm{e}^{-\mathrm{j}\psi}}{(\bar{\lambda}z)^2} \iint_{-\infty}^{\infty} I(\xi, \eta) \exp\left[\mathrm{j}\frac{2\pi}{\bar{\lambda}z}(\Delta x\xi + \Delta y\eta)\right] \mathrm{d}\xi\mathrm{d}\eta \tag{4.2.34}$$

式中,

$$\Delta x = x_2 - x_1, \quad \Delta y = y_2 - y_1$$

$$\psi = \frac{\pi}{\bar{\lambda}z}\left[(x_2^2 + y_2^2) - (x_1^2 + y_1^2)\right] = \frac{\pi}{\bar{\lambda}z}(\rho_2^2 - \rho_1^2) \tag{4.2.35}$$

其中,k 为比例系数.几何关系如图 4.2.5 所示.定理的推导以后进行.

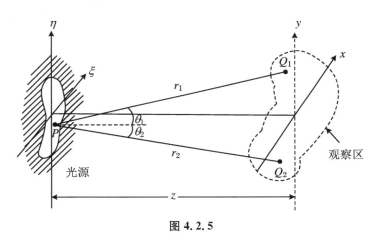

图 4.2.5

这个定理的归一化形式为

$$\widetilde{\mu}(x_1, y_1; x_2, y_2) = \frac{\mathrm{e}^{-\mathrm{j}\psi}\displaystyle\iint_{-\infty}^{\infty} I(\xi, \eta)\,\mathrm{e}^{\mathrm{j}\frac{2\pi}{\bar{\lambda}z}(\Delta x\xi + \Delta y\eta)}\,\mathrm{d}\xi\mathrm{d}\eta}{\displaystyle\iint_{-\infty}^{\infty} I(\xi, \eta)\,\mathrm{d}\xi\mathrm{d}\eta} \tag{4.2.36}$$

范西泰特-策尼克定理表明,除了因子 $\exp(-\mathrm{j}\psi)$ 和比例常数外,互强度 $\widetilde{J}(x_1, y_1; x_2, y_2)$(或者复相干系数 $\widetilde{\mu}(x_1, y_1; x_2, y_2)$)可以表示为光源强度分布 $I(\xi, \eta)$ 的二维傅里叶变换.

这个关系可以类比成通过一个相干照明孔径的场和观察这个孔径的夫琅禾费(Fraunhofer)衍射图形的场之间的关系.当然这里所包含的物理量是完全不同的.在这个类比中,我们将强度分布 $I(\xi, \eta)$ 与通过孔径的光场类比,将 $\widetilde{J}(x_1, y_1; x_2, y_2)$ 与夫琅禾费衍射图中的光场类比.关系式(4.2.34)与相应的夫琅禾费衍射公式一样.

通过考虑扩展光源的杨氏试验,可以定量地了解联系 $\widetilde{\mu}_{12}$ 与强度分布之间的数学结果. μ_{12} 表示在杨氏试验中形成条纹的可见度.正如一个点源将产生完全清晰(可见度等于1)的干涉条纹一样,非相干光源上的每一点将产生一个高度清晰的独立条纹.如果光源非常大,这些具有不同空间位置的基元条纹的叠加将使得条纹图的反差(可见度)减小.范西泰特-策尼克定理正是对光源的强度分布与给定位置的针孔产生的条纹反差间关系的一个简单而又精确的描述.

注意到复相干系数的模 μ_{12} 只与 (x,y) 平面上的坐标差 $(\Delta x,\Delta y)$ 有关.因此就可能定义一个相干面积 A_c,类似于相干时间 τ_c 的定义,**相干面积**定义为

$$A_c \equiv \iint_{-\infty}^{\infty} |\widetilde{\mu}(\Delta x,\Delta y)|^2 \mathrm{d}\Delta x \mathrm{d}\Delta y \tag{4.2.37}$$

可以证明,对于任意形状面积为 A_s 的均匀非相干光源,在距离光源 z 处的相干面积 A_c 是

$$A_c = \frac{(\bar{\lambda}z)^2}{A_s} \simeq \frac{\bar{\lambda}^2}{\Omega_s} \tag{4.2.38}$$

这里,Ω_s 是光源对观察区原点所张的立体角.

作为一个运用范西泰特-策尼克定理的例子,计算一个均匀亮度、非相干准单色、半径为 a 的圆盘光源产生的光的复相干系数 $\widetilde{\mu}_{12}$.

光源的强度分布为

$$I(\xi,\eta) = I_0 \mathrm{circ}\left(\frac{\sqrt{\xi^2+\eta^2}}{a}\right) \tag{4.2.39}$$

其中圆域函数定义为

$$\mathrm{circ}(w) = \begin{cases} 1, & w<1 \\ \dfrac{1}{2}, & w=1 \\ 0, & w>1 \end{cases}$$

为了得到 $\widetilde{J}(x_1,y_1;x_2,y_2)$,我们需要计算这个分布的傅里叶变换.首先我们注意到

$$\mathcal{F}\left\{\mathrm{circ}\left(\frac{\sqrt{\xi^2+\eta^2}}{a}\right)\right\} = \pi a^2 \cdot \frac{2J_1(2\pi a\sqrt{\nu_x^2+\nu_y^2})}{2\pi a\sqrt{\nu_x^2+\nu_y^2}} \tag{4.2.40}$$

其中,$\mathcal{F}\{\cdot\}$ 是二维傅里叶变换算符,即

$$\mathcal{F}\{g(\xi,\eta)\} \equiv \iint_{-\infty}^{\infty} g(\xi,\eta)\mathrm{e}^{\mathrm{j}2\pi(\xi\nu_x+\eta\nu_y)}\mathrm{d}\xi\mathrm{d}\eta \tag{4.2.41}$$

$J_1(\cdot)$ 是一阶的第一类贝塞尔函数.按照式(4.2.34),我们代入空间频率

$$\nu_x = \frac{\Delta x}{\bar{\lambda}z}, \quad \nu_y = \frac{\Delta y}{\bar{\lambda}z} \tag{4.2.42}$$

可算得互强度的结果为

$$\widetilde{J}(x_1,y_1;x_2,y_2) = \frac{\pi a^2 I_0 K}{(\bar{\lambda}z)^2}\mathrm{e}^{-\mathrm{j}\psi}\left[2\frac{J_1\left(\frac{2\pi a}{\bar{\lambda}z}\right)\sqrt{(\Delta x)^2+(\Delta y)^2}}{\frac{2\pi a}{\bar{\lambda}z}\sqrt{(\Delta x)^2+(\Delta y)^2}}\right] \tag{4.2.43}$$

相应的复相干系数为

$$\tilde{\mu}(x_1, y_1; x_2, y_2) = e^{-j\psi} \left[2 \frac{J_1\left(\frac{2\pi a}{\bar{\lambda} z}\right) \sqrt{(\Delta x)^2 + (\Delta y)^2}}{\frac{2\pi a}{\bar{\lambda} z} \sqrt{(\Delta x)^2 + (\Delta y)^2}} \right] \qquad (4.2.44)$$

贝塞尔函数 $J_1(2\pi a \rho)$ 的第一个零点出现在 $\rho = \dfrac{0.61}{a}$ 的位置. 因此, $|\tilde{\mu}_{12}|$ 的第一个零点发生在间距

$$S_0 = 0.61 \frac{\bar{\lambda} z}{a} \simeq 1.22 \frac{\bar{\lambda}}{\theta} \qquad (4.2.45)$$

上, 其中, $\theta \simeq \dfrac{2a}{z}$, 是光源的直径对 (x, y) 平面的原点处的张角.

4.3　互相干函数的传播

当光波在空间传播时, 其详细结构会有所变化, 互相干函数的详细结构也可以同样方式变化, 在这个意义上, 可以说互相干函数在传播. 下面我们将揭示, 其最根本的物理原因在于互相干函数和光波一样都服从波动方程.

在自由空间, 实光波扰动 $u^{(r)}(P, t)$ 服从波动方程

$$\nabla^2 u^{(r)}(P, t) - \frac{1}{c^2} \frac{\partial^2}{\partial t^2} u^{(r)}(P, t) = 0 \qquad (4.3.1)$$

其中, $\nabla^2 = \dfrac{\partial^2}{\partial x^2} + \dfrac{\partial^2}{\partial y^2} + \dfrac{\partial^2}{\partial z^2}$ 为拉普拉斯 (Laplace) 算符. 将这个方程两边经过希尔伯特变换, 得

$$\nabla^2 u^{(i)}(P, t) - \frac{1}{c^2} \frac{\partial^2}{\partial t^2} u^{(i)}(P, t) = 0 \qquad (4.3.2)$$

式中, $u^{(i)}(P, t)$ 是 $u^{(r)}(P, t)$ 的希尔伯特变换. 因此, 解析信号 $\tilde{u}(P, t)$ 也服从波动方程

$$\nabla^2 \tilde{u}(P, t) - \frac{1}{c^2} \frac{\partial^2}{\partial t^2} \tilde{u}(P, t) = 0 \qquad (4.3.3)$$

由定义, 互相干函数是 $\tilde{\Gamma}_{12}(\tau) = \langle \tilde{u}_1(t + \tau) \tilde{u}_2^*(t) \rangle$, 其中, $\tilde{u}_1(t) \equiv \tilde{u}(P_1, t)$, $\tilde{u}_2(t) \equiv \tilde{u}(P_2, t)$, 将算符 $\nabla_1^2 = \dfrac{\partial^2}{\partial x_1^2} + \dfrac{\partial^2}{\partial y_1^2} + \dfrac{\partial^2}{\partial z_1^2}$ 作用到 $\tilde{\Gamma}_{12}(\tau)$ 的定义式上, 有

$$\nabla_1^2 \tilde{\Gamma}_{12}(\tau) = \nabla_1^2 \langle \tilde{u}_1(t + \tau) \tilde{u}_2^*(t) \rangle = \langle \nabla_1^2 \tilde{u}_1(t + \tau) \tilde{u}_2^*(t) \rangle$$

因为

$$\nabla_1^2 \tilde{u}_1(t + \tau) = \frac{1}{c^2} \frac{\partial^2 \tilde{u}_1(t + \tau)}{\partial (t + \tau)^2}$$

所以

$$\nabla_1{}^2 \widetilde{\Gamma}_{12}(\tau) = \left\langle \frac{1}{c^2} \frac{\partial^2 \widetilde{u}_1(t+\tau)}{\partial(t+\tau)^2} \widetilde{u}_2{}^*(t) \right\rangle$$

$$= \left\langle \frac{1}{c^2} \frac{\partial^2 \widetilde{u}_1(t+\tau)}{\partial \tau^2} \widetilde{u}_2{}^*(t) \right\rangle$$

$$= \frac{1}{c^2} \frac{\partial^2}{\partial \tau^2} \langle \widetilde{u}_1(t+\tau) \widetilde{u}_2(t) \rangle$$

以类似方式，将算符 $\nabla_2^2 = \dfrac{\partial^2}{\partial x_2^2} + \dfrac{\partial^2}{\partial y_2^2} + \dfrac{\partial^2}{\partial z_2^2}$ 作用到 $\widetilde{\Gamma}_{12}(\tau)$ 的定义式上，得到第二个 $\widetilde{\Gamma}_{12}(\tau)$

满足的方程. 因此，$\widetilde{\Gamma}_{12}(\tau)$ 按照如下一对波动方程在传播：

$$\nabla_1^2 \widetilde{\Gamma}_{12}(\tau) - \frac{1}{c^2} \frac{\partial^2}{\partial \tau^2} \widetilde{\Gamma}_{12}(\tau) = 0 \tag{4.3.4}$$

$$\nabla_2^2 \widetilde{\Gamma}_{12}(\tau) - \frac{1}{c^2} \frac{\partial^2}{\partial \tau^2} \widetilde{\Gamma}_{12}(\tau) = 0 \tag{4.3.5}$$

可以证明，互强度 $\widetilde{J}_{12}$ 按照如下一对亥姆霍兹（Helmholtz）方程在传播：

$$\nabla_1^2 \widetilde{J}_{12} + (\bar{k})^2 \widetilde{J}_{12} = 0 \tag{4.3.6}$$

$$\nabla_2^2 \widetilde{J}_{12} + (\bar{k})^2 \widetilde{J}_{12} = 0 \tag{4.3.7}$$

这里

$$\bar{k} = \frac{2\pi}{\bar{\lambda}} \tag{4.3.8}$$

如图 4.3.1 所示，具有任意相干性的光波从左向右传播，已知在 Σ_1 面上的互相干函数 $\widetilde{\Gamma}(P_1, P_2; \tau)$，我们希望找到 Σ_2 面上的互相干函数 $\widetilde{\Gamma}(Q_1, Q_2; \tau)$. 用物理语言来说，是由针孔 P_1 和 P_2 的杨氏干涉结果来预测针孔 Q_1 和 Q_2 的杨氏干涉实验结果.

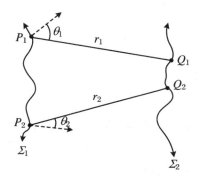

图 4.3.1

在窄带光的情况下，根据惠更斯-菲涅耳原理

$$\widetilde{u}(Q_1, t+\tau) = \iint\limits_{\Sigma_1} \frac{1}{j\bar{\lambda} r_1} \widetilde{u}\left(P_1, t+\tau-\frac{r_1}{c}\right) \chi(\theta_1) \mathrm{d}S_1 \tag{4.3.9}$$

$$\widetilde{u}^*(Q_2, t) = \iint\limits_{\Sigma_1} \frac{(-1)}{j\bar{\lambda} r_2} \widetilde{u}^*\left(P_1, t-\frac{r_2}{c}\right) \chi(\theta_2) \mathrm{d}S_2 \tag{4.3.10}$$

再利用互相干函数的定义，并交换积分与平均的次序后，我们得到

$$\widetilde{\Gamma}(Q_1, Q_2; \tau) = \iiint_{\Sigma_1 \Sigma_1} \widetilde{\Gamma}\left(P_1, P_2; \tau + \frac{r_2 - r_1}{c}\right) \frac{\chi(\theta_1)}{\bar{\lambda} r_1} \frac{\chi(\theta_2)}{\bar{\lambda} r_2} \mathrm{d}S_1 \mathrm{d}S_2 \qquad (4.3.11)$$

这就是窄带光情况下互相干函数传播的基本定律.

当进一步满足准单色条件时,利用

$$\widetilde{\Gamma}(Q_1, Q_2; 0) = \widetilde{J}(Q_1, Q_2)$$

以及

$$\widetilde{\Gamma}\left(P_1, P_2; \frac{r_2 - r_1}{c}\right) = \widetilde{J}(P_1, P_2)\mathrm{e}^{-\mathrm{j}\frac{2\pi}{\bar{\lambda}}(r_2 - r_1)}$$

得到互强度的基本传播定律

$$\widetilde{J}(Q_1, Q_2) = \iiint_{\Sigma_1 \Sigma_1} \widetilde{J}(P_1, P_2)\mathrm{e}^{-\mathrm{j}\frac{2\pi}{\bar{\lambda}}(r_2 - r_1)} \frac{\chi(\theta_1)}{\bar{\lambda} r_1} \frac{\chi(\theta_2)}{\bar{\lambda} r_2} \mathrm{d}S_1 \mathrm{d}S_2 \qquad (4.3.12)$$

实际上,关系式(4.3.11)和式(4.3.12)分别是式(4.3.4)与式(4.3.5)和式(4.3.6)与式(4.3.7)的特解.

如果 $Q_1 = Q_2$,则得到 Σ_2 面上的强度分布为

$$I(Q) = \iiint_{\Sigma_2 \Sigma_2} \widetilde{J}(P_1, P_2)\mathrm{e}^{-\mathrm{j}2\pi\frac{r'_2 - r'_1}{\bar{\lambda}}} \frac{\chi(\theta'_1)}{\bar{\lambda} r'_1} \frac{\chi(\theta'_2)}{\bar{\lambda} r'_2} \mathrm{d}S_1 \mathrm{d}S_2 \qquad (4.3.13)$$

新的几何关系如图 4.3.2 所示.

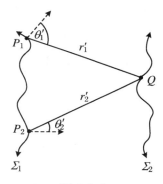

图 4.3.2

现在利用式(4.3.12)来推导范西泰特-策尼克定理.对于非相干光源

$$\widetilde{J}(P_1, P_2) = \kappa I(P_1)\delta(|P_1 - P_2|) \qquad (4.3.14)$$

将此式代入式(4.3.12),并利用 δ 函数的筛选性质,得到互强度

$$\widetilde{J}(Q_1, Q_2) = \frac{\kappa}{(\bar{\lambda})^2} \iint_{\Sigma_1} I(P_1)\mathrm{e}^{-\mathrm{j}\frac{2\pi}{\bar{\lambda}}(r_2 - r_1)} \frac{\chi(\theta_1)}{r_1} \frac{\chi(\theta_2)}{r_2} \mathrm{d}S \qquad (4.3.15)$$

几何关系如图 4.2.5 所示.

取旁轴近似,$\chi(\theta_1) \simeq \chi(\theta_2) \simeq 1$,以及假设光源和观察区的线度与两者的距离 z 相比很小,我们有

$$r_2 \simeq z + \frac{(x_2 - \xi)^2 + (y_2 - \eta)^2}{2z}, \quad r_1 \simeq z + \frac{(x_1 - \xi)^2 + (y_1 - \eta)^2}{2z}$$

令 $\Delta x = x_2 - x_1, \Delta y = y_2 - y_1$,当 (ξ, η) 在光源范围 Σ 之外时,$I(\xi, \eta)$ 等于零.这样,我们便

可得到式(4.2.34),即范西泰特-策尼克定理.

4.4 交叉谱纯度

我们知道,复相干度 $\tilde{\gamma}_{12}(\tau)$ 是空间点 (P_1, P_2) 和时间延迟 τ 的函数.如果假定复相干度 $\tilde{\gamma}_{12}(\tau)$ 中的空间和时间变量是可分离的,许多相干性问题会变得比较简单.这时 $\tilde{\gamma}_{12}(\tau)$ 可以表示为如下的乘积的形式:

$$\tilde{\gamma}_{12}(\tau) = \tilde{\mu}_{12} \cdot \tilde{\gamma}(\tau) \tag{4.4.1}$$

具有这样性质的光称为**交叉谱纯**的.

下面我们考虑两个例子,进一步描述交叉谱纯的概念.

例 4.1.1 两支光束叠加的功率谱.

考虑两个由解析信号 $\tilde{u}(P_1, t)$ 和 $\tilde{u}(P_2, t)$ 表示的窄带、统计平稳的光束.可以认为它们是由杨氏试验的两个针孔中发出的.在经历了延迟 τ_1 和 τ_2 后,这两个波在 Q 点叠加,合成的光波为

$$\tilde{u}(Q, t) = K_1 \tilde{u}(P_1, t - \tau_1) + K_2 \tilde{u}(P_2, t - \tau_2) \tag{4.4.2}$$

假定 $\tilde{u}(P_1, t)$ 和 $\tilde{u}(P_2, t)$ 的功率谱密度具有相同的形状,或者说它们的归一化功率谱相等,即

$$\hat{\mathcal{G}}_1(\nu) = \hat{\mathcal{G}}_2(\nu) = \hat{\mathcal{G}}(\nu) \tag{4.4.3}$$

在什么条件下,我们可预计在 Q 点的合成波的功率谱与各分波的功率谱有相同的形状?我们将会看到问题的答案直接取决于复相干度的空间和时间变量的分离问题.

首先考虑在 Q 点的(自)相干函数

$$\begin{aligned}\tilde{\Gamma}_Q(\tau) &= \langle \tilde{u}(Q, t+\tau)\tilde{u}^*(Q, t)\rangle \\ &= K_1^2 \Gamma_{11}(\tau) + K_2^2 \Gamma_{22}(\tau) + 2K_1 K_2 \mathrm{Re}\{\tilde{\Gamma}_{12}(-\tau + \tau_1 + \tau_2)\}\end{aligned} \tag{4.4.4}$$

其中,$K_1 \equiv |\tilde{K}_1|$,$K_2 \equiv |\tilde{K}_2|$,并且利用了 $\tilde{\Gamma}_{21}(\tau) = \tilde{\Gamma}_{12}^*(-\tau)$.

对 $\tilde{\Gamma}_Q(\tau)$ 进行傅里叶变换,结果为

$$\mathcal{G}_Q(\nu) = (I^{(1)} + I^{(2)})\hat{\mathcal{G}}(\nu) + 2K_1 K_2 \mathrm{Re}\{\tilde{\mathcal{G}}_{12}(\nu)\mathrm{e}^{\mathrm{j}2\pi(\tau_1 - \tau_2)\nu}\} \tag{4.4.5}$$

显然,归一化的功率谱 $\hat{\mathcal{G}}_Q(\nu)$ 和 $\hat{\mathcal{G}}(\nu)$ 相等的充分条件是两个叠加光束不相关 ($\tilde{\mathcal{G}}_{12}(\nu) = 0$).但是,可以找到较弱一些但更实用的条件:

(1) $|\tau_1 - \tau_2| \ll \dfrac{1}{\Delta\nu}$,即准单色光,这样对带宽中的所有的 ν 有

$$\mathrm{e}^{\mathrm{j}2\pi(\tau_1 - \tau_2)\nu} \simeq \mathrm{e}^{\mathrm{j}2\pi(\tau_1 - \tau_2)\bar{\nu}} \tag{4.4.6}$$

(2) $\tilde{\mathcal{G}}_{12}(\nu) = \tilde{C}(P_1, P_2)\hat{\mathcal{G}}(\nu)$. $\tag{4.4.7}$

其中,$\tilde{C}(P_1, P_2)$ 是一个取决于 P_1 和 P_2 而与 ν 无关的常数.

利用这两个条件,我们得到

$$\mathcal{G}_Q(\nu) = \left[(I^{(1)} + I^{(2)}) + 2K_1 K_2 \mathrm{Re}\{\widetilde{C}(P_1, P_2)\mathrm{e}^{\mathrm{j}2\pi\langle\tau_1-\tau_2\rangle\bar{\nu}}\} \right] \cdot \hat{\mathcal{G}}(\nu) \qquad (4.4.8)$$

这就意味着 $\hat{\mathcal{G}}_Q(\nu) = \hat{\mathcal{G}}(\nu)$.

我们可以看到,无论两个条件中的哪一个被破坏,上式就不成立.因此这两个条件是充分必要的.

对条件(2)做傅里叶逆变换,有

$$\widetilde{\Gamma}_{12}(\tau) = \widetilde{C}(P_1, P_2)\widetilde{\gamma}(\tau) \qquad (4.4.9)$$

即

$$\widetilde{\gamma}_{12}(\tau) = \widetilde{\mu}(P_1, P_2)\widetilde{\gamma}(\tau) \qquad (4.4.10)$$

其中的复相干系数由下式给出:

$$\widetilde{\mu}(P_1, P_2) = \frac{\widetilde{C}(P_1, P_2)}{\widetilde{\Gamma}_{12}(0)} \qquad (4.4.11)$$

因此,条件(2)等效于复相干系数的空间和时间的可分离性.

例 4.1.2 移动漫射板引起的激光散射.

如图 4.4.1 所示,激光提供的基本上是单色光的平面波照明,漫射板以恒定的线速度 ν 沿垂直方向移动.紧靠漫射板有一个不透明屏,其上开有两个针孔 P_1 和 P_2,利用漫射板的透射光做杨氏试验.我们的目的是确定由运动漫射板透过的光的复相干度 $\widetilde{\gamma}_{12}(\tau)$ 是否可以表示成乘积形式,即揭示透射光是否是交叉谱纯的.

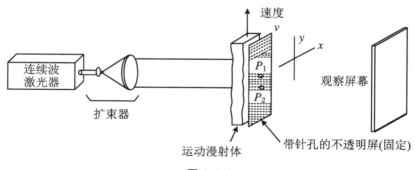

图 4.4.1

为了简单起见,设针孔位于 y 轴上,因此漫射板的振幅透过率 $\widetilde{t}(x,y)$ 与 x 无关.在单位强度垂直入射平面波照明情况下,透过漫射板的光场振幅为

$$\widetilde{u}(y,t) = \widetilde{t}(y - vt)\mathrm{e}^{-\mathrm{j}2\pi\nu t} \qquad (4.4.12)$$

设针孔位于 y_1 和 y_2,互相干函数为

$$\widetilde{\Gamma}_{12}(\tau) = \widetilde{\Gamma}(y_1, y_2; \tau)$$
$$= \langle \widetilde{t}(y_1 - vt - v\tau)\widetilde{t}^*(y_2 - vt) \rangle \mathrm{e}^{-\mathrm{j}2\pi\nu\tau} \qquad (4.4.13)$$

忽略漫射板的微小吸收,即

$$\langle |\widetilde{t}(y - vt)|^2 \rangle = 1 \qquad (4.4.14)$$

因此有

$$\widetilde{\Gamma}(y_1, y_2; \tau) = \widetilde{\gamma}(y_1, y_2; \tau) \tag{4.4.15}$$

由于漫射板的统计结构使得透射场是统计涨落的.假定随机过程 $\widetilde{t}(y)$ 在 y 方向是空间各态历经的,具有统计自相关函数:

$$\widetilde{\gamma}_t(\Delta y) \equiv \overline{\widetilde{t}(y + \Delta y)\widetilde{t}^*(y)} \tag{4.4.16}$$

借助这个等式,透射场的复相干度可以表示为

$$\widetilde{\gamma}(y_1, y_2; \tau) = \widetilde{\gamma}_t(\Delta y - v\tau) e^{-j2\pi\nu\tau} \tag{4.4.17}$$

其中,$\Delta y = y_2 - y_1$,是针孔间距.一般地,这个复相干度不能如同交叉谱纯那样分成空间因子和时间因子的乘积.例如,当漫射板的相关函数 $\widetilde{\gamma}_t(\Delta y)$ 具有高斯型时,

$$\widetilde{\gamma}_t(\Delta y) = e^{-a(\Delta y)^2} \tag{4.4.18}$$

复相干度为

$$\widetilde{\gamma}(y_1, y_2; \tau) = e^{-a(\Delta y)^2} e^{-a(v\tau)^2} e^{2av\tau\Delta y} e^{-j2\pi\nu\tau} \tag{4.4.19}$$

可以证明,如果激光透过贴在一起的两块同样的漫射板,当这两块漫射板以相等的速度反方向移动时,如果相关函数 $\widetilde{\gamma}_t(\Delta y)$ 是高斯型的,那么透射光是交叉谱纯的.

习　题　4

1. 氦氖激光器(移去端面反射镜)中混合气体发射波长为 633 nm 的光,其多普勒(Doppler)展宽的频谱宽度约为 1.5×10^9 Hz.计算这束光的相干时间 τ_c 和相干长度 $l_c = c\tau_c$(c 为光速).对于氩离子激光器的 488 nm 谱线,其多普勒展宽的线宽为 7.5×10^9 Hz,重复上述计算.

2. 杨氏干涉实验中,两针孔(具有有限直径 δ)紧挨透镜放置,点光源置于透镜前 $2f$ 处,观察屏在针孔后 $2f$ 处,针孔间距为 t,光源具有带宽 $\Delta\nu$ 和平均频率 $\bar{\nu}$,f 是透镜的焦距.有下面两种效应会使条纹随着远离光轴而减弱:

(1) 针孔的有限大小;

(2) 光源的有限带宽.

给定 δ, t, f 后,相对带宽 $\Delta\nu/\bar{\nu}$ 必须多小才能保证效应(1)压倒效应(2)?

3. 在地球上太阳所张的立体角大约是 0.0093 rad.设平均波长为 550 nm,计算在地球上观测到的太阳光的相干面积的直径(假设准单色条件).

4. 把一个直径 1 mm 的针孔紧贴在一个非相干光源之前,用通过这个针孔的光做干涉实验.这个实验要求用相干方式照明远处的一个 1 mm 的衍射孔径.已知 $\lambda = 550$ nm,计算针孔光源与衍射孔之间的最小距离.

第 5 章　部分相干光成像

本章以互相干函数或互强度的传播特性为基础，建立部分相干光成像的物像关系的分析计算方法.

光学系统成像不仅取决于光的折射、反射和传播过程，而且与物体照明方式或物体本身发光的相干性有着密切的关系.

相干光成像时，系统对于光的复振幅来说是线性系统，成像过程可用如下叠加积分描述：

$$\tilde{u}_i(x_i, y_i) = \iint_{-\infty}^{\infty} \tilde{u}_o(x_o, y_o) h(x_o - x_i, y_o - y_i) \mathrm{d}x_o \mathrm{d}y_o = \tilde{u}_o * h \tag{5.0.1}$$

其中，$\tilde{u}_o$ 和 $\tilde{u}_i$ 分别为物和像的复振幅分布，h 为相干成像系统的**点扩散函数（脉冲响应）**，物面坐标为 (x_o, y_o)，像面坐标为 (x_i, y_i). 在物和像都不是很大的情况下，成像系统是空移不变的线性系统，故像可表示为物与系统脉冲响应的卷积.

而在**非相干光成像**时，**系统对于光强度来说是线性系统**，这时叠加积分为

$$I_i(x_i, y_i) = \iint_{-\infty}^{\infty} I_o(x_o, y_o) | h(x_o - x_i, y_o - y_i) |^2 \mathrm{d}x_o \mathrm{d}y_o \tag{5.0.2}$$

式中，I_o 和 I_i 分别为物和像的强度分布，$| h |^2$ 为非相干成像系统的**点扩散函数**.

相干和非相干成像是两个极端的、理想的照明情况，一般情况下我们看到的是介乎两者之间的部分相干光成像.

下面我们将表明，当部分相干光成像时，**系统对于光的互强度来说是线性系统**，一般可表示为如下一个四重的叠加积分：

$$\tilde{J}(\xi_1, \eta_1; \xi_2, \eta_2) = \iiiint_{-\infty}^{\infty} \tilde{J}(x_1, y_1; x_2, y_2) \tilde{K}(\xi_1, \eta_1; x_1, y_1) \tilde{K}^*(\xi_2, \eta_2; x_2, y_2) \mathrm{d}x_1 \mathrm{d}y_1 \mathrm{d}x_2 \mathrm{d}y_2$$

$$\tag{5.0.3}$$

此式描述了 Σ_1 面（可以是物面）上两点之间的互强度 $J(x_1, y_1; x_2, y_2)$ 与另一个面 Σ_2（可以是像面）上两点之间的互强度 $J(\xi_1, \eta_1; \xi_2, \eta_2)$ 之间的传播关系，其中，$\tilde{K} \cdot \tilde{K}^*$ 相当于系统的脉冲响应，这里我们称为系统的**散布函数**.

本章首先从光学系统中的互强度传播公式出发，讨论各种情况下互强度的传播，然后建立部分相干光成像理论和干涉成像的模型.

5.1　光学系统中互强度的传播

5.1.1　互强度传播公式

在上一章,我们得到了自由空间互强度的传播公式

$$\tilde{J}(Q_1,Q_2) = \iint\limits_{\Sigma_1}\iint\limits_{\Sigma_2} \tilde{J}(P_1,P_2)\mathrm{e}^{-\mathrm{j}\frac{2\pi}{\bar{\lambda}}(r_2-r_1)} \cdot \frac{\chi(\theta_1)}{\mathrm{j}\bar{\lambda}r_2} \cdot \frac{\chi(\theta_2)}{-\mathrm{j}\bar{\lambda}r_2}\mathrm{d}P_1\mathrm{d}P_2 \tag{5.1.1}$$

可以看出,式中的因子 $\dfrac{\chi(\theta_1)}{\mathrm{j}\lambda r_1}\mathrm{e}^{\mathrm{j}\frac{2\pi}{\lambda}r_1}$ 正是由惠更斯-菲涅耳原理所表明的由 Σ_1 上的次级点波源任意一点 P_1 对 Σ_2 面上的任意一点 Q_1 的贡献. 也就是说,在这种**自由传播**的情形下,系统的散布函数可定义为

$$\tilde{K}(Q,P) = \frac{\chi(\theta)}{\mathrm{j}\lambda r}\mathrm{e}^{\mathrm{j}\frac{2\pi}{\lambda}r} \tag{5.1.2}$$

这样一来,式(5.1.1)就可写成

$$\tilde{J}(Q_1,Q_2) = \iint\limits_{\Sigma_1}\iint\limits_{\Sigma_2} \tilde{J}(P_1,P_2)\tilde{K}(Q_1,P_1)\tilde{K}^*(Q_2,P_2)\mathrm{d}P_1\mathrm{d}P_2 \tag{5.1.3}$$

一般来说,如果在 Σ_1 和 Σ_2 之间存在一个光学系统,系统的**振幅散布函数**用相应情况下的 $\tilde{K}(Q,P)$ 表示,它表示一个位于 Σ_1 面上 P 点处具有单位振幅和零相位的单色点光源通过这个光学系统后在 Σ_2 面 Q 点处产生的复振幅分布,它反映了光学系统的特征. 在准单色光条件下,利用振幅散布函数 $\tilde{K}(Q,P)$,可得到互强度的传播公式

$$\tilde{J}(Q_1,Q_2) = \iint\limits_{\Sigma_1}\iint\limits_{\Sigma_2} \tilde{J}(P_1,P_2)\tilde{K}(Q_1,P_1)\tilde{K}^*(Q_2,P_2)\mathrm{d}P_1\mathrm{d}P_2 \tag{5.1.4}$$

这个公式的严格推导,可以从 $\tilde{J}_{12}$ 所满足的一对亥姆霍兹方程出发得到. 注意,上式只有当光场满足准单色条件时成立.

5.1.2　几种情况下的互强度传播

下面我们讨论几种光学系统对互强度的影响,得到相应的散布函数.

1. 透过薄透明物体时互强度的传播

如图 5.1.1 所示,薄透明物体是指入射到物体上坐标为 (ξ,η) 点的光线可以相同的坐标 $(u=\xi,v=\eta)$ 从透明物体的另一面射出. 考虑到物体的复振幅透射率 $\tilde{t}(\xi,\eta)$,可以认为由薄透明物体入射面和出射面形成一个"光学系统",其振幅散布函数为

$$\tilde{K}(u,v;\xi,\eta) = \delta(u-\xi,v-\eta)\tilde{t}(\xi,\eta) \tag{5.1.5}$$

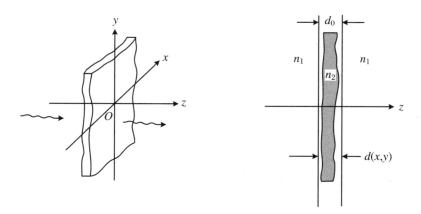

图 5.1.1　透射薄透明物体

代入互强度传播公式(5.1.3),得

$$
\begin{aligned}
\widetilde{J}_{\mathrm{t}}(u_1,v_1;u_2,v_2) &= \iiiint\limits_{-\infty}^{\infty} \delta(u_1-\xi_1,v_1-\eta_1)\cdot\widetilde{t}(\xi_1,\eta_1)\cdot\delta(u_2-\xi_2,v_2-\eta_2) \\
&\quad \cdot \widetilde{t}^{*}(\xi_2,\eta_2)\cdot\widetilde{J}_{\mathrm{i}}(\xi_1,\eta_1;\xi_2,\eta_2)\mathrm{d}\xi_1\mathrm{d}\eta_1\mathrm{d}\xi_2\mathrm{d}\eta_2 \\
&= \widetilde{t}(u_1,v_1)\widetilde{t}^{*}(u_2,v_2)\widetilde{J}_{\mathrm{i}}(u_1,v_1;u_2,v_2)
\end{aligned}
$$

这里,$\widetilde{J}_{\mathrm{i}}$、$\widetilde{J}_{\mathrm{t}}$ 分别是入射、出射的互强度.因此,当光场满足准单色条件时,薄透明物体前表面的互强度与后表明的互强度之间的关系为

$$
\widetilde{J}_{\mathrm{t}}(u_1,v_1;u_2,v_2) = \widetilde{t}(u_1,v_1)\widetilde{t}^{*}(u_2,v_2)\widetilde{J}_{\mathrm{i}}(u_1,v_1;u_2,v_2) \tag{5.1.6}
$$

2. 单薄透镜前后焦面上互强度的传播关系

如图 5.1.2 所示,考虑一个由两球面组成的薄透镜,把它作为上述的薄透明物体.由傅里叶光学所讨论的结果可知,这时系统的振幅散布函数为

$$
\widetilde{K}(u,v;\xi,\eta) = \frac{1}{\bar\lambda f}\exp\left[-\frac{\mathrm{j}2\pi}{\bar\lambda f}(\xi u + \eta v)\right] \tag{5.1.7}
$$

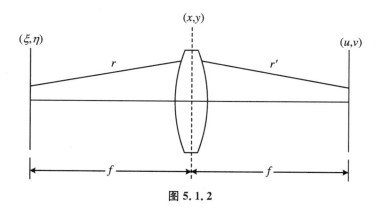

图 5.1.2

代入公式(5.1.3),得到透镜前后焦面互强度的关系为

$$\tilde{J}_f(u_1, v_1; u_2, v_2) = \frac{1}{(\bar{\lambda} f)^2} \iiiint_{-\infty}^{\infty} \tilde{J}_o(\xi_1, \eta_1; \xi_2, \eta_2)$$

$$\times \exp\left[j \frac{2\pi}{\lambda f}(\xi_2 u_2 + \eta_2 v_2 - \xi_1 u_1 - \eta_1 v_1)\right] d\xi_1 d\eta_1 d\xi_2 d\eta_2 \quad (5.1.8)$$

我们也可以在 $\tilde{J}_o$ 到 $\tilde{J}_l$,$\tilde{J}_l$ 到 $\tilde{J}_l{}'$,$\tilde{J}_l{}'$ 到 $\tilde{J}_f$ 之间利用自由空间传播公式以及通过振幅透过率为

$$\tilde{t}_l(x, y) = \exp\left[-j \frac{\pi}{\bar{\lambda} f}(x^2 + y^2)\right] \quad (5.1.9)$$

的薄透镜的互强度传播公式得到上面结果.

下面我们就这个过程验算一遍,设光是准单色的.

(1) 互强度从前焦面到透镜前表面的传播

设前焦面上的互强度为 $\tilde{J}_o(\xi_1, \eta_1; \xi_2, \eta_2)$,它传播到透镜前表面时的互强度为 $\tilde{J}_l(x_1, y_1; x_2, y_2)$,传播距离为 f(透镜焦距).这一段传播为自由空间传播,我们可以用式 (4.3.12)得到,即

$$\tilde{J}(Q_1, Q_2) = \iint_{\Sigma_1 \Sigma_2} \tilde{J}(P_1, P_2) e^{-j\frac{2\pi}{\lambda}\langle r_2 - r_1 \rangle} \frac{\chi(\vartheta_1)}{\bar{\lambda} r_1} \frac{\chi(\vartheta_2)}{\bar{\lambda} r_2} dS_1 dS_2 \quad (5.1.10)$$

旁轴近似下,设

$$\chi(\vartheta_1) \approx \chi(\vartheta_2) \approx 1$$

$$\frac{1}{\bar{\lambda} r_1} \approx \frac{1}{\bar{\lambda} r_2} \approx \frac{1}{\bar{\lambda} f}$$

$$r_2 - r_1 \simeq \frac{[(x_2 - \xi_2)^2 + (y_2 - \eta_2)^2] - [(x_1 - \xi_1)^2 + (y_1 - \eta_1)^2]}{2f}$$

$$\simeq \frac{(x_2^2 + y_2^2) - (x_1^2 + y_1^2)}{2f} + \frac{(\xi_2^2 + \eta_2^2) - (\xi_1^2 + \eta_1^2)}{2f}$$

$$- \frac{x_2 \xi_2 + y_2 \eta_2 - x_1 \xi_1 - y_1 \eta_1}{f}$$

代入上式,于是得到

$$\tilde{J}_l(x_1, y_1; x_2, y_2) = \frac{1}{(\bar{\lambda} f)^2} \exp\left\{-j \frac{\pi}{\lambda f}[(x_2^2 + y_2^2) - (x_1^2 + y_1^2)]\right\}$$

$$\times \iiiint_{-\infty}^{\infty} \tilde{J}_o(\xi_1, \eta_1; \xi_2, \eta_2) \exp\left\{-j \frac{\pi}{\lambda f}[(\xi_2^2 + \eta_2^2) - (\xi_1^2 + \eta_1^2)]\right\}$$

$$\times \exp\left\{j \frac{2\pi}{\lambda f}[x_2 \xi_2 + y_2 \eta_2 - x_1 \xi_1 - y_1 \eta_1]\right\} d\xi_1 d\eta_1 d\xi_2 d\eta_2 \quad (5.1.11)$$

这样我们就得到了透镜前表面的互强度.此公式是从 (ξ, η) 面到 (x, y) 面,距离为 f 的两个面之间自由传播的互强度传播公式.我们后面将多次套用此公式,只是根据具体情况改变两个面的坐标和距离而已.

(2) 通过透镜,到达透镜后表面

我们已经知道,薄透镜可以看作是一个薄的透明物体,它的透过率函数为(5.1.9)式,即

$$\widetilde{t}_l(x,y) = \exp\left[-\,\mathrm{j}\,\frac{\pi}{\lambda f}(x^2 + y^2)\right]$$

这样,通过透镜后,透镜后表面的互强度为

$$\widetilde{J}'_l(x_1,y_1;x_2 y_2) = \widetilde{J}_l(x_1,y_1;x_2,y_2) \cdot \widetilde{t}_l(x_1,y_1)\,\widetilde{t}_l^*(x_2,y_2)$$

$$= \widetilde{J}_l(x_1,y_1;x_2,y_2)\exp\left\{\mathrm{j}\,\frac{\pi}{\lambda f}\left[(x_2^2 + y_2^2) - (x_1^2 + y_1^2)\right]\right\} \quad (5.1.12)$$

（3）透镜后表面到后焦面的传播

这里又是一个距离为 f 的自由空间传播,只是前后面的坐标有了变化.套用上面的公式(5.1.11),我们得到后焦面上的互强度

$$\widetilde{J}_f(u_1,v_1;u_2,v_2) = \frac{1}{(\bar{\lambda}f)^2}\exp\left\{-\,\mathrm{j}\,\frac{\pi}{\lambda f}\left[(u_2^2 + v_2^2) - (u_1^2 + v_1^2)\right]\right\}$$

$$\times \iiiint_{-\infty}^{\infty}\widetilde{J}'_l(x_1,y_1;x_2,y_2)\exp\left\{-\,\mathrm{j}\,\frac{\pi}{\lambda f}\left[(x_2^2 + y_2^2) - (x_1^2 + y_1^2)\right]\right\}$$

$$\times \exp\left[\mathrm{j}\,\frac{2\pi}{\lambda f}(u_2 x_2 + v_2 y_2 - u_1 x_1)\right]\mathrm{d}x_1\mathrm{d}y_1\mathrm{d}x_2\mathrm{d}y_2$$

代入前面得到的 $\widetilde{J}'_l$ 的表达式,得到

$$\widetilde{J}_f(u_1,v_1;u_2,v_2)$$

$$= \frac{1}{(\bar{\lambda}f)^2}\exp\left\{-\,\mathrm{j}\,\frac{\pi}{\lambda f}\left[(u_2^2 + v_2^2) - (u_1^2 + v_1^2)\right]\right\}$$

$$\times \iiiint_{-\infty}^{\infty}\widetilde{J}_l(x_1,y_1,x_2,y_2)\exp\left[\mathrm{j}\,\frac{2\pi}{\lambda f}(u_2 x_2 + v_2 y_2 - u_1 x_1 - v_1 y_1)\right]\mathrm{d}x_1\mathrm{d}y_1\mathrm{d}x_2\mathrm{d}y_2$$

$$(5.1.13)$$

这是从透镜前表面到透镜后焦面的互强度传播情况.

（4）透镜前、后焦面之间的互强度关系

将（1）中得出的透镜前表面的互强度 $\widetilde{J}_l$ 表达式代入上式,可以得到一个繁杂的含有八重积分的表达式.其中有四重积分是关于透镜坐标 (x,y) 的积分,可以积掉剩下的四重积分是关于前焦面 (ξ,η) 的,最后得到透镜前焦面 (ξ,η) 和后焦面 (u,v) 之间的互强度传播关系,即式(5.1.8):

$$\widetilde{J}_f(u_1,v_1;u_2,v_2) = \frac{1}{(\bar{\lambda}f)^2}\iiiint_{-\infty}^{\infty}\widetilde{J}_o(\xi_1,\eta_1;\xi_2,\eta_2)$$

$$\times \exp\left[\mathrm{j}\,\frac{2\pi}{\lambda f}(\xi_2 u_2 + \eta_2 v_2 - \xi_1 u_1 - \eta_1 v_1)\right]\mathrm{d}\xi_1\mathrm{d}\eta_1\mathrm{d}\xi_2\mathrm{d}\eta_2 \quad (5.1.14)$$

如果把空间频率记为

$$\nu_1 = -\frac{u_1}{\bar{\lambda}f}, \quad \nu_2 = -\frac{v_1}{\bar{\lambda}f}, \quad \nu_3 = +\frac{u_2}{\bar{\lambda}f}, \quad \nu_4 = +\frac{v_2}{\bar{\lambda}f} \quad (5.1.15)$$

则式(5.1.8)可写为如下四维傅里叶变换形式:

$$\tilde{J}_f(u_1,v_1;u_2,v_2) = \frac{1}{(\bar{\lambda}f)^2}\iiiint_{-\infty}^{\infty}\tilde{J}_o(\xi_1,\eta_1;\xi_2,\eta_2)$$

$$\times \exp[j2\pi(\xi_1\nu_1 + \eta_1\nu_2 + \xi_2\nu_3 + \eta_2\nu_4)]d\xi_1 d\eta_1 d\xi_2 d\eta_2 \quad (5.1.16)$$

可以看到,正薄透镜前、后焦面互强度之间的关系类似一个相干光场复振幅分布的二维傅里叶变换关系.

这种情况下,准单色条件要求从(ξ_1,η_1)到(u_1,v_1)和从(ξ_2,η_2)到(u_2,v_2)总的时间延迟远小于光的相干时间

$$|\tau_2 - \tau_1| \ll \tau_c \quad (5.1.17)$$

即要求

$$\left|\frac{\xi_2 u_2 + \eta_2 v_2 - \xi_1 u_1 - \eta_1 v_1}{f \cdot c}\right| \ll \tau_c \quad (5.1.18)$$

式中,c 为光速,f 是透镜焦距.

如果(ξ,η)和(u,v)上处理面积为$L_o \times L_o$ 和 $L_f \times L_f$,则需满足

$$\frac{L_o \times L_f}{f} \ll l_c$$

l_c 是相干长度,例如 $L_o = L_f = 5\,\text{cm}$,$f = 1\,\text{m}$,则 l_c 必须比 2.5 mm 大得多.

当 $u_1 = u_2 = u$,$v_1 = v_2 = v$ 时,得到透镜后焦面上强度分布为

$$I_f(u,v) = \frac{1}{(\bar{\lambda}f)^2}\iiiint_{-\infty}^{\infty}\tilde{J}_o(\xi_1,\eta_1;\xi_2,\eta_2)$$

$$\times \exp\left\{j\frac{2\pi}{\bar{\lambda}f}[u(\xi_2 - \xi_1) + v(\eta_2 - \eta_1)]\right\}d\xi_1 d\eta_1 d\xi_2 d\eta_1 \quad (5.1.19)$$

3. 单薄透镜物像面之间互强度的传播关系

如图 5.1.3 所示,由傅里叶光学的结果可知,这时成像系统的振幅散布函数为

$$\tilde{K}(u,v;\xi,\eta) = \frac{1}{\bar{\lambda}^2 z_o z_i}\exp\left\{j\frac{2\pi}{\bar{\lambda}z_i}(u^2 + v^2)\right\}\exp\left\{j\frac{2\pi}{\bar{\lambda}z_o}(\xi^2 + \eta^2)\right\}$$

$$\times \iint_{-\infty}^{\infty}\tilde{P}(x,y)\exp\left\{-j\frac{2\pi}{\bar{\lambda}z_i}\left[\left(u + \frac{z_i}{z_o}\xi\right)x + \left(v + \frac{z_i}{z_o}\eta\right)y\right]\right\}dxdy$$

$$(5.1.20)$$

其中,$\tilde{P}(x,y)$是透镜的**光瞳函数**.在透镜的孔径之外,$\tilde{P} = 0$,$\tilde{P}$ 的相位可考虑为透镜存在的像差,$|\tilde{P}|$ 表示透镜振幅透过率,对于理想透镜,在整个透镜内 $|\tilde{P}| = 1$,$\arg\{\tilde{P}\} = 0$.

把 $\tilde{K}$ 带入到公式(5.1.4)中去,就可以得到单薄透镜物像面之间的互强度传播关系.结果相当庞杂

$$\tilde{J}_i(u_1,v_1;u_2,v_2) = \frac{1}{(\bar{\lambda}z_o)^2} \cdot \frac{1}{(\bar{\lambda}z_i)^2}\exp\left\{-j\frac{\pi}{\bar{\lambda}z_i}[(u_2^2 + v_2^2) - (u_1^2 + v_1^2)]\right\}$$

$$\times \iiiint_{-\infty}^{\infty}d\xi_1 d\eta_1 d\xi_2 d\eta_2 \tilde{J}_o(\xi_1,\eta_1;\xi_2,\eta_2)$$

$$\times \exp\left\{-\mathrm{j}\frac{\pi}{\lambda z_o}\left[(\xi_2^2 + \eta_2^2) - (\xi_1^2 + \eta_1^2)\right]\right\}$$

$$\times \iiiint\limits_{-\infty}^{\infty} \mathrm{d}x_1 \mathrm{d}y_1 \mathrm{d}x_2 \mathrm{d}y_2 \widetilde{P}(x_1, y_1)\widetilde{P}^*(x_2, y_2)$$

$$\times \exp\left\{\mathrm{j}2\pi\left[x_2\left(\frac{u_2}{z_i} + \frac{\xi_2}{z_o}\right) + y_2\left(\frac{v_2}{z_i} + \frac{\eta_2}{z_o}\right)\right.\right.$$

$$\left.\left. - x_1\left(\frac{u_1}{z_i} + \frac{\xi_1}{z_o}\right) - y_1\left(\frac{v_1}{z_i} + \frac{\eta_1}{z_o}\right)\right]\right\} \tag{5.1.21}$$

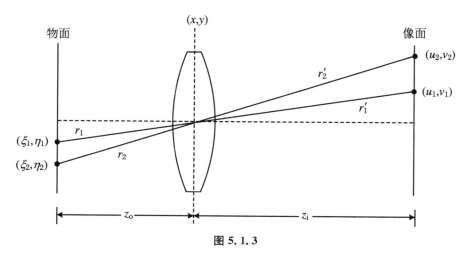

图 5.1.3

也可类似前述利用互强度自由空间传播公式及薄透镜振幅透过率公式推导得出,推导过程中要利用透镜的物像关系式:

$$\frac{1}{z_o} + \frac{1}{z_i} - \frac{1}{f} = 0 \tag{5.1.22}$$

同样,像面光强分布可令 $u_1 = u_2 = u$,$v_1 = v_2 = v$,得

$$I_i(u, v) = \iiiint\limits_{-\infty}^{\infty} \widetilde{J}_o(\xi_1, \eta_1; \xi_2, \eta_2)\widetilde{K}(u, v; \xi_1, \eta_1)$$

$$\times \widetilde{K}^*(u, v; \xi_2, \eta_2)\mathrm{d}\xi_1 \mathrm{d}\eta_1 \mathrm{d}\xi_2 \mathrm{d}\eta_2 \tag{5.1.23}$$

对于一个无像差系统,由物上一点发出并到达像面对应的高斯像点的所有光线的光程是相等的(等光程原理),因此求满足准单色条件下总的时间延迟差只要计算与通过中心光线的光程差就够了.

$$\Delta = (r_2 + r_2') - (r_1 + r_1')$$

应用旁轴近似,得

$$\frac{(\xi_2^2 + \eta_2^2) - (\xi_1^2 + \eta_1^2)}{2z_o} + \frac{(u_2^2 + v_2^2) - (u_1^2 + v_1^2)}{2z_i} \ll l_c \tag{5.1.24}$$

若 $L_o \times L_o$,$L_i \times L_i$ 分别为物、像的处理面积,则相干长度应为

$$l_c \gg \frac{L_o^2}{4z_o} + \frac{L_i^2}{4z_i} \tag{5.1.25}$$

例如，$L_o = L_i = 2$ cm，$z_o = z_i = 20$ cm，则要求 $l_c \gg 1$ mm．

4. 出瞳和像面之间互强度的传播关系

所有的成像系统，不管它们的详细结构如何，其中某一位置都含有一个孔径光栏用以限制成像光束的孔径角．孔径光栏经其前方光学元件成的像，叫系统的**入瞳**；被其后面的光学元件成的像叫系统的**出瞳**．出瞳和入瞳处在一对共轭位置上，如图 5.1.4 所示．

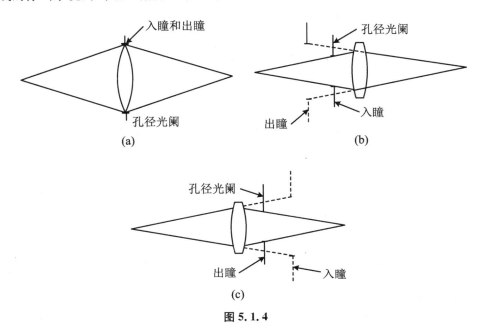

图 5.1.4

为了使结果的形式较为简单，我们选取以像点为圆心，出瞳到像距离 z_i 为半径的参考球面为出瞳面，如图 5.1.5 所示．

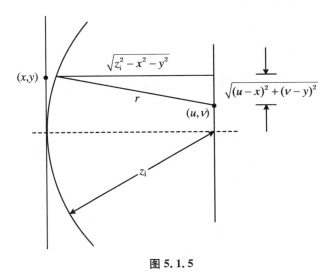

图 5.1.5

应用互强度在自由空间的传播公式:

$$\widetilde{J}_i(u_1,v_1;u_2,v_2)=\iiint\limits_{\Sigma\ \Sigma}\widetilde{J}_P(x_1,y_1;x_2,y_2)\exp\left\{-j\frac{2\pi}{\bar{\lambda}}(r_2-r_1)\right\}$$

$$\times\frac{\chi(\theta_1)}{\bar{\lambda}r_1}\cdot\frac{\chi(\theta_2)}{\bar{\lambda}r_2}dx_1dy_1dx_2dy_2 \quad (5.1.26)$$

其中,Σ 为出瞳的限制孔径,在旁轴近似下:

$$\chi(\theta_1)\simeq\chi(\theta_2)\simeq1$$

$$\bar{\lambda}r_1=\bar{\lambda}r_2\simeq\bar{\lambda}z_i$$

$$r\simeq z_i\left(1+\frac{u^2+v^2}{2z_i^2}-\frac{xu+yv}{z_i^2}\right)$$

因此得像面与出瞳面互强度之间的关系为

$$\widetilde{J}_i(u_1,v_1;u_2,v_2)=\frac{1}{(\bar{\lambda}z_i)^2}\exp\left\{j\frac{\pi}{\bar{\lambda}z_i}\left[(u_1^2+v_1^2)-(u_2^2+v_2^2)\right]\right\}\iiint\limits_{-\infty}^{\infty}\widetilde{J}_P(x_1,y_1;x_2,y_2)$$

$$\times\exp\left[j\frac{2\pi}{\bar{\lambda}z_i}(x_2u_2+y_2v_2-x_1u_1-y_1v_1)\right]dx_1dy_1dx_2dy_2 \quad(5.1.27)$$

由上式可以看到,这时系统的振幅散布函数为

$$\widetilde{K}(u,v;x,y)=\frac{1}{\bar{\lambda}z_i}\exp\left[j\frac{\pi}{\bar{\lambda}z_i}(u^2+v^2)\right]\exp\left[-j\frac{2\pi}{\bar{\lambda}z_i}(xu+yv)\right] \quad (5.1.28)$$

像面光强度分布为

$$I_i(u,v)=\frac{1}{(\bar{\lambda}z_i)^2}\iiint\limits_{-\infty}^{\infty}\widetilde{J}_P(x_1,y_1;x_2,y_2)$$

$$\times\exp\left\{j\frac{2\pi}{\bar{\lambda}z_i}\left[(x_2-x_1)u+(y_2-y_1)v\right]\right\}dx_1dy_1dx_2dy_2 \quad (5.1.29)$$

这个结果对于解释干涉成像模型有着重要的意义.

5.2　成像强度的计算方法

建立部分相干光成像理论的目的在于计算出任何给定实验条件下像的强度分布,同时加深理解照明系统、物体本身以及成像系统对成像强度的影响.

5.2.1　照明互强度法

所谓**照明互强度法**,就是由从光源发出通过照明系统入射在物体上的互强度出发来研究像面上的强度分布.

若入射在物面上的互强度为 $\widetilde{J}_o(\xi_1,\eta_1;\xi_2,\eta_2)$,物体的复振幅透射率为 $\widetilde{t}_o(\xi,\eta)$,透过

物体的互强度为

$$\widetilde{J}_{o}'(\xi_1,\eta_1;\xi_2,\eta_2) = \widetilde{t}_{o}(\xi_1,\eta_1)\widetilde{t}_{o}^{*}(\xi_2,\eta_2)\widetilde{J}_{o}(\xi_1,\eta_1;\xi_2,\eta_2)$$

则可以得到像面光强分布为

$$I_{i}(u,v) = \iiiint_{-\infty}^{\infty} \widetilde{t}_{o}(\xi_1,\eta_1)\widetilde{t}_{o}^{*}(\xi_2,\eta_2)\widetilde{J}_{o}(\xi_1,\eta_1;\xi_2,\eta_2)$$

$$\times \widetilde{K}(u,v;\xi_1,\eta_1)\widetilde{K}^{*}(u,v;\xi_2,\eta_2)\mathrm{d}\xi_1\mathrm{d}\eta_1\mathrm{d}\xi_2\mathrm{d}\eta_2 \tag{5.2.1}$$

因此只要知道入射在物面上的互强度 $\widetilde{J}_{o}$ 即可算出像面的强度分布.

　　考虑物体由一个准单色的空间非相干光源照明的成像系统. 如图 5.2.1 所示,物体置于 (ξ,η) 面并借助于照明系统从左面照明,像成在 (u,v) 面上. 在准单色条件下,每个光学系统的特性分别由振幅散布函数表示, $\widetilde{F}(\xi,\eta;\alpha,\beta)$ 为照明系统的振幅散布函数, $\widetilde{K}(u,v;\xi,\eta)$ 为成像系统的振幅散布函数. 对于非相干光源

$$\widetilde{J}_{s}(\alpha_1,\beta_1;\alpha_2,\beta_2) = I_{s}(\alpha_1,\beta_1)\delta(\alpha_1-\alpha_2,\beta_1-\beta_2) \tag{5.2.2}$$

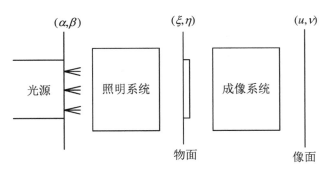

图 5. 2. 1

　　代入互强度传播公式(5.1.4),得到通过照明系统入射在物面上的互强度为

$$\widetilde{J}_{o}(\xi_1,\eta_1;\xi_2,\eta_2) = \iint_{-\infty}^{\infty} I_{s}(\alpha,\beta)\widetilde{F}(\xi_1,\eta_1;\alpha,\beta)\widetilde{F}^{*}(\xi_2,\eta_2;\alpha,\beta)\mathrm{d}\alpha\mathrm{d}\beta \tag{5.2.3}$$

因此,像面光强分布可以写成

$$I_{i}(u,v) = \iint_{-\infty}^{\infty} I_{s}(\alpha,\beta)\left(\iiiint_{-\infty}^{\infty} \widetilde{K}(u,v;\xi_1,\eta_1)\cdot\widetilde{K}^{*}(u,v;\xi_2\eta_2)\cdot\widetilde{F}(\xi_1,\eta_1;\alpha,\beta)\right.$$

$$\left.\times \widetilde{F}^{*}(\xi_2,\eta_2;\alpha,\beta)\widetilde{t}_{o}(\xi_1,\eta_1)\widetilde{t}_{o}^{*}(\xi_2,\eta_2)\mathrm{d}\xi_1\mathrm{d}\eta_1\mathrm{d}\xi_2\mathrm{d}\eta_2\right)\mathrm{d}\alpha\mathrm{d}\beta \tag{5.2.4}$$

括号内为光源上具有单位强度的 (α,β) 点对像面强度的贡献,由于光源上每个点彼此相互独立,因此整个光源的作用即为这一贡献按光源强度分布加权求和. 这种方法称为**全光源法**.

　　实际上常用到的两种照明方式如图 5.2.2 所示.

　　第一种照明方式为**临界照明**,如图 5.2.2(a)所示,相对均匀的光源由照明系统成像在物面上. 对于薄透镜组成的照明系统,其振幅散布函数为(见式(5.1.20))

$$\widetilde{F}(\xi,\eta;\alpha,\beta) = \frac{1}{\overline{\lambda}^2 z_1 z_2} \exp\left\{j\frac{\pi}{\overline{\lambda} z_1}(\alpha^2 + \beta^2)\right\} \cdot \exp\left\{j\frac{\pi}{\overline{\lambda} z_2}(\xi^2 + \eta^2)\right\}$$

$$\times \iint_{-\infty}^{\infty} \widetilde{P}_c(\widetilde{x},\widetilde{y}) \exp\left\{-j\frac{2\pi}{\overline{\lambda} z_2}\left[(\xi + M\alpha)\widetilde{x} + (\eta + M\beta)\widetilde{y}\right]\right\} d\widetilde{x}d\widetilde{y} \quad (5.2.5)$$

这里,$\widetilde{P}_c$ 是照明系统的光瞳函数,$M = \frac{z_2}{z_1}$ 是照明系统的放大率,$(\widetilde{x},\widetilde{y})$ 是薄透镜上的坐标.
显然照明系统的振幅散布函数也是由光瞳函数决定的.

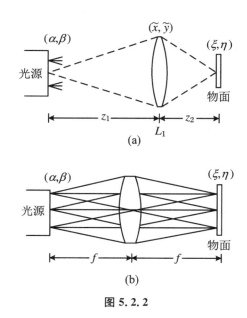

图 5.2.2

另一种照明方式如图 5.2.2(b)所示,这种情况光源实际成像在离物体无穷远的地方,
因此光源上亮度分布不均匀,不会影响到物面上,它提供一个均匀性很高的照明物.在显微
镜中,这个方式称为**柯勒(Körler)照明**,或称**准直照明**.当透镜孔径无限大时,柯勒照明系统
的振幅散布函数为(见式(5.1.7))

$$\widetilde{F}(\xi,\eta;\alpha,\beta) = \frac{1}{\overline{\lambda}f}\exp\left[-j\frac{2\pi}{\overline{\lambda}f}(\xi\alpha + \eta\beta)\right] \quad (5.2.6)$$

现在我们回到公式(5.2.1)上来.在一定条件下,$\widetilde{J}_0$ 的计算较简单,因此,用式(5.2.1)
便可以计算出像面的强度分布.

在临界照明情况下,设非相干光源的面积很大,其面积为 A_s,由范西泰特-策尼克定理
可知,入射在聚光镜上的光的相干区域是很小的,由第 4 章结果知,相干区面积为 $A_c = \frac{\overline{\lambda}^2}{\Omega_s}$,
其中,$\Omega_s = \frac{A_s}{z_1^2}$ 为光源对聚光镜中心的张角,若聚光镜的面积比相干区域大得多,$A_l \gg A_c$,即

$$A_s A_l \gg z_1^2 \Omega_s \frac{\overline{\lambda}^2}{\Omega_s} = (\overline{\lambda}z_1)^2 \quad (5.2.7)$$

这样入射到聚光镜上不同点的光可近似视为是彼此相互独立的,聚光镜本身也可以近似看

作是一个大面积的非相干光源.

利用式(5.1.21)和式(5.2.2)得到物面上的互强度为

$$\widetilde{J}_{\mathrm{o}}(\xi_1, \eta_1; \xi_2; \eta_2)$$

$$= \frac{1}{\bar{\lambda}^2 (z_1 z_2)^2} \exp\left\{-\mathrm{j}\frac{\pi}{\bar{\lambda}z_2}\left[(\xi_2^2 + \eta_2^2) - (\xi_1^2 + \eta_1^2)\right]\right\}$$

$$\times \iiiint_{-\infty}^{\infty} \widetilde{P}_{\mathrm{c}}(\widetilde{x}_1, \widetilde{y}_1) \widetilde{P}_{\mathrm{c}}^*(\widetilde{x}_2, \widetilde{y}_2) \exp\left\{\mathrm{j}\frac{2\pi}{\bar{\lambda}z_2}\left[(\xi_2\widetilde{x}_2 + \eta_2\widetilde{y}_2) - (\xi_1\widetilde{x}_1 + \eta_1\widetilde{y}_1)\right]\right\}$$

$$\times \left[\iint_{-\infty}^{\infty} I_{\mathrm{s}}(\alpha, \beta) \exp\left\{\mathrm{j}\frac{2\pi}{\bar{\lambda}z_1}\left[(\widetilde{x}_2 - \widetilde{x}_1)\alpha + (\widetilde{y}_2 - \widetilde{y}_1)\beta\right]\right\}\mathrm{d}\alpha\mathrm{d}\beta\right]\mathrm{d}\widetilde{x}_1\mathrm{d}\widetilde{y}_1\mathrm{d}\widetilde{x}_2\mathrm{d}\widetilde{y}_2$$

$$(5.2.8)$$

其中,括号[ ]中的积分为非相干光源的强度分布 $I_{\mathrm{s}}(\alpha, \beta)$ 的傅里叶变换 $\widetilde{I}_{\mathrm{s}}\left(\frac{\Delta\widetilde{x}}{\bar{\lambda}z_1}, \frac{\Delta\widetilde{y}}{\bar{\lambda}z_1}\right)$. 根据条件(5.2.7),若光源的面积无限大时,聚光镜上的相干面积趋于零,由范西泰特-策尼克定理可知,这时 $\widetilde{I}_{\mathrm{s}}\left(\frac{\Delta\widetilde{x}}{\bar{\lambda}z_1}, \frac{\Delta\widetilde{y}}{\bar{\lambda}z_1}\right)$ 将成为一个 δ 函数,

$$\widetilde{I}_{\mathrm{s}}\left(\frac{\Delta\widetilde{x}}{\bar{\lambda}z_1}, \frac{\Delta\widetilde{y}}{\bar{\lambda}z_1}\right) \simeq (\bar{\lambda}z_1)^2 \delta(\widetilde{x}_1 - \widetilde{x}_2, \widetilde{y}_1 - \widetilde{y}_2)$$

将它代入式(5.2.8),利用 δ 函数的筛选性质,得到物面上的互强度为

$$\widetilde{J}_{\mathrm{o}}(\xi_1, \eta_1; \xi_2, \eta_2) = \frac{1}{(\bar{\lambda}z_2)^2} \exp\left\{-\mathrm{j}\frac{\pi}{\bar{\lambda}z_2}\left[(\xi_2^2 + \eta_2^2) - (\xi_1^2 + \eta_1^2)\right]\right\}$$

$$\times \iint_{-\infty}^{\infty} |\widetilde{P}_{\mathrm{c}}(\widetilde{x}_1, \widetilde{y}_1)|^2 \exp\left\{\mathrm{j}\frac{2\pi}{\bar{\lambda}z_2}(\Delta\xi\widetilde{x}_1 + \Delta\eta\widetilde{y}_1)\right\}\mathrm{d}\widetilde{x}_1\mathrm{d}\widetilde{y}_1 \quad (5.2.9)$$

这里,$\widetilde{P}_{\mathrm{c}}(\widetilde{x}, \widetilde{y}) = P_{\mathrm{c}}\exp\{-\mathrm{j}w(\widetilde{x}, \widetilde{y})\}$ 是聚光镜**复光瞳函数**,$w(\widetilde{x}, \widetilde{y})$ 表示一个慢变化的像差相位,它是有像差的波面对完整的高斯球面的偏差. 但是要注意,$|\widetilde{P}_{\mathrm{c}}(\widetilde{x}, \widetilde{y})|^2$ 是实数,这说明入射在物面上的互强度与照明系统的像差无关,正是因为这点,一般显微镜的照明系统并不要求像差得到完全的校正. 结果同时表明,互强度与 z_1 也无关. 当聚光镜光瞳函数的模为 1(孔径内)或 0(孔径外)时,$|\widetilde{P}_{\mathrm{c}}|^2 = |\widetilde{P}_{\mathrm{c}}|$,入射在物面上的互强度简单地等于聚光镜光瞳函数的傅里叶变换.

在柯勒照明的情况下,聚光镜比非相干光源和物体都大得多,由式(5.1.8)和式(5.2.2),得到物面的互强度为

$$\widetilde{J}_{\mathrm{o}}(\xi_1, \eta_1; \xi_2, \eta_2) = \frac{1}{(\bar{\lambda}f)^2} \iint_{-\infty}^{\infty} I_{\mathrm{s}}(\alpha, \beta) \exp\left\{\mathrm{j}\frac{2\pi}{\bar{\lambda}f}\left[(\xi_2 - \xi_1)\alpha + (\eta_2 - \eta_1)\beta\right]\right\}\mathrm{d}\alpha\mathrm{d}\beta$$

或写成

$$\widetilde{J}_{\mathrm{o}}(\Delta\xi, \Delta\eta) = \frac{1}{(\bar{\lambda}f)^2} \iint_{-\infty}^{\infty} I_{\mathrm{s}}(\alpha, \beta) \exp\left\{\mathrm{j}\frac{2\pi}{\bar{\lambda}f}(\Delta\xi\alpha + \Delta\eta\beta)\right\}\mathrm{d}\alpha\mathrm{d}\beta \quad (5.2.10)$$

这时,互强度只是物面坐标差的函数或者说是**空不变**的.

以上两种情况,$\tilde{J}_o$ 的计算都比较简单.在讨论显微镜分辨率时,它们具有实际的意义.

5.2.2 四维线性系统法

在部分相干光成像时,物面、相面互强度之间具有简单的关系:

$$\tilde{J}_i(u_1,v_1;u_2,v_2)$$

$$= \iiiint_{-\infty}^{\infty} \tilde{J}'_o(\xi_1,\eta_1;\xi_2,\eta_2)\tilde{K}(u_1,v_1;\xi_1,\eta_1)\tilde{K}^*(u_2,v_2;\xi_2,\eta_2)\mathrm{d}\xi_1\mathrm{d}\eta_1\mathrm{d}\xi_2\mathrm{d}\eta_2$$

这是一个**四维叠加积分**.因此,成像系统就可以看作是一个关于互强度的四维线性系统,$\tilde{J}'_o$ 是系统的输入,$\tilde{J}_i$ 是输出,$\tilde{K}\cdot\tilde{K}^*$ 是系统(互强度)的脉冲响应.如果系统的振幅散布函数是空间平移不变的,即

$$\tilde{K}(u,v;\xi,\eta) = \tilde{K}(u-\xi,v-\eta)$$

显然系统的脉冲响应函数也是空间不变的:

$$\tilde{K}(u_1,v_1;\xi_1,\eta_1)\tilde{K}^*(u_2,v_2;\xi_2,\eta_2) = \tilde{K}(u_1-\xi_1,v_1-\eta_1)\tilde{K}^*(u_2-\xi_2,v_2-\eta_2)$$

$$(5.2.11)$$

于是有

$$\tilde{J}_i(u_1,v_1;u_2,v_2) = \iiiint_{-\infty}^{\infty} \tilde{J}'_o(\xi_1,\eta_1;\xi_2,\eta_2)\tilde{K}(u_1-\xi_1,v_1-\eta_1)$$

$$\times \tilde{K}^*(u_2-\xi_2,v_2-\eta_2)\mathrm{d}\xi_1\mathrm{d}\eta_1\mathrm{d}\xi_2\mathrm{d}\eta_2 \qquad (5.2.12)$$

因此,四维叠加积分可以化为四维卷积形式,系统成为一个四维空间不变的线性系统,它给我们提供了在频域中用传递函数讨论部分相干光成像的简单方法.

设互强度的谱为

$$\tilde{\mathcal{J}}_o(\nu_1,\nu_2,\nu_3,\nu_4) \equiv \mathcal{F}\{\tilde{J}_o(x_1,x_2,x_3,x_4)\}$$

$$\tilde{\mathcal{J}}_i(\nu_1,\nu_2,\nu_3,\nu_4) \equiv \mathcal{F}\{\tilde{J}_i(x_1,x_2,x_3,x_4)\}$$

$\mathcal{F}\{\cdot\}$ 表示四维的傅里叶变换

$$\mathcal{F}\{\cdot\} \equiv \iiiint_{-\infty}^{\infty}\{\cdot\}\exp[\mathrm{j}2\pi(\nu_1 x_1 + \nu_2 x_2 + \nu_3 x_3 + \nu_4 x_4)]\mathrm{d}x_1\mathrm{d}x_2\mathrm{d}x_3\mathrm{d}x_4$$

(x_1,x_2,x_3,x_4) 是互强度的名义坐标(以免同物面坐标和像面坐标相混淆).

四维空间不变线性系统的传递函数用名义变量表示为

$$\tilde{\mathcal{H}}(\nu_1,\nu_2,\nu_3,\nu_4) = \mathcal{F}\{\tilde{K}(x_1,x_2)\tilde{K}^*(x_3,x_4)\} = \tilde{\mathcal{K}}(\nu_1,\nu_2)\tilde{\mathcal{K}}^*(-\nu_3,-\nu_4)$$

$$(5.2.13)$$

这里,$\tilde{\mathcal{K}}(\nu_1,\nu_2)$ 为振幅散布函数的二维傅里叶变换

$$\tilde{\mathcal{K}}(\nu_1,\nu_2) = \iint_{-\infty}^{\infty} \tilde{K}(x_1,x_2)\exp[\mathrm{j}2\pi(x_1\nu_1 + x_2\nu_2)]\mathrm{d}x_1\mathrm{d}x_2$$

因此频域中成像系统互强度的关系为

$$\widetilde{\mathcal{J}}_{\mathrm{i}}(\nu_1,\nu_2,\nu_3,\nu_4) = \widetilde{\mathcal{K}}(\nu_1,\nu_2)\widetilde{\mathcal{K}}^*(-\nu_3,-\nu_4)\widetilde{\mathcal{J}}_{\mathrm{o}}(\nu_1,\nu_2,\nu_3,\nu_4) \tag{5.2.14}$$

当系统满足空间不变条件时,式(5.1.20)的振幅散布函数为

$$\widetilde{K}(u-\xi,v-\eta) = c\iint\limits_{-\infty}^{\infty}\widetilde{P}(x,y)\exp\left\{-\mathrm{j}2\pi\left[(u-\xi)\frac{x}{\lambda z_i}+(v-\eta)\frac{y}{\lambda z_i}\right]\right\}\mathrm{d}\frac{x}{\lambda z_i}\mathrm{d}\frac{y}{\lambda z_i}$$

$$\tag{5.2.15}$$

其二维傅里叶变换为

$$\widetilde{\mathcal{K}}(\nu_1,\nu_2) = \widetilde{P}(\bar{\lambda}z_i\nu_1,\bar{\lambda}z_i\nu_2) \tag{5.2.16}$$

因此,像面和物面互强度的谱之间的关系式(5.2.14)成为

$$\widetilde{\mathcal{J}}_{\mathrm{i}}(\nu_1,\nu_2,\nu_3,\nu_4) = \widetilde{P}(\bar{\lambda}z_i\nu_1,\bar{\lambda}z_i\nu_2)\widetilde{P}^*(-\bar{\lambda}z_i\nu_3,-\bar{\lambda}z_i\nu_4)\widetilde{\mathcal{J}}_{\mathrm{o}}(\nu_1,\nu_2,\nu_3,\nu_4)$$

$$\tag{5.2.17}$$

可以看出,成像系统对 $\widetilde{\mathcal{J}}_{\mathrm{o}}$ 的作用是一个线性滤波器,像面互强度的谱等于物后表面互强度的谱与系统的传递函数的乘积,并且像面互强度谱是带限函数,因为当 ν_1,ν_2,ν_3,ν_4 超过光瞳函数的限制时,传递函数将降为零.

设物体振幅透射率为 $\widetilde{t}_{\mathrm{o}}$,并假设照明系统在物面上产生的互强度 $\widetilde{J}_{\mathrm{o}}$ 具有 $\widetilde{J}_{\mathrm{o}}(\Delta\xi,\Delta\eta)$ 的形式.因此,透过物体后的互强度 $\widetilde{J}'_{\mathrm{o}}$ 为

$$\widetilde{J}'_{\mathrm{o}}(\xi_1,\eta_1;\xi_2,\eta_2) = \widetilde{J}_{\mathrm{o}}(\Delta\xi,\Delta\eta)\widetilde{t}_{\mathrm{o}}(\xi_1,\eta_1)\widetilde{t}_{\mathrm{o}}^*(\xi_2,\eta_2) \tag{5.2.18}$$

$\widetilde{J}'_{\mathrm{o}}$ 的谱为

$$\widetilde{\mathcal{J}}_{\mathrm{o}}(\nu_1,\nu_2,\nu_3,\nu_4) = \iiiint\limits_{-\infty}^{\infty}\widetilde{J}_{\mathrm{o}}(\Delta\xi,\Delta\eta)\widetilde{t}_{\mathrm{o}}(\xi_1,\eta_1)\widetilde{t}_{\mathrm{o}}^*(\xi_2,\eta_2)$$

$$\times\exp[\mathrm{j}2\pi(\nu_1\xi_1+\nu_2\eta_1+\nu_3\xi_2+\nu_4\eta_2)]\mathrm{d}\xi_1\mathrm{d}\eta_1\mathrm{d}\xi_2\mathrm{d}\eta_2 \tag{5.2.19}$$

做变量置换

$$\xi_2 = \xi_1+\Delta\xi,\quad \eta_2 = \eta_1+\Delta\eta$$

$$\widetilde{\mathcal{J}}_{\mathrm{o}}(\nu_1,\nu_2,\nu_3,\nu_4) = \iint\limits_{-\infty}^{\infty}\mathrm{d}\xi_1\mathrm{d}\eta_1\left\{\widetilde{t}_{\mathrm{o}}(\xi_1,\eta_1)\exp\left\{\mathrm{j}2\pi[(\nu_1+\nu_3)\xi_1+(\nu_2+\nu_4)\eta_1]\right\}\right.$$

$$\left.\times\iint\limits_{-\infty}^{\infty}\mathrm{d}\Delta\xi\mathrm{d}\Delta\eta\widetilde{J}_{\mathrm{o}}(\Delta\xi,\Delta\eta)\widetilde{t}_{\mathrm{o}}^*(\xi_1+\Delta\xi,\eta_1+\Delta\eta)\exp[\mathrm{j}2\pi(\nu_3\Delta\xi+\nu_4\Delta\eta)]\right\}$$

$$\tag{5.2.20}$$

后面的二重积分含于前一个二重积分之中,它是两个函数乘积的傅里叶变换,可以写成每个函数变换的卷积

$$\iint\limits_{-\infty}^{\infty}\widetilde{\mathcal{J}}_{\mathrm{o}}(p,q)\widetilde{T}_{\mathrm{o}}^*(p-\nu_3,q-\nu_4)\exp\left\{-\mathrm{j}2\pi[\xi_1(\nu_3-p)+\eta_1(\nu_4-q)]\right\}\mathrm{d}p\mathrm{d}q$$

把这个结果代入式(5.2.20),得到

$$\widetilde{\mathcal{J}}_{\mathrm{o}}(\nu_1,\nu_2,\nu_3,\nu_4) = \iint\limits_{-\infty}^{\infty}\widetilde{\mathcal{T}}_{\mathrm{o}}(p+\nu_1,q+\nu_2)\widetilde{T}_{\mathrm{o}}^*(p-\nu_3,q-\nu_4)\widetilde{\mathcal{J}}_{\mathrm{o}}(p,q)\mathrm{d}p\mathrm{d}q$$

$$\tag{5.2.21}$$

为了说明上式的意义,我们假设物体的振幅透过率 $\tilde{t}_o$ 是一个带限函数,例如在二维频域中仅在半径为 ρ_o 的圆内 $\tilde{t}_o$ 的频谱不为零.另外假设由一个大的非相干光源提供照明,在物面上产生的互强度由式(5.2.9)给出,因此,忽略次要的相位后

$$\tilde{\mathcal{J}}(p,q) = C \mid \tilde{P}_c(-\bar{\lambda}z_2 p, -\bar{\lambda}z_2 q)\mid^2 \tag{5.2.22}$$

这里,C 是常数,z_2 是聚光镜到物面的距离.由于照明系统在物面上产生的互强度等于照明系统的光瞳函数的模平方,于是 $\tilde{\mathcal{J}}_o$ 也是一个带限函数.参阅图 5.2.3.在利用(5.2.21)式求 $\tilde{\mathcal{J}}_o$ 时,只有在 $\tilde{\mathcal{J}}_o(p,q)$,$\tilde{\mathcal{T}}_o(p+\nu_1,q+\nu_2)$,$\tilde{\mathcal{T}}_o^*(p-\nu_3,q-\nu_4)$ 相互重叠的区域才有值,显然当频率 ν_1,ν_2,ν_3,ν_4 增大时,重叠区域减小,$\tilde{\mathcal{J}}_o$ 的值也随之降低.

由式(5.2.14),我们得到像面上互强度的谱为

$$\tilde{\mathcal{J}}_i(\nu_1,\nu_2,\nu_3,\nu_4) = \tilde{\mathcal{K}}(\nu_1,\nu_2)\tilde{\mathcal{K}}^*(\nu_3,\nu_4)$$
$$\times \iint_{-\infty}^{+\infty} \tilde{\mathcal{T}}_o(p+\nu_1,q+\nu_2)\tilde{\mathcal{T}}_o^*(p-\nu_3,q-\nu_4)\tilde{\mathcal{J}}_o(p,q)\mathrm{d}p\mathrm{d}q$$

$$\tag{5.2.23}$$

通常希望得到的是像面上强度分布 $I_i(u,v)$ 或者强度谱 $\tilde{\mathcal{I}}_i(\nu_u,\nu_v)$.下面就利用像面上互强度谱来确定 $I_i(u,v)$ 和 $\tilde{\mathcal{I}}_i(\nu_u,\nu_v)$.

由于 $\tilde{I}_i$ 是 $\tilde{\mathcal{I}}_i$ 的傅里叶逆变换,当 $u_1=u_2=u$,$v_1=v_2=v$ 时,我们得到

$$I_i(u,v) = \iiiint_{-\infty}^{\infty} \tilde{\mathcal{J}}_i(\nu_1,\nu_2,\nu_3,\nu_4)\exp\{-\mathrm{j}2\pi[u(\nu_1+\nu_2)+v(\nu_3+\nu_4)]\}\mathrm{d}\nu_1\mathrm{d}\nu_2\mathrm{d}\nu_3\mathrm{d}\nu_4$$

$$\tag{5.2.24}$$

像强度的频谱为

$$\tilde{\mathcal{I}}_i(\nu_u,\nu_v) = \iint_{-\infty}^{\infty} I_i(u,v)\exp[\mathrm{j}2\pi(\nu_u u+\nu_v v)]\mathrm{d}u\mathrm{d}v \tag{5.2.25}$$

把式(5.2.24)代入上式,得

$$\tilde{\mathcal{I}}_i(\nu_u,\nu_v) = \iint_{-\infty}^{\infty} \tilde{\mathcal{J}}_i(\nu_1,\nu_2,\nu_u-\nu_1,\nu_v-\nu_2)\mathrm{d}\nu_1\mathrm{d}\nu_2 \tag{5.2.26}$$

把式(5.2.23)代入上式,并做变量置换,$z_1=p+\nu_1$,$z_2=q+\nu_2$,得到像强度的频谱

$$\tilde{\mathcal{I}}_i(\nu_u,\nu_v) = \iint_{-\infty}^{\infty} \mathrm{d}z_1\mathrm{d}z_2\tilde{\mathcal{T}}_o(z_1,z_2)\tilde{\mathcal{T}}_o^*(z_1-\nu_u,z_2-\nu_v)$$
$$\times \left[\iint_{-\infty}^{\infty} \mathrm{d}p\mathrm{d}q\tilde{\mathcal{K}}(z_1-p,z_2-q)\tilde{\mathcal{K}}^*(z_1-p-\nu_u,z_2-q-\nu_v)\tilde{\mathcal{J}}_o(p,q)\right]$$

$$\tag{5.2.27}$$

注意方括号项与物体无关,它只与从光源到像面的光学系统有关,称为**透镜交叉系数**.它的计算要对重叠部分积分,与图 5.2.3 所示的方法相似.

最后需要说明,部分相干光成像的四维性系统法并非像在处理完全相干和完全非相干时那样简单.但是对于熟悉二维傅里叶变换理论的读者,推广到四维时,它仍然提供了一种

分析部分相干光成像系统的有效方法.

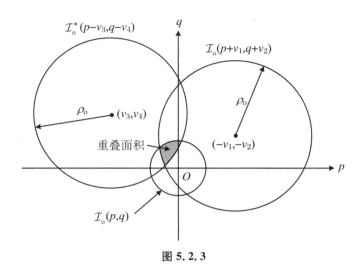

图 5.2.3

5.2.3 非相干与相干极限

这一节将利用前面建立的部分相干光成像理论研究物体在完全非相干和完全相干照明这两种极限情况下成像的特点,并且讨论在实际问题中,一个成像系统在什么情况下可视为相干或非相干照明,建立起判断的标准.

在非相干光照明时,入射到物面上的非相干光的互强度为

$$\tilde{J}_o(\triangle\xi,\triangle\eta) = I_o\delta(\triangle\xi,\triangle\eta) \tag{5.2.28}$$

把上式代入式(5.2.1),对于空间不变系统,得到像面光强分布为

$$I_i(u,v) = I_o\iint\limits_{-\infty}^{\infty} |\tilde{K}(u-\xi,v-\eta)|^2 |\tilde{t}_o(\xi,\eta)|^2 \mathrm{d}\xi\mathrm{d}\eta$$

即

$$I_i(u,v) = I_o |\tilde{K}|^2 * |\tilde{t}_o|^2 \tag{5.2.29}$$

$|\tilde{K}|^2$ 是系统的强度散布函数,$|t_o|^2$ 是物体的强度透过率,像面强度分布是它们的卷积,显然**非相干成像系统是一个强度的线性系统**,这与傅里叶光学中的结论是一致的.

对上面的结果进行傅里叶变换,就可以得到像强度谱.这里我们有意利用在四维线性系统法中得到的式(5.2.27)来求像强度频谱.由(5.2.28),$\tilde{J}_o$ 的傅里叶变换为

$$\tilde{\mathcal{J}}_o(p,q) = I_o \tag{5.2.30}$$

代入式(5.2.27),并做变量置换 $p' = z_1 - p, q' = z_2 - q$ 得到的像强度频谱为

$$\tilde{\mathcal{I}}(\nu_u,\nu_v) = I_o\left[\int_{-\infty}^{\infty}\tilde{\mathcal{T}}_o(z_1,z_2)\tilde{\mathcal{T}}_o^*(z_1-\nu_u,z_2-\nu_v)\mathrm{d}z_1\mathrm{d}z_2\right]$$

$$\times\left[\iint\limits_{-\infty}^{\infty}\tilde{\mathcal{K}}(p',q')\tilde{\mathcal{K}}^*(p'-\nu_u,q'-\nu_v)\mathrm{d}p'\mathrm{d}q'\right] \tag{5.2.31}$$

物体强度和像强度频谱分量之间的变换是由第二个括号中的量决定的,它是系统强度散布函数的傅里叶变换.把它用规化形式表示,得到非相干光学成像的传递函数(OTF):

$$\widetilde{\mathcal{H}}(\nu_u, \nu_v) = \frac{\iint\limits_{-\infty}^{\infty} \widetilde{\mathcal{K}}(p', q') \widetilde{\mathcal{K}}^*(p' - \nu_u, q' - \nu_v) \mathrm{d}p' \mathrm{d}q'}{\iint\limits_{-\infty}^{\infty} |\widetilde{\mathcal{K}}(p', q')|^2 \mathrm{d}p' \mathrm{d}q'} \tag{5.2.32}$$

传递函数用光瞳函数表示时,

$$\widetilde{\mathcal{H}}(\nu_u, \nu_v) = \frac{\iint\limits_{-\infty}^{\infty} \widetilde{P}(p', q') \widetilde{P}^*(p' - \bar{\lambda}z_1\nu_u, q' - \bar{\lambda}z_1\nu_v) \mathrm{d}p' \mathrm{d}q'}{\iint\limits_{-\infty}^{\infty} |\widetilde{P}(p', q')|^2 \mathrm{d}p' \mathrm{d}q'} \tag{5.2.33}$$

这是非相干成像系统中的重要结论.

在**完全相干光照明**时,入射到物面上的相干光的互强度为一常数

$$\widetilde{J}_o(\Delta\xi, \Delta\eta) = I_o \tag{5.2.34}$$

把上式代入式(5.2.1),对于空间不变系统,得到像面光强分布为

$$I_i(u, v) = I_o \left| \iint\limits_{-\infty}^{\infty} \widetilde{K}(u - \xi, v - \eta) \widetilde{t}_o(\xi, \eta) \mathrm{d}\xi \mathrm{d}\eta \right|^2 \tag{5.2.35}$$

像面复振幅可以表示为

$$\widetilde{A}_i(u, v) = \sqrt{I_o} \iint\limits_{-\infty}^{\infty} \widetilde{K}(u - \xi, v - \eta) \widetilde{t}_o(\xi, \eta) \mathrm{d}\xi \mathrm{d}\eta \tag{5.2.36}$$

因此,像面复振幅分布正比于系统的振幅散布函数和物体振幅透过率的卷积,显然**完全相干光成像系统是复振幅的线性系统**.

同非相干情况分析一样,把 $\widetilde{J}_o$ 的傅里叶变换

$$\widetilde{\mathcal{J}}_o(p, q) = I_o \delta(p, q) \tag{5.2.37}$$

代入式(5.2.27),得到相干情况下像强度频谱为

$$\widetilde{\mathcal{I}}_i(\nu_u, \nu_v) = I_o \iint\limits_{-\infty}^{\infty} \mathrm{d}z_1 \mathrm{d}z_2 \widetilde{\mathcal{T}}_o(z_1, z_2) \widetilde{\mathcal{T}}_o^*(z_1 - \nu_u, z_2 - \nu_v) \widetilde{\mathcal{K}}(z_1, z_2) \widetilde{\mathcal{K}}^*(z_1 - \nu_u, z_2 - \nu_v)$$

$$\tag{5.2.38}$$

这个结果可以看作是谱函数

$$\widetilde{\mathcal{A}}_i(\nu_u, \nu_v) = \sqrt{I_o} \widetilde{\mathcal{K}}(\nu_u, \nu_v) \widetilde{\mathcal{T}}_o(\nu_u, \nu_v) \tag{5.2.39}$$

的自相关函数.与式(5.2.36)相比较,可知 $\widetilde{\mathcal{A}}_i$ 是像面振幅分布 $\widetilde{A}_i$ 的傅里叶变换.显然,相干成像系统的振幅传递函数(忽略常数后)为

$$\widetilde{\mathcal{H}}(\nu_u, \nu_v) = \widetilde{\mathcal{K}}(\nu_u, \nu_v) = \widetilde{P}(\bar{\lambda}z_i\nu_u, \bar{\lambda}z_i\nu_v) \tag{5.2.40}$$

这是相干成像系统中的重要结论.

在实际的光学系统中,绝对的完全相干和完全非相干的情况是不存在的,而是部分相干

的情况.但是由于相干成像和非相干成像的处理与部分相干相比要简单得多,因此,在实际中大多数情况可以近似看作相干或非相干系统来处理,使问题大大简化.下面我们考虑相干与非相干的近似条件.

空间不变的部分相干光成像系统的成像公式为

$$I_i(u,v) = \iint\limits_{-\infty}^{\infty} \widetilde{K}(u-\xi, v-\eta)\widetilde{K}^*(u-\xi-\Delta\xi, v-\eta-\Delta\eta)\widetilde{t}_o(\xi,\eta)$$

$$\times \widetilde{t}_o^*(\xi+\Delta\xi, \eta+\Delta\eta)\widetilde{J}_o(\Delta\xi, \Delta\eta)\mathrm{d}\xi\mathrm{d}\eta\mathrm{d}\Delta\xi\mathrm{d}\Delta\eta \tag{5.2.41}$$

对于相干照明的情况,要求 $\widetilde{J}_o(\Delta\xi, \Delta\eta)$ 在 $(\Delta\xi, \Delta\eta)$ 的整个范围内保持为常数.由于上式积分只在 $\widetilde{t}_o$ 与 $\widetilde{t}_o^*$,$\widetilde{K}$ 与 $\widetilde{K}^*$ 它们的重叠区域上才大于零,因此,如果 $\Delta\xi$ 或 $\Delta\eta$ 比物体尺寸大或者超过 $\widetilde{K}$ 的宽度,则有

$$\widetilde{t}_o(\xi,\eta)\widetilde{t}_o^*(\xi+\Delta\xi, \eta+\Delta\eta) = 0 \tag{5.2.42}$$

或者

$$\widetilde{K}(u-\xi, v-\eta)\widetilde{K}^*(u-\xi-\Delta\xi, v-\eta-\Delta\eta) \simeq 0 \tag{5.2.43}$$

这两种情况,无论哪种发生都会使上式积分为零.一般地,前种情况是不会发生的.因此我们可以得出结论,如果光源在物面上产生的相干面积大于成像系统的振幅散布函数(折算到物面上)所覆盖的面积,或者换句话说,光源对物面的张角远小于成像系统入瞳对物面的张角,这时可以将成像系统近似地视为相干系统.

对于非相干情况,用同样的方法,要求 $\widetilde{J}_o(\Delta\xi, \Delta\eta)$ 只有当 $(\Delta\xi, \Delta\eta)$ 很小时才不为零,因此有

$$\widetilde{K}(u-\xi, v-\eta)\widetilde{K}^*(u-\xi-\Delta\xi, v-\eta-\Delta\eta) \simeq |\widetilde{K}(u-\xi, v-\eta)|^2 \tag{5.2.44}$$

以及

$$\widetilde{t}_o(\xi,\eta)\widetilde{t}_o^*(\xi+\Delta\xi, \eta+\Delta\eta) = |\widetilde{t}_o(\xi,\eta)|^2 \tag{5.2.45}$$

因此得出结论,如果光源在物面上产生的相干面积同时小于成像系统的振幅散布函数在物面上覆盖的面积和物体振幅透过率的最小结构面积,或者说,光源对物面的张角远大于成像系统的入瞳对物面的张角以及远大于物体对垂直入射光衍射的最大衍射角,这时成像系统可以近似视为非相干系统.

我们看到,由于光源在物面上具有一定的相干区域,物面上靠得足够近的点将受到照明相干性的影响,因此,部分相干光理论在讨论结构细微物体显微成像时具有十分重要的意义.

5.3 干 涉 成 像

考虑不同照明情况下成像的性质,可以把成像过程看作是一个干涉过程,这一概念已成为采集成像信息新方法的出发点,在射电天文学中已经应用多年.使用干涉成像的方法会获得比使用传统的折射或反射望远镜成像更高的分辨率.

5.3.1 成像系统是一种干涉系统

在杨氏干涉实验中,光通过靠近的两个小孔后会发生干涉并形成余弦分布的干涉条纹,条纹空间频率与两孔的间隔有关.现在我们把成像系统的出瞳看作是由许多对假想的小孔组成的,所有可能的孔对都会形成一组杨氏干涉条纹——**基元条纹**,像的强度分布可以认为是这些大量基元条纹合成的结果.

对于像强度中空间频率为 (ν_u, ν_v) 的频率成分,在出瞳面上必须至少有一对间隔为

$$\Delta x = \bar{\lambda} z_i \nu_u, \quad \Delta y = \bar{\lambda} z_i \nu_v \tag{5.3.1}$$

这样的孔对.坐标为 (x_1, y_1) 和 (x_2, y_2) 构成的孔对,在像面上所形成的基元干涉条纹的振幅和相位可由出瞳面上的互强度 $\widetilde{J}'_P(x_1, y_1; x_2, y_2)$ 的振幅和相位决定.因为出瞳面上具有许多间隔 $(\Delta x, \Delta y)$ 相同的孔对,形成的干涉条纹频率 (ν_u, ν_v) 相同,但振幅和相位不同,因此要计算像强度频谱中 $\widetilde{\mathcal{I}}(\nu_u, \nu_v)$ 分量的总的振幅和相位,必须把所有频率为 (ν_u, ν_v) 的基元干涉条纹的振幅和相位进行叠加.

这个结论的数学模型可以通过像面强度和出瞳面上互强度的关系式(5.1.29)得出.既然我们感兴趣的是像强度的频谱 $\widetilde{\mathcal{I}}(\nu_u, \nu_v)$,因此以 (u, v) 为变量对式(5.1.29)做傅里叶变换并交换积分顺序,得到

$$\widetilde{\mathcal{I}}_i(\nu_u, \nu_v) = \frac{1}{(\bar{\lambda} z_i)^2} \iiiint_{-\infty}^{\infty} dx_1 dy_1 dx_2 dy_2 \widetilde{J}'_P(x_1, y_1; x_2, y_2)$$

$$\times \iint_{-\infty}^{\infty} du\, dv \exp\left\{ j2\pi \left[\left(\nu_u + \frac{x_2 - x_1}{\bar{\lambda} z_i} \right) u + \left(\nu_v + \frac{y_2 - y_1}{\bar{\lambda} z_i} \right) v \right] \right\} \tag{5.3.2}$$

后面的二重积分结果为 $\delta\left(\nu_u + \dfrac{x_2 - x_1}{\bar{\lambda} z_i}, \nu_v + \dfrac{y_2 - y_1}{\bar{\lambda} z_i} \right)$.

对 (x_2, y_2) 积分并利用 δ 函数的筛选性质,得到

$$\widetilde{\mathcal{I}}_i(\nu_u, \nu_v) = \iint_{-\infty}^{\infty} \widetilde{J}'_P(x_1, y_1; x_1 - \bar{\lambda} z_i \nu_u, y_1 - \bar{\lambda} z_i \nu_v) dx_1 dy_1 \tag{5.3.3}$$

因此,为了得到像强度频谱在 (ν_u, ν_v) 上的值,需要把出瞳面 (x_1, y_1) 上所有具有固定间隔 $(\bar{\lambda} z_i \nu_u, \bar{\lambda} z_i \nu_v)$ 的互强度值叠加.这个结果与具有间隔为 $(\Delta x = \bar{\lambda} z_i \nu_u, \Delta y = \bar{\lambda} z_i \nu_v)$ 的孔对

所形成的干涉条纹的合成的概念是完全一致的.

当然,实际的出瞳范围总是有限的,因而,出瞳面上的互强度 $\widetilde{J}'_P$ 可以用入射在出瞳面上的互强度 $\widetilde{J}_P$ 和出瞳函数 $\widetilde{P}$ 来表示

$$\widetilde{J}'_P(x_1, y_1; x_2, y_2) = \widetilde{P}(x_1, y_1)\widetilde{P}^*(x_2, y_2)\widetilde{J}_P(x_1, y_1; x_2, y_2) \tag{5.3.4}$$

把上式代入到式(5.3.2),得

$$\widetilde{\mathcal{I}}_i(\nu_u, \nu_v) = \iint\limits_{-\infty}^{\infty} \widetilde{P}(x_1, y_1)\widetilde{P}^*(x_1 - \bar{\lambda}z_i\nu_u, y_1 - \bar{\lambda}z_i\nu_v)$$
$$\times \widetilde{J}_P(x_1, y_1; x_1 - \bar{\lambda}z_i\nu_u, y_1 - \bar{\lambda}z_i\nu_v)\mathrm{d}x_1\mathrm{d}y_1 \tag{5.3.5}$$

出瞳的有限大小说明限制了孔对 $(\bar{\lambda}z_i\nu_u, \bar{\lambda}z_i\nu_v)$ 在出瞳面 (x_1, y_1) 上的活动范围.对于半径为 r_ρ 的圆形出瞳,瞳面上无任何阻光的情况.式(5.3.2)的积分区域由图 5.3.1 中的虚线面积表示.因此,式(5.3.2)可以理解为一对固定间距为 $\sqrt{(\bar{\lambda}z_i\nu_u)^2 + (\bar{\lambda}z_i\nu_v)^2}$ 的孔对,在阴影面积内所有包含孔对的可能位置平移时产生的基元条纹的合成贡献.

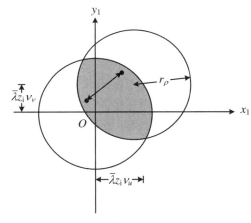

图 5.3.1

当物体是由非相干光照射时,像强度频谱的计算更为简单.如图 5.3.2 所示,由范西泰特-策尼克定理,入射入瞳参考球面(半径为 $z_\circ$)上的互强度仅仅是 Δx 和 Δy 的函数,出瞳与入瞳具有简单的物像关系.入射在出瞳参考球面(半径为 z_i)上的互强度与入射在入瞳参考球面上的互强度是相同的(可能相差某一倍率),因此出瞳面上互强度 $\widetilde{J}_P$ 也仅仅只是 Δx, Δy 的函数,而与 x_1, y_1 无关,可以放到式(5.3.2)的积分号外面

$$\widetilde{\mathcal{I}}_i(\nu_u, \nu_v) = \widetilde{J}_P(\bar{\lambda}z_i\nu_u, \bar{\lambda}z_i\nu_v)\iint\limits_{-\infty}^{\infty} \widetilde{P}(x_1, y_1)\widetilde{P}^*(x_1 - \bar{\lambda}z_i\nu_u, y_1 - \bar{\lambda}z_i\nu_v)\mathrm{d}x_1\mathrm{d}y_1$$

$$\tag{5.3.6}$$

这个结果意味着,对于一个非相干物体和一个没有像差的光学系统(它的瞳函数是非负的实值函数),当具有固定间距的孔对在出瞳上移动时,孔对在所有位置形成的基元条纹具有相同的相位,因此这些基元条纹叠加的结果是相互加强的,这些基元条纹叠加的结果也就

是像强度频谱中空间频率为(ν_u, ν_v)的分量 $\tilde{\mathcal{I}}_i(\nu_u, \nu_v)$. 显然式(5.3.6)中的自相关积分是光学系统于频谱分量(ν_u, ν_v)上的权重因子. 光学系统的传递的数就是对这一权重因子进行零频规化.

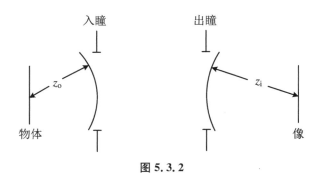

图 5.3.2

若物体仍是非相干的,但是光学系统具有像差. 那么当间隔固定的孔对在出瞳面上移动时,产生的各基元条纹一般来说具有不同的相位,因此这些条纹的叠加常常不是加强的.

5.3.2 用干涉仪采集图像信息

通过上节讨论,我们知道对于非相干物体和无像差系统,出瞳面上间隔为$(\bar{\lambda} z_i \nu_u, \bar{\lambda} z_i \nu_v)$的一个孔对在像面上会产生一组基元干涉条纹,具有振幅正比于出瞳面上互强度函数的模,而相位与互强度函数的相位相同. 根据范西泰特-策尼克定理,出瞳面上的互强度可以通过物面光强分布的傅里叶变换得到. 因而测量基元条纹的参数即可知道物频谱中(ν_u, ν_v)的成分. 间隔相同,方向一致,但位置不同的孔对会产生相同的空间频率的基元条纹,出瞳面上包含大量的这种孔对,这一事实称为光学系统的**冗余度**. 其意为出瞳面上只需要一对间隔为$(\bar{\lambda} z_i \nu_u, \bar{\lambda} z_i \nu_v)$的孔对即可得到频谱$(\nu_u, \nu_v)$的成分,而其他孔对都是多余的. 在无像差光学系统中,系统的冗余度可用来增加测量的信噪比,提高干涉条纹的对比度. 但是冗余度在任何方式中都不能增加新的信息.

当光学系统具有像差或系统处在具有像差的非均匀介质中,引入冗余度事实上常常是有害的. 因为在这种情况下,具有相同频率的干涉条纹具有不同的相位,结果使条纹的对比度下降.

有时,为了得到像面上的高频条纹,并不需要加大光学系统透镜的孔径,而只是加大出瞳面上孔对的间隔. 这一概念引出了综合孔经技术以及用干涉仪来集物体信息的方法.

有些情况下,我们并不需要知道物体的全部信息,例如,天空中均匀的圆辐射体,对我们来讲只要知道它的角、直径就够了;又如对于两个点辐射源,只要确定它们的角间距和相对强度就行了. 在这些情况下,物体频谱的模就提供了足够的信息,使我们可以不去管它的相位信息.

用于采集空间星体信息的最简单的干涉仪是斐佐(Fizeau)干涉仪,如图5.3.3所示. 在天文测量中,物体处于离观察者极遥远的位置,像面与望远镜后焦面重合. 斐佐干涉仪就是在望远镜的出瞳面上放置一个带有两个小孔的遮光圆盆 P,这样实际上只允许入瞳面上相距$(\Delta x,\Delta y)$的两条光束在焦平面上产生干涉.在焦平面上观察到的干涉条纹可见度,由入射在 P 上两个有效小孔上的复相干系数的模来决定

$$|\widetilde{\mu}_P(\Delta x,\Delta y)| = \left|\frac{\widetilde{J}_P(\Delta x,\Delta y)}{\widetilde{J}_P(0,0)}\right| \tag{5.3.7}$$

其中,$\widetilde{J}_P$ 是入射在入瞳上光的互强度.

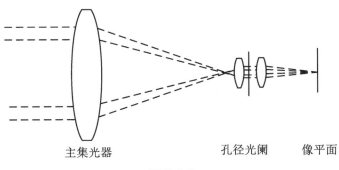

主集光器　　　　　　　孔径光阑　　　像平面

图 5.3.3

对于在距离为 z,半径为 r 的亮度均匀布的圆光源,入射在望远镜入瞳上的复相干系数为

$$\widetilde{\mu}_P(\Delta x,\Delta y) = 2\left\{\frac{J_1\left(\frac{2\pi r}{\bar{\lambda}z}\sqrt{(\Delta x)^2+(\Delta y)^2}\right)}{\frac{2\pi r}{\bar{\lambda}z}\sqrt{(\Delta x)^2+(\Delta y)^2}}\right\} \tag{5.3.8}$$

利用光源的角直径 $\theta_S = \dfrac{2r}{z}$,可将上式写为

$$\widetilde{\mu}_P(\Delta x,\Delta y) = 2\left\{\frac{J_1\left(\frac{\pi\theta_S}{\bar{\lambda}}\sqrt{(\Delta x)^2+(\Delta y)^2}\right)}{\frac{\pi\theta_S}{\bar{\lambda}}\sqrt{(\Delta x)^2+(\Delta y)^2}}\right\} \tag{5.3.9}$$

注意当间隔 $S = \sqrt{(\Delta x)^2+(\Delta y)^2}$ 刚好是一阶贝塞尔函数的零点时,干涉条纹完全消失,条纹消失的最小间隔为

$$S_0 = 1.22\,\frac{\bar{\lambda}}{\theta_S} \tag{5.3.10}$$

因此通过逐渐改变两小孔的间隔直到干涉条纹第一次消失为止,于是光源的角直径为

$$\theta_S = 1.22\,\frac{\bar{\lambda}}{S_0} \tag{5.3.11}$$

读者一定会感到惊奇,为什么在测量远距离物体的角直径实验中,斐佐干涉仪只用了望远镜孔径的一部分而不使用整个孔径?这个问题的回答在于地球大气本身时间和空间的随机扰动的影响.在有大气扰动的情况下,测量条纹对比度的消失要比从物体极其模糊的像中决定物体的角直径容易得多.以后我们将表明在使用望远镜的整个孔径时,即使存在大气扰动,也能得到物体角直径的高分辨率,这就是星体斑纹干涉测量.

斐佐干涉仪的最大间隔受到所用望远镜的物理直径的限制,因而只能测量角直径相对比较大的光源.迈克耳孙星体干涉仪克服了这一限制,如图 5.3.4 所示,在普通的反射望远镜中,两个可移动的反射镜安装在刚度良好的长跨臂上,光直接从这两个反射镜进入望远镜的物镜(反射物镜)上,两束光会聚在焦面上产生干涉.与干涉仪相比,迈克耳孙星体干涉仪的空间间隔 S_0 不受望远镜口径的限制,因而,在理论上可以测量非常小的星体角直径.

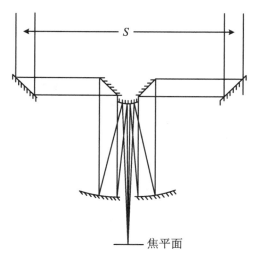

图 5.3.4　迈克耳孙星体干涉仪

5.4　有关高阶相关性

前面讨论光场的相干性时,人们把注意力集中于叠加光场的复振幅的相关性,探索了光的干涉现象.随着光探测器和电子技术的发展,人们开始了光强度的相关性的研究.

前面我们讨论的斐佐干涉仪和迈克耳孙星体干涉仪的基本原理是从相隔一定距离的两个光瞳处的光场提取光的复振幅信息,经过干涉系统形成干涉条纹,根据条纹信息求得两个光瞳处光场的复相干系数的模,从而计算出被测星体的角直径.这里干涉条纹的形成是以两个光瞳处光场的复振幅的相干性为前提的,属于二阶相关.

我们要问,能否直接测量两个光瞳处光场的光强,采用电子线路求出两个光强的相关,然后求出复相关系数的模,从而计算星体的角直径呢? 回答是肯定的!

20 世纪 50 年代,澳大利亚学者 Hanbury Brown 和 Twiss[1] 开始发展这项技术,建成了相距 18 米的两个光探测器的强度干涉仪,首次观察了高阶相关性.他们的强度干涉仪示意图如图 5.4.1 所示.图中 L 为相隔一定距离的两个星体光的入射光线,R_1,R_2 为两个抛物面

---

① Brown R H. The Intensity Interferometer[M]. London:Tailor and Francis Ltd. ,1974.

反射面,P_1 和 P_2 为相应的两个光探测器,τ 为信号延迟线,A_1,A_2 为信号放大器,C 为相关器,I 是干涉器.

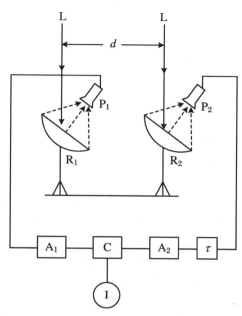

图 5.41   Hanbury Brown 和 Twiss 的强度干涉仪

这个实验得到的是光强的相关,是四阶相关性
$$\langle I_1 I_2 \rangle = \langle u(r_1,t_1)u^*(r_1,t_1)u(r_2,t_2)u^*(r_2,t_2) \rangle$$
还有更高阶的相关性,不属于本书讨论的范围,我们就不讨论了.

第6章　通过随机不均匀介质成像

我们通常处理的光学问题都认为系统中的光学介质是均匀的或者具有不随时间变化的确定分布,例如,透镜的光学材料或者透镜之间的空气的折射率可看作是均匀的、不随时间变化的.但是也存在光学介质非均匀随机分布的情况,例如,光学系统要通过一个厚度或者折射率很不均匀的光学窗口成像的情况,这种不均匀性是随机分布的.再例如,在天文观测、航摄、遥感这类问题中,地球周围大气受到不均匀加热的作用,它的折射率分布随时间变化,具有随机分布性质.因此,这些光学成像的过程是一个随机过程.

本章的讨论仅限于物体是被非相干照明的或者物本身发出的是非相干光的情况,这是符合大多数实际情况的.其次认为介质的不均匀性尺度远大于光的波长.

6.1　薄随机屏对成像的影响

6.1.1　平均光学传递函数

我们采用如图 6.1.1 所示的成像系统来分析薄透明屏对成像的影响,这个系统称为 4f 系统,其中三个面与两个透镜之间的 4 个距离均为两个透镜的焦距 f.最左端的面是物面;最右端的面是像面;中间的面对于相干光成像时为物的频谱面,物经过第一透镜的傅里叶变换得到的频谱成与此,此频谱再经过第二透镜的一次傅里叶变换(逆傅里叶变换)得到物体的像.对于非相干光成像,这个中间的面也称为光瞳平面.现在,薄随机屏就放在系统的光瞳平面上,薄随机屏的振幅透过率为 $\tilde{t}_s(x,y)$.因为非相干光成像系统的特征决定于光瞳函数的自相关函数,只要系统满足标量衍射理论的条件,即 $\tilde{t}_s$ 没有包含比波长更细的结构,不出现隐失波的话,可以证明,即便屏不在光瞳面上,光瞳面上的自相关函数仍不变,结果仍然适用.

无随机屏时,非相干光成像系统是由其**光学传递函数**描述:

$$\widetilde{\mathcal{H}}_0(\nu_u, \nu_v) = \frac{\displaystyle\iint_{-\infty}^{\infty} \widetilde{P}(x, y)\widetilde{P}^*(x - \overline{\lambda}f\nu_u, y - \overline{\lambda}f\nu_v)\mathrm{d}x\mathrm{d}y}{\displaystyle\iint_{-\infty}^{\infty} |\widetilde{P}(x, y)|^2\mathrm{d}x\mathrm{d}y} \tag{6.1.1}$$

其中，$\widetilde{P}$ 是复光瞳函数，f 是透镜的焦距.

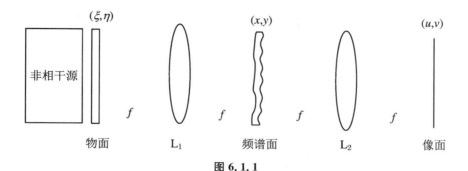

图 6.1.1

由于有振幅透过率为 $\widetilde{t}_s(x, y)$ 的薄随机屏放在光瞳平面上，这时的光瞳函数变为

$$\widetilde{P}(x, y) = \widetilde{P}(x, y)\widetilde{t}_s(x, y) \tag{6.1.2}$$

于是，光瞳平面有薄随机屏时的光学传递函数为

$$\widetilde{\mathcal{H}}(\nu_u, \nu_v) = \frac{1}{\displaystyle\iint_{-\infty}^{\infty} |\widetilde{P}(x, y)\widetilde{t}_s(x, y)|^2\mathrm{d}x\mathrm{d}y}$$

$$\times \iint_{-\infty}^{\infty} \widetilde{P}(x, y)\widetilde{P}^*(x - \overline{\lambda}f\nu_u, y - \overline{\lambda}f\nu_v)\widetilde{t}_s(x, y)\widetilde{t}_s^*(x - \overline{\lambda}f\nu_u, y - \overline{\lambda}f\nu_v)\mathrm{d}x\mathrm{d}y$$

$$\tag{6.1.3}$$

我们可以利用 $\widetilde{t}_s$ 的统计性质来计算系统的平均光学传递函数. 最直观的方法是把系统的平均光学传递函数定义为 $\widetilde{\mathcal{H}}(\nu_u, \nu_v)$ 的平均值，但是这样的定义涉及两个相关随机变量的比值，比较复杂. 因此我们仅对薄随机屏求平均，把**平均光学传递函数**定义为

$$\overline{\widetilde{\mathcal{H}}}(\nu_u, \nu_v) = \frac{1}{\displaystyle\iint_{-\infty}^{\infty} |\widetilde{P}(x, y)|^2 E[|\widetilde{t}_s(x, y)|^2]\mathrm{d}x\mathrm{d}y}$$

$$\times \iint_{-\infty}^{\infty} \widetilde{P}(x, y)\widetilde{P}^*(x - \overline{\lambda}f\nu_u, y - \overline{\lambda}f\nu_v)E[\widetilde{t}_s(x, y)\widetilde{t}_s^*(x - \overline{\lambda}f\nu_u, y - \overline{\lambda}f\nu_v)]\mathrm{d}x\mathrm{d}y$$

$$\tag{6.1.4}$$

对于最重要情况下的随机相位屏来说，$|\widetilde{t}_s|^2 = 1$，显然这两种定义相同. 一般情况下，如果光瞳函数比屏的相关宽度宽很多，那么上式分母几乎是常数，两种定义仍然相同.

如果屏的 $\widetilde{t}_s(x, y)$ 在空间上是广义平稳的，期望值与 x, y 无关，则平均光学传递函数可以写为

$$\overline{\widetilde{\mathcal{H}}}(\nu_u, \nu_v) = \widetilde{\mathcal{H}}_0(\nu_u, \nu_v) \, \overline{\widetilde{\mathcal{H}}_S}(\nu_u, \nu_v) \tag{6.1.5}$$

这里，$\widetilde{\mathcal{H}}_0$ 是没有屏时系统的光学传递函数，$\overline{\widetilde{\mathcal{H}}_S}$ 是屏的**平均光学传递函数**：

$$\overline{\widetilde{\mathcal{H}}}(\nu_u, \nu_v) \equiv \frac{\widetilde{\Gamma}_t(\bar{\lambda}f\nu_u, \bar{\lambda}f\nu_v)}{\widetilde{\Gamma}_t(0,0)} \tag{6.1.6}$$

其中，$\widetilde{\Gamma}_t$ 是随机屏的**空间自相关函数**：

$$\widetilde{\Gamma}_t(\Delta x, \Delta y) \equiv E\left[\widetilde{t}_s(x,y)\widetilde{t}_s^*(x-\Delta x, y-\Delta y)\right] \tag{6.1.7}$$

对(6.1.5)式进行傅里叶逆变换得**平均点散布函数**（平均点扩散函数）：

$$\bar{S}(u,v) = S_0(u,v) * \bar{S}_s(u,v) \tag{6.1.8}$$

其中

$$S_0(u,v) = \mathcal{F}^{-1}\{\widetilde{\mathcal{H}}_0(\nu_u, \nu_v)\}$$

$$\bar{S}_s(u,v) = \mathcal{F}^{-1}\{\overline{\widetilde{\mathcal{H}}_s}(\nu_u, \nu_v)\}$$

分别为没有随机屏时系统的点散布函数和随机屏的平均点散布函数.

6.1.2　随机吸收屏

对于光场只有吸收而没有相位影响的薄随机屏称为**随机吸收屏**. 它的振幅透过率 $\widetilde{t}_s(x,y)$ 是非负的实数，其值在 0 与 1 之间

$$t_s(x,y) = t_0 + r(x,y) \tag{6.1.9}$$

式中，t_0 是在 0 与 1 之间取值的实数偏置量，$r(x,y)$ 是空间平稳，具有零平均值的实值随机过程，并有

$$-t_0 \leqslant r(x,y) \leqslant 1-t_0 \tag{6.1.10}$$

随机屏的自相关函数为

$$\Gamma_t(\Delta x, \Delta y) = E\{[t_0 + r(x,y)][t_0 + r(x-\Delta x, y-\Delta y)]\}$$
$$= t_0^2 + \Gamma_r(\Delta x, \Delta y) \tag{6.1.11}$$

$$\Gamma_t(0,0) = t_0^2 + \Gamma_r(0,0) = t_0^2 + \overline{r^2} = t_0^2 + \sigma_r^2 \tag{6.1.12}$$

式中，Γ_r 是 $r(x,y)$ 的自相关函数，其规一化自相关函数为

$$\gamma_r(\Delta x, \Delta y) \equiv \frac{\Gamma_r(\Delta x, \Delta y)}{\Gamma_r(0,0)} = \frac{\Gamma_r(\Delta x, \Delta y)}{\sigma_r^2} \tag{6.1.13}$$

将式(6.1.11)、(6.1.12)代入式(6.1.6)，得随机吸收屏的平均光学传递函数为

$$\overline{\widetilde{\mathcal{H}}_S}(\nu_u, \nu_v) = \frac{t_0^2 + \Gamma_r(\bar{\lambda}f\nu_u, \bar{\lambda}f\nu_v)}{t_0^2 + \sigma_r^2} = \frac{t_0^2}{t_0^2 + \sigma_r^2} + \frac{\sigma_r^2}{t_0^2 + \sigma_r^2}\gamma_r(\bar{\lambda}f\nu_u, \bar{\lambda}f\nu_v)$$

$$\tag{6.1.14}$$

由此可见，因为 t_s 是非负实数，所以 $\overline{\widetilde{\mathcal{H}}_S}$ 也是非负实数. 当 γ_r 趋于零时，$\widetilde{\mathcal{H}}_S$ 趋于一正值 $\frac{t_0^2}{t_0^2 + \sigma_r^2}$. 已知薄随机吸收屏的 γ_r 可求出平均传递函数 $\widetilde{\mathcal{H}}_S$，得到系统的平均传递函数 $\overline{\widetilde{\mathcal{H}}}$ 和平均点散布函数 $\bar{S}$（对 $\overline{\widetilde{\mathcal{H}}}$ 做逆傅里叶变换得到），如图 6.1.2 所示.

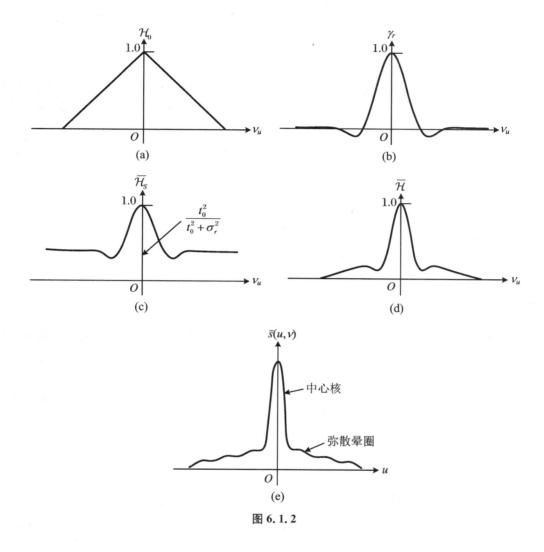

图 6.1.2

6.1.3　随机相位屏

实际中经常遇到的是吸收,故可以忽略不计,而相位是随机分布的薄屏.随机相位屏的振幅透过率为

$$\tilde{t}_s(x,y) = \exp[j\phi(x,y)] \tag{6.1.15}$$

式中,$\phi(x,y)$是(x,y)处的随机相位,它由介质的折射率和厚度的变化引起

$$\phi(x,y) = \frac{2\pi}{\lambda}\big[L(x,y) - L_0\big] \tag{6.1.16}$$

其中,$L(x,y)$是(x,y)处屏的总光程,L_0是平均光程.

随机相位屏的自相关函数为

$$\tilde{\Gamma}_t(x_1,y_1;x_2,y_2) = E\{\exp[j\phi(x_1,y_1) - j\phi(x_2,y_2)]\} \tag{6.1.17}$$

对于上式右边,可以有以下两种解释:

第一种解释,设两个随机变量 $\phi_1 = \phi(x_1, y_1)$,$\phi_2 = \phi(x_2, y_2)$,其联合特征函数为

$$M_\phi(\omega_1, \omega_2) = E[\exp(j\omega_1\phi_1 + j\omega_2\phi_2)]$$

则式(6.1.17)可写为

$$\widetilde{\Gamma}_t(x_1, y_1; x_2, y_2) = M_\phi(1, -1) \tag{6.1.18}$$

第二种解释,设相位差 $\Delta\phi = \phi_1 - \phi_2$,则式(6.1.17)也可以看作是随机变量 $\Delta\phi$ 的特征函数

$$\widetilde{\Gamma}_t(x_1, y_1; x_2, y_2) = M_{\Delta\phi}(1) \tag{6.1.19}$$

这两种解释是一致的.

由于随机相位屏没有吸收,则

$$\widetilde{\Gamma}_t(0, 0) = E[\tilde{t}_s(x, y)\tilde{t}_s^*(x, y)] = 1$$

由(6.1.6)式得随机相位屏的平均光学传递函数:

$$\overline{\widetilde{\mathcal{H}}_S} = \widetilde{\Gamma}_t(x_1, y_1; x_2, y_2) \tag{6.1.20}$$

6.1.4 高斯随机相位屏

下面考虑随机相位 $\phi(x, y)$ 为平均值等于零的高斯随机过程的情况.既然 ϕ_1 和 ϕ_2 是高斯的,$\Delta\phi$ 也是高斯的,并有

$$\overline{\Delta\phi} = 0$$
$$\sigma_{\Delta\phi}^2 = \overline{(\phi_1 - \phi_2)^2} = D_\phi(x_1, y_1; x_2, y_2) \tag{6.1.21}$$

其中,D_ϕ 为 ϕ 的结构函数.

$\Delta\phi$ 的一维特征函数为

$$M_{\Delta\phi}(\omega) = \exp\left(-\frac{1}{2}\sigma_{\Delta\phi}^2\omega^2\right)$$

当 $\omega = 1$ 时,由式(6.1.19),得

$$\widetilde{\Gamma}_t(x_1, y_1; x_2, y_2) = \exp\left[-\frac{1}{2}D_\phi(x_1, y_1; x_2, y_2)\right] \tag{6.1.22}$$

视随机相位 $\phi(x, y)$ 的平稳性不同,有两种情形:

(1) 如果随机过程 $\phi(x, y)$ 具有初级平稳增量,ϕ 的结构函数只与坐标差 $\Delta x = x_1 - x_2$,$\Delta y = y_1 - y_2$ 有关,于是,由式(6.1.20),得

$$\overline{\widetilde{\mathcal{H}}_S}(\nu_u, \nu_v) = \exp\left[-\frac{1}{2}D_\phi(\bar{\lambda}f\nu_u, \bar{\lambda}f\nu_v)\right] \tag{6.1.23}$$

(2) 如果随机过程 $\phi(x, y)$ 是广义平稳的,那么 ϕ 的结构函数与自相关函数都只与 Δx 和 Δy 有关,并有

$$D_\phi(\Delta x, \Delta y) = 2\sigma_\phi^2[1 - \gamma_\phi(\Delta x, \Delta y)] \tag{6.1.24}$$

式中,γ_ϕ 是规化的相位自相关函数.图6.1.3给出了3个 σ_ϕ^2 值的结构函数示意图.

这时有

$$\overline{\widetilde{\mathcal{H}}_S}(\nu_u, \nu_v) = \exp\{-\sigma_\phi^2[1 - \gamma_\phi(\bar{\lambda}f\nu_u, \bar{\lambda}f\nu_v)]\} \tag{6.1.25}$$

在广义平稳时,由式(6.1.24),结构函数显然有

（1）$D_\phi(0,0)=0$

（2）

$$\left.\begin{array}{l} D_\phi(\infty,\Delta y) \\ D_\phi(\Delta x,\infty) \end{array}\right\} = 2\sigma_\phi^2 \qquad\qquad (6.1.26)$$

对于 3 种不同方差 σ_ϕ^2 的结构函数的形式以及高斯随机相位屏的成像特性,如图 6.1.4 所示.

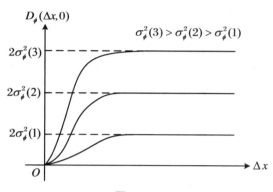

图 6.1.3

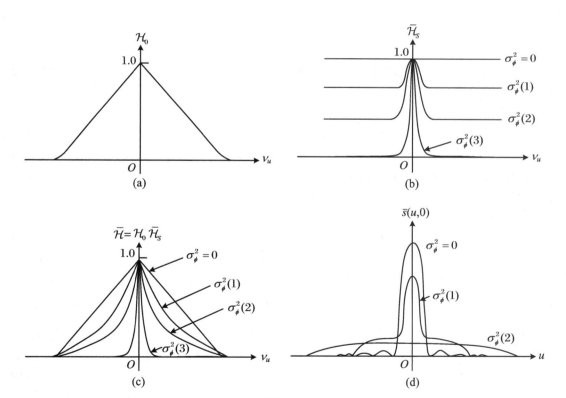

图 6.1.4

6.2 广延随机非均匀介质对波传播的影响

6.2.1 大气折射率分布的描述

大气是典型的广延随机非均匀介质,研究大气特征对光传播的影响也是成像理论中的一个重要问题.随着天文观测、遥感、光通信等领域的研究和发展,人们已经越来越注重研究大气特性对电磁波特别是光波传播的影响.

地球周围大气受温度和压力的不均匀变化而引起密度和折射率的非均匀随机分布,这就是大气湍流(atmospheric turbulence)现象.湍流随时间涨落,对光的传播有很大影响.

地球周围大气的折射率分布是空间、时间和波长的函数,可以认为它是两部分之和,一部分是不随时间变化的非随机部分 n_0,它随不同高度而缓慢变化;另一部分是随机涨落部分 n_1,它是具有系综平均值为零的随机过程,由大气湍流旋涡引起,一般情况下与波长无关,可以写成

$$n(\boldsymbol{r}, t, \lambda) = n_0(\boldsymbol{r}, \lambda) + n_1(\boldsymbol{r}, t) \tag{6.2.1}$$

由于光透过大气传播的时间往往比 n_1 涨落的时间短得多,因此 n_1 随时间变化的影响可以不计.在研究透过大气的单色光成像问题时,假定 $n_0(\boldsymbol{r})$ 是常数,不随位置 $\boldsymbol{r}$ 变化.因此,湍流大气模型的折射率随机分布主要是空间位置的函数:

$$n(\boldsymbol{r}) = n_0 + n_1(\boldsymbol{r}) \tag{6.2.2}$$

我们感兴趣的自然是 $n_1(\boldsymbol{r})$ 的空间自相关函数

$$\Gamma_n(\boldsymbol{r}_1, \boldsymbol{r}_2) = E[n_1(\boldsymbol{r}_1) n_1(\boldsymbol{r}_2)] \tag{6.2.3}$$

根据维纳-欣钦定理,折射率的**功率谱密度** $\phi_n(K)$ 与空间自相关函数 $\Gamma_n(\boldsymbol{r}_1, \boldsymbol{r}_2)$ 互为傅里叶变换对.

在光波段,空气折射率的经验公式为

$$n = 1 + 77.6(1 + 7.52 \times 10^{-3} \lambda^{-2})(P/T) \times 10^{-6} \tag{6.2.4}$$

式中,λ 为光波长(μm),P 为大气压(mbar),T 为温度(K).

当大气压变化不大,$\lambda = 0.5\ \mu$m 时,温度增量 dT 引起折射率增量变化为

$$dn = \frac{79P}{T^2} \times 10^{-6} dT \tag{6.2.5}$$

由此可见,折射率涨落的主要原因是温度变化,也就是由太阳对大气的不均匀加热造成的.大范围的不均匀性不断受湍流风和对流的影响,使不均匀性结构更细小.

在各向同性湍流的情况下,大气折射率的功率谱密度 $\phi_n(K)$ 仅仅是波数 K 的函数,湍

流的尺寸 $L = 2\pi/K$. 根据柯尔莫哥洛夫（Kolmogorov）的湍流理论[①]，$\phi_n(K)$ 可分成三个区域，如图 6.2.1 所示.

当 $\mathcal{L}_0 < L < L_0$ 时

$$\phi_n(K) = 0.033 C_n^2 K^{-11/3} \tag{6.2.6}$$

其中，$\mathcal{L}_0 = \dfrac{2\pi}{K_m}$ 为湍流的内部尺度，约为 $0.001\,\mathrm{m}$；$L_0 = \dfrac{2\pi}{K_0}$ 为湍流的外部尺度，约为 $1 \sim 100\,\mathrm{m}$；K_0, K_m 分别是湍流的两个临界波数；C_n^2 为折射率涨落的结构常数，是涨落强度的量度. 对大尺度的湍流 $L > L_0$，$\phi_n(K)$ 受地理和气候条件的影响很大，难以用数学形式做理论预测. 当湍流尺度 $L < \mathcal{L}_0$ 时，湍流之间的能量由于内摩擦而迅速下降.

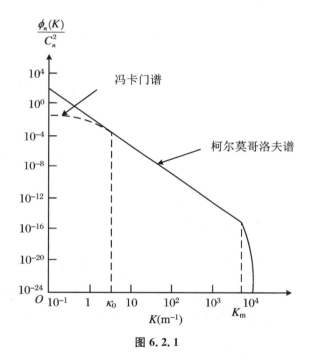

图 6.2.1

由于大气湍流不能再看成是平稳随机过程，因此，在研究大气湍流对成像的影响时往往用结构函数来代替自相关函数，如同我们在分析透过随机屏成像时所做的那样. 将折射率的结构函数定义为空间两点折射率之差的平方的系综平均值：

$$D_n(\boldsymbol{r}_1, \boldsymbol{r}_2) = E\{[n_1(\boldsymbol{r}_1) - n_2(\boldsymbol{r}_2)]^2\}$$

讨论下面两种情况下结构函数：

（1）若湍流是均匀的，并且 $\Gamma_n(0)$ 存在，则

$$D_n(\boldsymbol{r}) = 2[\Gamma_n(0) - \Gamma_n(\boldsymbol{r})] \tag{6.2.7}$$

由于

[①]　Friedlander S K, Topper L. Turbulence: Classic Papers on Statistical Theory [M]. New York: Wiley-Interscience, 1961.

$$\Gamma_n(\boldsymbol{r}) = \iiint\limits_{-\infty}^{\infty} \phi_n(\boldsymbol{K}) \mathrm{e}^{-\mathrm{j}\boldsymbol{K}\cdot\boldsymbol{r}} \mathrm{d}^3\boldsymbol{K} \tag{6.2.8}$$

于是′

$$D_n(\boldsymbol{r}) = 2\iiint\limits_{-\infty}^{\infty}[1-\cos(\boldsymbol{K}\cdot\boldsymbol{r})\phi_n(\boldsymbol{K})\mathrm{d}^3\boldsymbol{K} \tag{6.2.9}$$

（2）若 n_1 具有各向同性，由球对称，有

$$\Gamma_n(\boldsymbol{r}) = \frac{4\pi}{r}\int_0^{\infty}\phi_n(K)K\sin(Kr)\mathrm{d}K \tag{6.2.10}$$

将上式代入(6.2.7)式,得

$$D_n(\boldsymbol{r}) = 8\pi\int_0^{\infty}\phi_n(K)K^2\left[1-\frac{\sin(Kr)}{Kr}\right]\mathrm{d}K \tag{6.2.11}$$

对于通常特别感兴趣的区域, $\mathcal{L}_0<L<L_0$,把(6.2.6)式代入(6.2.11)式,得

$$D_n(\boldsymbol{r}) = 8\pi\times0.33C_n^2\int_0^{\infty}K\left[1-\frac{\sin(Kr)}{Kr}\right]\mathrm{d}K \tag{6.2.12}$$

利用积分公式

$$\int_0^{\infty}x^{\nu}\left(1-\frac{\sin ax}{ax}\right)\mathrm{d}x = \frac{-\Gamma(\nu)\sin\frac{\pi\nu}{2}}{a^{1+\nu}}, \quad -3<\nu<-1 \tag{6.2.13}$$

以及 $\Gamma(-5/3) = 2.411$,可得到一重要公式:

$$D_n(\boldsymbol{r}) = C_n^2 r^{2/3} \tag{6.2.14}$$

结构常数 C_n^2 决定于当地的天气条件和海拔高度.

6.2.2 电磁波经过不均匀大气的传播

电磁波在介质中的传播遵守麦克斯韦(Maxwell)电磁波方程.因为湍流的内部尺度要远大于光波长,所以可见光在湍流大气中的传播仍满足波动方程.设波的复振幅 $\widetilde{U}$ 代表三个电场分量 $\widetilde{E}_x,\widetilde{E}_y,\widetilde{E}_z$ 得到的波动方程的标量形式为

$$\nabla^2\widetilde{U} + \frac{\omega^2 n^2}{c^2}\widetilde{U} = 0 \tag{6.2.15}$$

注意式中折射率 n 现在是空间位置 r 的函数.我们可以用微扰法求解微分方程.由于 $|n_1|\ll n_0$,可以认为 $\widetilde{U}$ 近似为由 n_0 所产生的未扰动的复振幅 $\widetilde{U}_0$ 以及 n_1 所产生的扰动复振幅 $\widetilde{U}_1$ 的和.于是波动方程为

$$\nabla^2(\widetilde{U}_0 + \widetilde{U}_1) + \frac{\omega^2(n_0+n_1)^2}{c^2}(\widetilde{U}_0 + \widetilde{U}_1) = 0 \tag{6.2.16}$$

$\widetilde{U}_0$ 代表未扰动解,也满足

$$\nabla^2\widetilde{U}_0 + \frac{\omega^2 n_0^2}{c^2}\widetilde{U}_0 = 0 \tag{6.2.17}$$

把上式代入式(6.2.16),忽略 $\widetilde{U}_1$ 和 n_1 的二次项,得

$$\nabla^2\widetilde{U}_1 + K_0^2\widetilde{U}_1 = -2K_0^2 n_1\widetilde{U}_0 \tag{6.2.18}$$

波数 $K_0 = \dfrac{\omega n_0}{c}$，此微分方程的解为

$$\widetilde{U}_1(\boldsymbol{r}) = \frac{1}{4\pi} \iiint_V \frac{\exp\{jK|\boldsymbol{r} - \boldsymbol{r}'|\}}{|\boldsymbol{r} - \boldsymbol{r}'|} [2K_0^2 n_1(\boldsymbol{r}')\widetilde{U}_0(\boldsymbol{r}')]\mathrm{d}^3 \boldsymbol{r}' \tag{6.2.19}$$

式中括号项表示光源项，V 代表散射体积.上式实质上是自由空间脉响应函数 $\exp[jK_0|\boldsymbol{r}|]/|\boldsymbol{r}|$ 与光源项的卷积积分，称为广义的惠更斯-菲涅耳原理.场的扰动 $\widetilde{U}_1(\boldsymbol{r})$ 等于散射体积内各空间点 $\boldsymbol{r}'$ 发出的球面子波的贡献的总和.子波场强度与入射的未扰动辐射 $\widetilde{U}_0$ 和折射率扰动项 n_1 的乘积成正比.

利用小散射角近似（菲涅耳近似）可以对方程的解(6.2.19)做进一步简化，可见光通过大气传播能常满足这个近似条件.因为最小湍流旋涡尺寸 $\mathcal{L}_0 \simeq 2\,\mathrm{mm}$ 左右，典型可见光波长 $\lambda = 0.5\,\mu\mathrm{m}$，散射角不大于 $\lambda/\mathcal{L}_0 \simeq 2.5 \times 10^{-4}$.因此在小散射角近似下，方程(6.2.19)可写为

$$\widetilde{U}_1(\boldsymbol{r}) = \frac{K_0^2}{2\pi} \iiint_V \frac{\exp\left\{jK_0\left[(z - z') + \dfrac{|\boldsymbol{\rho} - \boldsymbol{\rho}'|}{2(z - z')}\right]\right\}}{z - z'} n_1(\boldsymbol{r}')\widetilde{U}_0(\boldsymbol{r}')\mathrm{d}^3 \boldsymbol{r}' \tag{6.2.20}$$

式中，$\boldsymbol{\rho}, \boldsymbol{\rho}'$ 表示 $\boldsymbol{r}, \boldsymbol{r}'$ 对 z 轴的横向偏移.

人们考虑到中心极限定理，很容易误认为复振幅 $\widetilde{U}_1$ 的实部和虚部都会按照高斯正态分布，遗憾的是这与实验结果不符.事实证明，在弱涨落情况下，振幅接近"**对数-正态分布**".也就是说，振幅的对数才符合正态分布.

设对数复振幅为

$$\widetilde{\psi} = \ln \widetilde{U} \tag{6.2.21}$$

代入标量波动方程(6.1.15)，得到 Riccati 方程：

$$\nabla^2 \widetilde{\psi}(\boldsymbol{r}) + \nabla\widetilde{\psi}(\boldsymbol{r}) \cdot \nabla\widetilde{\psi}(\boldsymbol{r}) + \frac{\omega^2}{c^2} n^2(\boldsymbol{r}) = 0 \tag{6.2.22}$$

忽略 $\widetilde{\psi}(\boldsymbol{r})$ 的高次项后，此方程的解可以写为

$$\widetilde{\psi}(\boldsymbol{r}) = \widetilde{\psi}_0(\boldsymbol{r}) + \widetilde{\psi}_1(\boldsymbol{r})$$

由对数变换，可知

$$\widetilde{U} = \exp(\widetilde{\psi}_0 + \widetilde{\psi}_1) = \exp\widetilde{\psi}_0 \cdot \exp\widetilde{\psi}_1 \tag{6.2.23}$$

$$\widetilde{U}_0 = \exp(\widetilde{\psi}_0) \tag{6.2.24}$$

这时实际上是把 $\widetilde{U}$ 作为乘积扰动形式而不是相加扰动形式.注意 $\widetilde{U}_1 \neq \exp(\widetilde{\psi}_1)$.将上两式相除，得

$$\frac{\widetilde{U}}{\widetilde{U}_0} = 1 + \frac{\widetilde{U}_1}{\widetilde{U}_0} = \exp(\widetilde{\psi}_1) \tag{6.2.25}$$

由 $|\widetilde{U}_1| \ll |\widetilde{U}_0|$ 得

$$\widetilde{\psi}_1 = \ln\left(1 + \frac{\widetilde{U}_1}{\widetilde{U}_0}\right) = \frac{\widetilde{U}_1}{\widetilde{U}_0} \tag{6.2.26}$$

将菲涅耳近似解(6.2.20)代入上式,得

$$\tilde{U}_1(\boldsymbol{r}) = \frac{K_0^2}{2\pi U_0(\boldsymbol{r})} \iiint_V \frac{\exp\left\{jK_0\left[(z-z') + \frac{|\boldsymbol{\rho}-\boldsymbol{\rho}'|}{2(z-z')}\right]\right\}}{z-z'} n_1(\boldsymbol{r}')\tilde{U}_0(\boldsymbol{r}')\mathrm{d}^3\boldsymbol{r}'$$

$$(6.2.27)$$

为了得到波扰动的对数振幅和相位的表达式,设实际波 $\tilde{U}$ 的振幅和相位分别为 A 和 S,自由空间中的 U_0 的振幅和相位分别为 A_0 和 S_0,

$$\tilde{U} = A\exp(jS), \quad \tilde{U}_0 = A_0\exp(jS_0)$$

于是有

$$\tilde{\psi}_1(\boldsymbol{r}) = \tilde{\psi}(\boldsymbol{r}) - \tilde{\psi}_0(\boldsymbol{r}) = \ln\frac{A}{A_0} + j(S-S_0)$$

定义对数振幅涨落 χ 和相位涨落 S_δ:

$$\chi \equiv \ln\frac{A}{A_0}, \quad S_\delta \equiv S - S_0 \tag{6.2.28}$$

有

$$\tilde{\psi}_1 = \chi + jS_\delta \tag{6.2.29}$$

利用(6.2.27)式,得到最后结果为

$$\chi = \mathrm{Re}\left\{\frac{K_0^2}{2\pi U_0(\boldsymbol{r})} \iiint_V \frac{\exp\left\{jK_0\left[(z-z') + \frac{|\boldsymbol{\rho}-\boldsymbol{\rho}'|}{2(z-z')}\right]\right\}}{z-z'} n_1(\boldsymbol{r}')\tilde{U}_0(\boldsymbol{r}')\mathrm{d}^3\boldsymbol{r}'\right\} \tag{6.2.30}$$

$$S_\delta = \mathrm{Im}\left\{\frac{K_0^2}{2\pi U_0(\boldsymbol{r})} \iiint_V \frac{\exp\left\{jK_0\left[(z-z') + \frac{|\boldsymbol{\rho}-\boldsymbol{\rho}'|}{2(z-z')}\right]\right\}}{z-z'} n_1(\boldsymbol{r}')\tilde{U}_0(\boldsymbol{r}')\mathrm{d}^3\boldsymbol{r}'\right\} \tag{6.2.31}$$

上式的物理意义在于把对数振幅涨落(而不是振幅涨落本身)看作是散射体 V 各部分贡献的总和.由中心极限定理和许多实验证明在弱涨落条件下,χ 和 S_δ 均满足高斯统计,即振幅具有对数-正态分布.

6.2.3 对数-正态分布

在光通过湍流介质传播理论中,对数-正态分布有着十分重要的作用.由于对数振幅 χ 是一个高斯随机变量,于是其概率密度函数为

$$p_\chi(\chi) = \frac{1}{\sqrt{2\pi}\sigma_\chi}\exp\left[-\frac{(\chi-\bar{\chi})^2}{2\sigma_\chi}\right] \tag{6.2.32}$$

我们现在求振幅 $A = A_0\exp(\chi)$ 的概率密度函数,因为 $P_A(A) = P_\chi(\chi = \ln A)\left|\frac{\mathrm{d}\chi}{\mathrm{d}A}\right|$,以及 $\mathrm{d}\chi/\mathrm{d}A = 1/A$,所以得到

$$P_A(A) = \frac{1}{\sqrt{2\pi}\sigma_\chi A}\exp\left[-\frac{\left(\ln\frac{A}{A_0}-\bar{\chi}\right)^2}{2\sigma_\chi^2}\right], \quad A \geqslant 0 \tag{6.2.33}$$

同样可以得到强度 $I = A^2$ 的概率密度函数:

$$P_I(I) = \frac{1}{2\sqrt{2\pi}\sigma_\chi I}\exp\left\{-\frac{\left[\ln\left(\frac{I}{I_0}\right)-2\overline{\chi}\right]^2}{8\sigma_\chi^2}\right\}, \quad I \geqslant 0 \tag{6.2.34}$$

$P_A(A)$ 和 $P_I(I)$ 都属于对数-正态分布.

以上概率密度函数包含两个独立变量 $\overline{\chi}, \sigma_\chi$. 如果平均强度一定, $\overline{\chi}$ 和 σ_χ 就不再是独立变量. 为了证明这点, 设

$$\overline{I} = I_0\,\overline{\exp(2\chi)} = I_0$$

对于任何实值高斯随机变量 z 和复常数 $\widetilde{a}$, 下列关系成立:

$$E\left[\exp(\widetilde{a}z)\right] = \exp\left(\widetilde{a}\,\overline{z} + \frac{1}{2}\widetilde{a}^2\sigma_\chi^2\right) \tag{6.2.35}$$

令 $z = \chi, \widetilde{a} = 2$ 有

$$\overline{I} = \exp(2\overline{\chi} + 2\sigma_\chi^2) = I_0 \tag{6.2.36}$$

或者写为

$$\overline{\chi} = \frac{1}{2}\ln I_0 - \sigma_\chi^2 \tag{6.2.37}$$

因此, I_0 确定后, $\overline{\chi}, \sigma_\chi^2$ 不再是独立变量.

如光在传播中没有吸收, 垂直于传播方法各截面的平均强度不变. 设 $I_0 = 1$, 则

$$\overline{\chi} = -\sigma_\chi^2 \tag{6.2.38}$$

于是概率密度函数式 (6.2.34) 成为

$$P_I(I) = \frac{1}{2\sqrt{2\pi}\sigma_\chi I}\exp\left[-\frac{(\ln I + 2\sigma_\chi^2)^2}{8\sigma_\chi^2}\right], \quad I \geqslant 0 \tag{6.2.39}$$

其概率密度函数曲线如图 6.2.2 所示.

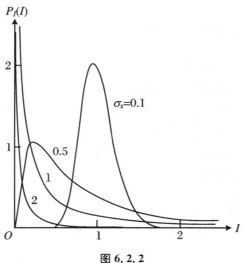

图 6.2.2

6.3 长时间曝光的光学传递函数

像天体一类空间物体透过不均匀的大气和望远镜系统成像,同样可用线性系统讨论,用传递函数方法表征成像特征.经常性的湍流运动使光波前随时间涨落.为了"冻结"大气扰动,消除时间平均效应,记录瞬时的成像状态,必须用数百分之一秒或更短的曝光时间,更长时间的曝光对大气涨落效应起平均作用,两者有着明显的差别.这里我们考虑长时间曝光的光学传递函数.在分析中假定随机过程具有各态历经性,即系统对系综平均的光学传递函数等于长时间平均的光学传函数.

我们的目的是用波结构函数表示长时间曝光的光学传递函数.考虑一个位于简单成像系统光轴上的远距离准单色点光源目标.如果不存在大气扰动,这个光源应该产生平面波垂直入射在透镜上.但是由于大气扰动,经过折射率具有随机涨落的介质后,波面发生畸变,入射在透镜上的场分布 $\widetilde{U}(x,y)$,根据式(6.2.23)和式(6.2.29),可写为

$$\widetilde{U}(x,y) = \widetilde{U}_0 \exp(\psi_1) = \sqrt{I_0} \exp[\chi(x,y) + jS(x,y)] \tag{6.3.1}$$

$\widetilde{U}(x,y)$可以看作是薄随机屏的复振幅透过率 $\widetilde{t}_s(x,y)$,由式(6.1.3)系统的瞬时光学传递函数为

$$\widetilde{\mathcal{H}}(\nu_u,\nu_v) = \cfrac{1}{\iint\limits_{-\infty}^{\infty} |\widetilde{P}(x,y)|^2 \exp(2\chi)\mathrm{d}x\mathrm{d}y}$$

$$\times \iint\limits_{-\infty}^{\infty} \widetilde{P}(x,y)\widetilde{P}^*(x-\bar{\lambda}f\nu_u,y-\bar{\lambda}f\nu_v)\widetilde{U}(x,y)\widetilde{U}^*(x,y)\exp[(\chi_1+\chi_2)$$

$$+ j(S_1-S_2)]\mathrm{d}x\mathrm{d}y \tag{6.3.2}$$

式中,$\widetilde{P}(x,y)$为无大气扰动时光学系统的光瞳函数,

$$\chi_1 = \chi(x,y), \quad \chi_2 = \chi(x-\bar{\lambda}f\nu_u,y-\bar{\lambda}f\nu_v)$$

$$S_1 = S(x,y), \quad S_2 = S(x-\bar{\lambda}f\nu_u,y-\bar{\lambda}f\nu_v) \tag{6.3.3}$$

由于假定了随机过程具有各态历经性,系综平均的光学传递函数等于时间平均光学传递函数,因此系统的平均传递函数为

$$\overline{\widetilde{\mathcal{H}}}(\nu_u,\nu_v) = \widetilde{\mathcal{H}}_0(\nu_u,\nu_v)\overline{\widetilde{\mathcal{H}}_A}(\nu_u,\nu_v) \tag{6.3.4}$$

其中,$\widetilde{\mathcal{H}}_0$是无大气扰动时光学系统的光学传递函数,$\overline{\widetilde{\mathcal{H}}_A}$是有大气扰动时长时间曝光的平均光学传递函数:

$$\overline{\widetilde{\mathcal{H}}_A}(\nu_u,\nu_v) = \frac{\overline{\widetilde{\Gamma}_A}(\bar{\lambda}f\nu_u,\bar{\lambda}f\nu_v)}{\overline{\widetilde{\Gamma}_A}(0,0)} \tag{6.3.5}$$

如果波前复振幅是统计均匀的,即满足广义平稳随机过程的条件,那么自相关函数只和空间

坐标差 $\Delta x, \Delta y$ 有关,有空间不变的性质.

$$\widetilde{\Gamma}_A(\Delta x, \Delta y) = E\left[\exp\{(\chi_1 + \chi_2) + j(S_1 - S_2)\}\right] \tag{6.3.6}$$

由式(6.3.5)和式(6.3.6)可以看出,对大气光学传递函数的计算取决于 χ 和 S 的统计性质.由前所述,对数振幅 χ 和相位 S 都是高斯随机变量.为了计算 $\widetilde{\Gamma}_A$,首先考虑下式的平均值:

$$\overline{(\chi_1 + \chi_2)(S_1 - S_2)} = \overline{\chi_1 S_1} + \overline{\chi_2 S_1} - \overline{\chi_1 S_2} - \overline{\chi_2 S_2} \tag{6.3.7}$$

若折射率涨落服从均匀统计的规律,那么 χ 和 S 一定是联合均匀的,即有

$$\overline{\chi_1 S_1} = \overline{\chi_2 S_2} \tag{6.3.8}$$

若折射率涨落又服从各向同性统计规律,则 χ 和 S 一定也是联合各向同性的.即有

$$\overline{\chi_1 S_2} = \overline{\chi_2 S_1} \tag{6.3.9}$$

由此得到

$$\overline{(\chi_1 + \chi_2)(S_1 - S_2)} = 0 \tag{6.3.10}$$

上式表明随机变量 $\chi_1 + \chi_2$ 和 $S_1 - S_2$ 不相关,由于 χ 和 S 是高斯随机变量,因此 $\chi_1 + \chi_2$ 和 $S_1 - S_2$ 也是高斯随机变量,高斯随机变量之间不相关也就是统计独立.于是我们得到

$$\widetilde{\Gamma}_A(\Delta x, \Delta y) = \overline{\exp(\chi_1 + \chi_2)} \cdot \overline{\exp[j(S_1 - S_2)]} \tag{6.3.11}$$

由前面对高斯相位屏的讨论可知:

$$\overline{\exp[j(S_1 - S_2)]} = \exp\left[-\frac{1}{2}D_S(r)\right] \tag{6.3.12}$$

式中,$D_S(r) = \overline{(S_1 - S_2)^2}, r = \sqrt{(\Delta x)^2 + (\Delta y)^2}$,$D_S(r)$ 为相位结构函数.

为了计算 $\overline{\exp(\chi_1 + \chi_2)}$,利用对任何高斯随机变量所满足的关系:

$$E[\exp(\widetilde{a}z)] = \exp\left(\widetilde{a}\bar{z} + \frac{1}{2}\widetilde{a}^2\sigma_z^2\right)$$

令 $z = \chi_1 + \chi_2, \widetilde{a} = 1$ 则有

$$\overline{\exp(\chi_1 + \chi_2)} = \exp(2\bar{\chi})\exp\left[\frac{1}{2}\overline{(\chi_1 + \chi_2 - 2\bar{\chi})^2}\right]$$

$$= \exp(2\bar{\chi})\exp[C_\chi(0) + C_\chi(r)] \tag{6.3.13}$$

其中,χ 的自协方差 $C_\chi(r) = \overline{(\chi_1 - \bar{\chi})(\chi_2 - \bar{\chi})}$,如果我们认为在湍流大气中传播能量守恒,光平均强度不变,则

$$\bar{\chi} = -\sigma_\chi^2 = -C_\chi(0)$$

于是

$$\overline{\exp(\chi_1 + \chi_2)} = \exp[-C_\chi(0) + C_\chi(r)] = \exp\left[-\frac{1}{2}D_\chi(r)\right] \tag{6.3.14}$$

式中,D_χ 是对数振幅 χ 的结构函数:

$$D_\chi(r) = \overline{(\chi_1 - \chi_2)^2}$$

最后我们得到

$$\widetilde{\Gamma}_A(r) = \exp\left[-\frac{1}{2}D(r)\right], \quad \widetilde{\Gamma}_A(0) = 1 \tag{6.3.15}$$

其中,$D(r) = D_\chi(r) + D_S(r)$ 为波结构函数,因此大气传递函数的系综平均值为

$$\overline{\widetilde{\mathcal{H}}}(\nu) = \overline{\widetilde{\Gamma}_A}(\bar{\lambda}f\nu) = \exp\left[-\frac{1}{2}D(\bar{\lambda}f\nu)\right] \tag{6.3.16}$$

式中，$\nu = \sqrt{\nu_u^2 + \nu_v^2}$ 为空间频率，于是，长时间曝光的系统平均光学传递函数为

$$\overline{\widetilde{\mathcal{H}}}(\nu) = \widetilde{\mathcal{H}}_0(\nu)\exp\left[-\frac{1}{2}D(\bar{\lambda}f\nu)\right] \tag{6.3.17}$$

当忽略大气吸收以及振幅涨落，即不考虑对数振幅结构函数的影响，主要考虑相位的结构函数的作用时，由相位函数的近场计算结果得

$$D_S(r) = 2.91(\bar{K})^2 C_n^2 z r^{5/3} \tag{6.3.18}$$

于是，长时间曝光的大气传递函数为

$$\overline{\widetilde{\mathcal{H}}}_L(\nu) = \exp\left[-\frac{1}{2}D(\bar{\lambda}f\nu)\right] \simeq \exp\left[-\frac{1}{2}D_S(\bar{\lambda}f\nu)\right] = \exp\left[-57.4 C_n^2 \nu^{5/3}\frac{z f^{5/3}}{\bar{\lambda}^{1/3}}\right] \tag{6.3.19}$$

式中，z 为沿成像透镜光轴方向从进入湍流区到透镜前的距离. 利用角空间频率 $\Omega = f\nu$，上式可以写成更方便的形式：

$$\overline{\widetilde{\mathcal{H}}}_L(\Omega) = \exp\left(-57.4\Omega^{\frac{5}{3}}\frac{C_n^2 z}{\bar{\lambda}^{\frac{1}{3}}}\right) \tag{6.3.20}$$

长时间曝光的大气传递函数特性如图 6.3.2 所示. 其中折射率结构常数 C_n^2 分别为 10^{-13}，10^{-15}，10^{-17}，$\bar{\lambda} = 0.5~\mu m$，$z = 100~m$. 三条虚线对应于衍射受限的孔径分别为 5 cm，50 cm 与 5 m 的光学传递函数曲线. 可以看出，大气对成像分辨率的影响使有效的孔径减小.

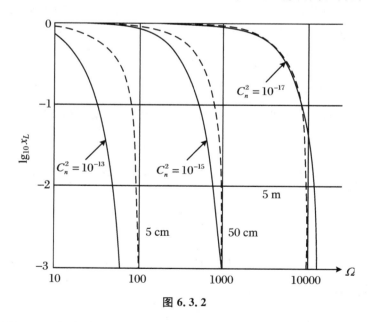

图 6.3.2

在许多实际情况下，折射率结构常数 C_n^2 不再认定是常数，而是随湍流区高度变化的函数，考虑到这点，式(6.3.18)及式(6.3.19)应写为

$$D_S(r) = 2.91\bar{K}^2 r^{5/3}\int_0^z C_n^2(\xi)\mathrm{d}\xi \tag{6.3.21}$$

$$\overline{\widetilde{\mathcal{H}}_A}(\Omega) = \exp\left[-57.4\Omega^{5/3}\frac{\int_0^z C_n^2(\xi)\mathrm{d}\xi}{\bar{\lambda}^{1/3}}\right] \tag{6.3.22}$$

下面引入"大气相干直径"的概念. 利用

$$\int_0^\infty \widetilde{\mathcal{H}}_{r_0}(\Omega)\mathrm{d}\Omega = \int_0^\infty \overline{\widetilde{\mathcal{H}}_A}(\Omega)\mathrm{d}\Omega \tag{6.3.23}$$

其中，$\widetilde{\mathcal{H}}_{r_0}$ 为无大气扰动时直径为 r_0 的圆形光瞳成像系统的衍射受射的光学传递函数，可以定义为大气相干直径，其线度尺寸为

$$r_0 = 0.185\left[\frac{\bar{\lambda}^2}{\int_0^z C_n^2(\xi)\mathrm{d}\xi}\right]^{3/5} \tag{6.3.24}$$

视大气能见度好、中等、差不同情况，r_0 的典型数值分别为 20 cm、10 cm、5 cm.

利用大气相干直径，长时间平均的大气传递函数可以表示为

$$\overline{\widetilde{\mathcal{H}}_A}(\Omega) = \exp\left[-3.44\left(\frac{\bar{\lambda}\Omega}{r_0}\right)^{5/3}\right] \tag{6.3.25}$$

6.4 短时间曝光的光学传递函数

现在来探讨不均匀大气对短时间曝光成像的影响，这是指时间比大气特性的涨落时间更短. 短时间曝光成像减少了时间曝光积分平均效应，因此，短时间曝光的光学传递函数应具有较宽的频率氛围、更高的分辨率，光学传递函数的模 $|\widetilde{\mathcal{H}}|$ 被称为调制传递函数，图 6.4.1 表明了长时间和短时间曝光的调制的差别.

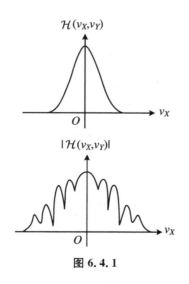

图 6.4.1

短时间曝光成像的空间结构可以这样解释:设成像系统的光瞳直径为 D,可设想把整个光瞳分成 N 个相干区,$N \simeq (D/r_0)^2$.每个相干区内具有一定的振幅和相位.像面上任何一点的复振幅等于瞳面上所有相干区对这点所贡献的随机相位复矢之和.

值得指出的是,如果入射到光瞳的波前仍为平面,但与光轴有一定倾斜,这不影响像质,只是会使像点有所偏移.推导短时间曝光的光学传递函数仍从公式(6.3.2)出发,用最小二乘法找出与实际波前最近似的倾斜波前,减去这个波前的相位,再对留下的波前的相位进行分布。

考虑了适当的简化假设后,求得短时间曝光的平均光学传递函数.对于直径为 D_0 的圆形光瞳的光学系统,其为

$$\overline{\widetilde{\mathcal{H}}_S(\Omega)} = \exp\left\{-3.44\left(\frac{\bar{\lambda}\Omega}{r_0}\right)^{5/3}\left[1 - \alpha\left(\frac{\Omega}{\Omega_0}\right)^{1/3}\right]\right\} \tag{6.4.1}$$

式中,$\Omega_0 = D_0/\bar{\lambda}$,参数:

$$\begin{cases} \alpha = 0, & \text{长时间曝光} \\ \alpha = \dfrac{1}{2}, & \text{短时间曝光,远场} \\ \alpha = 1, & \text{短时间曝光,近场} \end{cases} \tag{6.4.2}$$

与长时间曝光做比较,短时间曝光时湍流大气折射率涨落对成像的影响与光学系统的瞳孔直径有关,两者相差一个因子 $1 - \alpha\left(\dfrac{\Omega}{\Omega_0}\right)^{1/3}$,这正是前面说过的短时间曝光时把倾斜的波前相位影响扣除的结果.图 6.4.2 表示当大气相干直径 $r_0 = 10$ cm,$\bar{\lambda} = 0.5$ μm 以及望远镜圆形光瞳直径 $D_0 = 1$ m 时,大气的光学传递函数以及衍射受限光学系统的传递函数曲线.

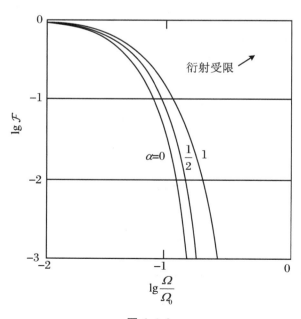

图 6.4.2

第7章 斑 纹

当相干光或部分相干光从粗糙表面反射或通过折射率随机涨落的介质传播时,就会形成颗粒状的随机的强度分布,称之为**斑纹**(或**散斑**,specle)图样.一般来说,斑纹图样的统计特性既取决于入射光的相干性,也取决于随机表面或介质的细致的空间特性.

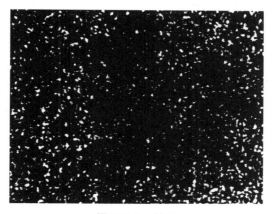

图 7.0.1 散斑

近些年来,人们的兴趣从最初想方设法消除斑纹转移到了利用斑纹图样进行图像信息处理,并已经发现了它的广泛应用.本章首先讨论相干光斑纹场中的一阶和二阶的某些基本统计特性,然后讨论斑纹技术在天文学领域中最成功的应用——星体斑纹干涉测量术.

7.1 斑纹起因及其一级统计特性

大多数物质的表面按光波长的尺度来说是极其粗糙的,称为漫射板.这种漫射板表面的某些光学参数,如表面高度、反射率或折射率等是无规分布的,也就是说,它的空间分布函数对于由大量这样的漫射板构成的系综而言是随机函数,也就是空间坐标的随机过程.当相干光照射这一表面时,空间各点处的光波是由许多个来自表面的不同微观区的相干组元或子波组成的干涉结果.这个光场分布也是一个空间过程,换一个漫射板样本后,分布变成另一个过程,所以光场分布也是一个随机过程.这种光场的强度分布就是斑纹的颗粒状强度图样,当考虑成像系统的像面斑纹时,必须把衍射与干涉组合起来解释.如果物方漫射板上对应成像的点散布函数的区域内包含大量的漫射体小单元,那么在像面各点处的光波是由许多相干组元在像点处叠加而成的,这样便产生了像面斑纹.自由空间传播和成像系统所产生的斑纹起因如图7.1.1所示.

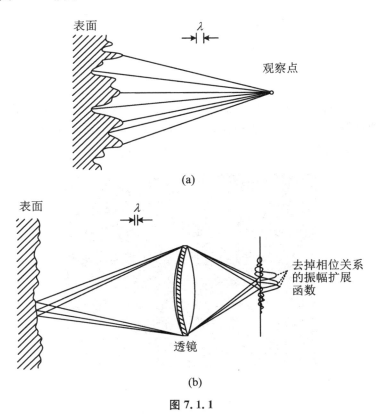

图 7.1.1

下面我们讨论斑纹的一阶统计特性,即在空间单独一点处的统计特性,它描述了该点强度的统计涨落.

令 $\tilde{u}(x,y,z;t)$ 是 t 时刻在观察点 (x,y,z) 处电场的一个偏振分量的解析信号,对于单色波

$$\tilde{u}(x,y,z;t) = \tilde{A}(x,y,z)\exp(\mathrm{j}2\pi\nu t) \tag{7.1.1}$$

式中,$\tilde{A}$ 表示场的相位复矢.

不管斑纹图样是由自由空间传播引起的,还是由成像引起的,在一个给定的观察点 (x,y,z) 处的电场振幅都是由大量来自漫射体面不同散射区的基元叠加而成的.因而相位复矢 $\tilde{A}(x,y,z)$ 可表示为许多基元相位复矢 $\tilde{a}_k(x,y,z)/\sqrt{N}$ 之和,即

$$\tilde{A}(x,y,z) = \sum_{k=1}^{N} \frac{1}{\sqrt{N}}\tilde{a}_k(x,y,z) = \frac{1}{\sqrt{N}}\sum_{k=1}^{N} |\tilde{a}_k|\,\mathrm{e}^{\mathrm{j}\phi_k} \tag{7.1.2}$$

其中,$k=1,2,\cdots,N$.这与我们以前讨论过的随机相位复矢求和问题完全类似,如果假设基元相位复矢具有下列统计特性:

（1）第 k 个基元相位复矢的振幅 a_k/N 与相位 ϕ_k 统计独立，并且也同所有其他的基本复矢的振幅和相位也都是统计独立的，即各基元漫射面积发出的光场是独立无关的.

（2）相位在区间 $(-\pi,\pi)$ 上均匀分布，即表面与波长相比较是相当粗糙的，相位偏移 $\gg 2\pi$. 由以前讨论的随机相位复矢求和的结果可知，斑纹场的振幅、相位和强度的概率密度函数分别为

$$P_A(a) = \begin{cases} \dfrac{a}{\sigma^2}\exp\left(-\dfrac{a^2}{2\sigma^2}\right), & a \geqslant 0 \\ 0, & \text{其他} \end{cases} \tag{7.1.3}$$

$$P_\theta(\theta) = \begin{cases} \dfrac{1}{2\pi}, & -\pi \leqslant \theta \leqslant \pi \\ 0, & \text{其他} \end{cases} \tag{7.1.4}$$

$$P_I(I) = \begin{cases} \dfrac{1}{2\sigma^2}\exp\left(-\dfrac{I}{2\sigma^2}\right), & I \geqslant 0 \\ 0, & \text{其他} \end{cases} \tag{7.1.5}$$

由此得出斑纹的强度服从负指数分布，并且任一给定点的强度和相位也是统计独立的.

由式（7.1.5），很容易得出强度 I 的均值

$$\overline{I} = \int_0^\infty I p_I(I)\mathrm{d}I = \frac{1}{2\sigma^2}\int_0^\infty I\exp\left(-\frac{I}{2\sigma^2}\right)\mathrm{d}I = 2\sigma^2$$

一般地，强度 I 的 n 阶矩 $\overline{I^n}$ 为

$$\overline{I^n} = \int_0^\infty I^n p_I(I)\mathrm{d}I = \frac{1}{2\sigma^2}\int_0^\infty I^n\exp\left(-\frac{I}{2\sigma^2}\right)\mathrm{d}I$$
$$= n!(2\sigma^2)^n = n!(\overline{I})^n \tag{7.1.6}$$

由此得到二阶矩和方差分别为

$$\overline{I^2} = 2\overline{I}^2, \quad \sigma_I^2 = \overline{I^2} - \overline{I}^2 = (\overline{I})^2 \tag{7.1.7}$$

因此偏振斑纹图样的标准差等于平均强度，即

$$\sigma_I = \overline{I}$$

利用斑纹衬比的定义，可知偏振斑纹图样的衬比总等于 1，即

$$\gamma = \frac{\sigma_I}{\overline{I}} = 1$$

设强度超过阈值 I 的概率为 $P(I)$，可求得

$$P(I) = \int_I^\infty \frac{1}{\overline{I}}\exp\left(-\frac{\xi}{\overline{I}}\right)\mathrm{d}\xi = \exp\left(-\frac{I}{\overline{I}}\right) \tag{7.1.8}$$

$P(I)$ 同样为负指数分布.

7.2　斑纹的二阶统计特性

斑纹是一个随机过程,我们需要研究它的高阶统计性质.最重要的是它的强度 $I(x,y)$ 的二阶统计性质,它描写观察平面上任意两点的光强之间的关联情况,给出光强自相关函数,以及光强 $I(x,y)$ 的功率谱密度.斑纹的二阶统计还可以给出斑纹场的另一个基本特性——空间结构的粗糙度.

7.2.1　自由空间斑纹的自相关函数与功率谱密度

如图 7.2.1 所示,设单色光入射到一粗糙表面 (ξ,η) 上,在距离 z 处平面 (x,y) 上观察斑纹图样,两个面之间是自由空间,没有光学系统.斑纹场用 $\tilde{A}(x,y)$ 表示,强度用 $I(x,y)=|\tilde{A}(x,y)|^2$ 表示,我们希望计算在 (x,y) 观察平面内强度分布的自相关函数

$$\Gamma_{II}(x_1,y_1;x_2,y_2)=\overline{I(x_1,y_1)I(x_2,y_2)} \tag{7.2.1}$$

式 (7.2.1) 是对粗糙表面的系综求平均.这个自相关函数的宽度显然就是斑纹颗粒结构的"平均宽度"的合理量度.

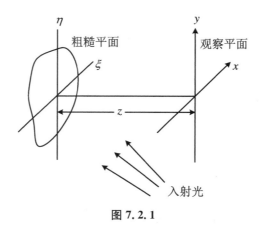

图 7.2.1

我们先算一下这个强度自相关函数.

由于强度 $I(x,y)=|\tilde{A}(x,y)|^2$,所以强度自相关函数为

$$\Gamma_{II}(x_1,y_1;x_2,y_2)=\overline{I(x_1,y_1)I(x_2,y_2)}$$

$$=\overline{\tilde{A}(x_1,y_1)\tilde{A}^*(x_1,y_1)\tilde{A}(x_2,y_2)\tilde{A}^*(x_2,y_2)}$$

利用圆复高斯随机变量的矩定理和式 (1.4.24),我们有

$$\Gamma_{II}(x_1,y_1;x_2,y_2)=\overline{\tilde{A}(x_1,y_1)\tilde{A}^*(x_1,y_1)}\cdot\overline{\tilde{A}(x_2,y_2)\tilde{A}^*(x_2,y_2)}$$

$$+\overline{\tilde{A}(x_1,y_1)\tilde{A}^*(x_2,y_2)}\cdot\overline{\tilde{A}(x_2,y_2)\tilde{A}^*(x_1,y_1)}$$

$$= \overline{I(x_1, y_1)} \cdot \overline{I(x_2, y_2)} + \widetilde{J}_A(x_1, y_1; x_2, y_2) \cdot \widetilde{J}_A^*(x_1, y_1; x_2, y_2)$$

$$= \overline{I(x_1, y_1)} \cdot \overline{I(x_2, y_2)} + |\widetilde{J}_A(x_1, y_1; x_2)|^2 \qquad (7.2.2)$$

其中

$$\widetilde{J}_A(x_1, y_1; x_2, y_2) = \overline{\widetilde{A}(x_1, y_1)\widetilde{A}^*(x_2, y_2)} \qquad (7.2.3)$$

为光场的互强度.

引入复相干系数

$$\widetilde{\mu}_A(x_1, y_1; x_2, y_2) = \frac{\widetilde{J}_A(x_1, y_1; x_2, y_2)}{[\widetilde{J}_A(x_1, y_1; x_1, y_1)\widetilde{J}_A(x_2, y_2; x_2, y_2)]^{1/2}}$$

得到

$$\Gamma_{II}(x_1, y_1; x_2, y_2) = \overline{I(x_1, y_1)} \cdot \overline{I(x_2, y_2)}(1 + |\widetilde{\mu}_A(x_1, y_1; x_2, y_2)|^2)$$

$$\qquad (7.2.4)$$

$|\widetilde{\mu}_A|^2$ 反映了强度涨落的自相关项,它只与 $\widetilde{J}_A$ 的模有关.

为了计算观察平面上的互强度 $\widetilde{J}_A$,假定散射表面的微观结构很精细,其表面的互强度可写为

$$\widetilde{J}_a(\xi_1, \eta_1; \xi_2, \eta_2) \simeq k\widetilde{P}(\xi_1, \eta_1)\widetilde{P}^*(\xi_2, \eta_2)\delta(\xi_1 - \xi_2, \eta_1 - \eta_2) \qquad (7.2.5)$$

式中, k 是比例常数, $\widetilde{P}(\xi, \eta)$ 为散射表面的场振幅分布.

利用互强度在自由空间的传播公式,可以由散射表面的互强度 $\widetilde{J}_a$ 计算出观察平面上的互强度 $\widetilde{J}_A$. 由于这里只涉及 $\widetilde{J}_A$ 的模式(见式7.2.3),因此略去次要的相位因子后,观察平面上的互强度为

$$\widetilde{J}_A(x_1, y_1, x_2, y_2) = \frac{K}{\lambda^2 z^2}\iint_{-\infty}^{\infty}|\widetilde{P}(\xi, \eta)|^2\exp\left\{j\frac{2\pi}{\lambda z}\left[\xi(x_1 - x_2) + \eta(y_1 - y_2)\right]\right\}d\xi d\eta$$

$$\qquad (7.2.6)$$

此关系式完全类似于范西泰特-策尼克定理. $\widetilde{J}_A$ 只取决于 (x, y) 平面的坐标差,并且为 $|\widetilde{P}(\xi, \eta)|^2$ 的傅里叶变换.复相干系数为

$$\widetilde{\mu}_A(\Delta x, \Delta y) = \frac{\iint_{-\infty}^{\infty}|\widetilde{P}(\xi, \eta)|^2\exp\left[j\frac{2\pi}{\lambda z}(\xi\Delta x + \eta\Delta y)\right]d\xi d\eta}{\iint_{-\infty}^{\infty}|\widetilde{P}(\xi, \eta)|^2 d\xi d\eta} \qquad (7.2.7)$$

因此,斑纹强度的自相关函数为

$$\Gamma_{II}(\Delta x, \Delta y) = \overline{I}^2(1 + |\widetilde{\mu}_A(\Delta x, \Delta y)|^2)$$

$$= \overline{I}^2\left[1 + \left|\frac{\iint_{-\infty}^{\infty}|\widetilde{P}(\xi, \eta)|^2\exp\left(j\frac{2\pi}{\lambda z}(\xi\Delta x + \eta\Delta y)\right)d\xi d\eta}{\iint_{-\infty}^{\infty}|\widetilde{P}(\xi, \eta)|^2 d\xi d\eta}\right|^2\right] \qquad (7.2.8)$$

由维纳-欣钦定理,自相关函数 Γ_I 的傅里叶变换为强度的功率谱密度 $\mathcal{G}_I$,对上式做傅里叶变换得

$$\mathcal{G}_I(\nu_x,\nu_y) = \overline{I}^2\left[\delta(\nu_x,\nu_y) + \frac{\iint\limits_{-\infty}^{\infty} |\widetilde{P}(\xi,\eta)|^2 |P(\xi-\lambda z\nu_x,\eta-\lambda z\nu_y)|^2 \mathrm{d}\xi\mathrm{d}\eta}{\left(\iint\limits_{-\infty}^{\infty} |\widetilde{P}(\xi,\eta)|^2\mathrm{d}\xi\mathrm{d}\eta\right)^2}\right]$$

(7.2.9)

由此可见,功率谱密度 $\mathcal{G}_I$ 为一个零频处的 δ 函数以及散射表面强度的规化自相关函数之和.

对于具有面积为 $L\times L$ 的方形均匀粗糙表面的情况,有

$$|\widetilde{P}(\xi,\eta)|^2 = \mathrm{rect}\left(\frac{\xi}{L}\right)\mathrm{rect}\left(\frac{\eta}{L}\right)$$

(7.2.10)

由式(7.2.8),得到斑纹强度的自相关函数为

$$\Gamma_{II}(\Delta x,\Delta y) = \overline{I}^2\left[1 + \mathrm{sinc}^2\left(\frac{L\Delta x}{\lambda z}\right)\mathrm{sinc}^2\left(\frac{L\Delta y}{\lambda z}\right)\right]$$

(7.2.11)

如图 7.2.2(a)所示.斑纹的"平均宽度"可以取 $\mathrm{sinc}^2\left(\frac{L\Delta x}{\lambda z}\right)$ 第一次降到零时的 Δx 值,用 δx 表示这个值,即

$$\delta x = \frac{\lambda z}{L}$$

(7.2.12)

这就是斑纹的平均颗粒大小.可见,它与被照射的粗糙表明的范围(宽度)L 成反比,而与观察面与粗糙表明的距离 z 成正比,当然与光的波长 λ 也成正比.

斑纹场功率谱密度为

$$\mathcal{G}_I(\nu_x,\nu_y) = \overline{I}^2\left[\delta(\nu_x,\nu_y) + \left(\frac{\lambda z}{L}\right)^2\Lambda\left(\frac{\lambda z}{L}\nu_x\right)\Lambda\left(\frac{\lambda z}{L}\nu_y\right)\right]$$

(7.2.13)

其中,$\Lambda(\cdot)$ 为三角型函数,即

$$\Lambda(x) = \begin{cases} 1 - |x|, & |x| \leqslant 1 \\ 0, & |x| > 1 \end{cases}$$

$\mathcal{G}_I$ 的分布如图 7.2.2(b)所示.注意在 ν_x,ν_y 方向上斑纹图样没有高于 $L/(\lambda z)$ 的频率分量.

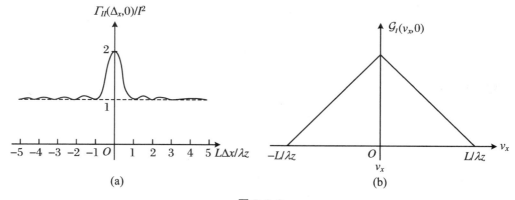

图 7.2.2

7.2.2 像面斑纹的自相关函数与功率谱密度

考虑单色光入射到粗糙的漫射表面后反射（或经薄随机屏透射）经透镜成像,在像平面上形成的斑纹,如图 7.2.3 所示.

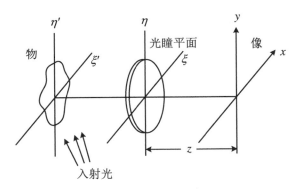

图 7.2.3

我们应用线性系理论来分析像面斑纹强度的自相关函数以及功率谱密度.我们知道,相干成像系统的传递函数等于光瞳函数

$$\widetilde{\mathcal{H}}(\nu_x, \nu_y) = \widetilde{P}(\lambda z \nu_x, \lambda z \nu_y)$$

如紧靠漫射板的光场复振幅 $\widetilde{a}(x', y')$ 的功率谱为 $\mathcal{G}_a(\nu_x, \nu_y)$,则像面上输出光场复振幅 $\widetilde{A}(x, y)$ 的功率谱为

$$\mathcal{G}_A(\nu_x, \nu_y) = |\widetilde{\mathcal{H}}(\nu_x, \nu_y)|^2 \mathcal{G}_a(\nu_x, \nu_y) \tag{7.2.14}$$

其中,$|\widetilde{\mathcal{H}}(\nu_x, \nu_y)|^2$ 是成像系统光瞳面上的光强分布,它与系统的像差无关.对于结构很细的漫射板,即物面上对应的点散布函数的面积包含大量的漫射单元,像面斑纹将是高斯斑纹,并且 $\mathcal{G}_a(\nu_x, \nu_y)$ 在 $|\widetilde{\mathcal{H}}(\nu_x, \nu_y)|^2$ 的非零区内是常数,于是有

$$\mathcal{G}_A(\nu_x, \nu_y) \propto |\widetilde{\mathcal{H}}(\nu_x, \nu_y)|^2 \tag{7.2.15}$$

由维纳-欣钦定理,得到像面斑纹复振幅的自相关函数

$$\Gamma_A(x_1, y_1; x_2, y_2) = \mathcal{F}^{-1}\{\mathcal{G}_A(\nu_x, \nu_y)\} \propto \mathcal{F}^{-1}\{|\widetilde{\mathcal{H}}(\nu_x, \nu_y)|^2\} \tag{7.2.16}$$

这正是把光瞳作为一个衍射孔径,根据广义的范西泰特-策尼克定理得到的远场衍射结果.

由于光从光瞳平面传播到像平面只涉及自由空间的传播,如果我们把光瞳平面作为新的漫射板表面处理,将式(7.2.6)和式(7.2.16)比较,可以看到,像平面的互强度 $\widetilde{J}_A(x_1, y_1; x_2, y_2)$ 就相当于 $\Gamma_A(x_1, y_1; x_2, y_2)$,$|\widetilde{P}(\xi, \eta)|^2$ 相当于 $|\widetilde{\mathcal{H}}(\nu_x, \nu_y)|^2$,因为 $\widetilde{\mathcal{H}}$ 就等于光瞳函数 $\widetilde{P}$,所以,只要把成像系统的光瞳函数 $|\widetilde{P}|^2$ 视为漫射板表面的光强分布,就可以利用自由空间斑纹的结果式(7.2.8)和式(7.2.9)计算像面斑纹强度的自相关函数和功率谱密度.因此,只要漫射体照明区域大于对应的点散布函数的面积,并均匀反射（或透射）,那么像面斑纹的自相关函数与功率谱密度与漫射体面积无关.

对于直径为 D 的圆形透镜光瞳的通常情况,像面斑纹的自相关函数与功率谱密度为

$$\Gamma_I(r) = \overline{I}^2 \left[1 + \left| 2 \frac{J_1\left(\frac{\pi D r}{\lambda z}\right)}{\frac{\pi D r}{\lambda z}} \right|^2 \right] \qquad (7.2.17)$$

式中

$$r = \sqrt{(\Delta x)^2 + (\Delta y)^2}$$

$$\mathcal{G}_I(\nu) = \begin{cases} \overline{I}^2 \left\{ \delta(\nu_x, \nu_y) + \left(\frac{\lambda z}{D}\right)^2 \frac{4}{\pi} \left[\cos^{-1}\left(\frac{\lambda z}{D}\nu\right) - \frac{\lambda z}{D}\nu \sqrt{1 - \left(\frac{\lambda z}{D}\nu\right)^2} \right] \right\}, & \nu \leqslant \frac{D}{\lambda z} \\ 0, & \nu > \frac{D}{\lambda z} \end{cases}$$

$$(7.2.18)$$

其中，$\nu = \sqrt{\nu_x^2 + \nu_y^2}$.

在这种情况下，像面斑纹的"平均宽度"为贝塞尔函数 $J_1\left(\frac{\pi D r}{\lambda z}\right)$ 第一个零点时的 Δr 值：

$$\Delta r = 1.22 \frac{\lambda z}{D} \qquad (7.2.19)$$

这意味着像面斑纹的平均大小与成像系统在无像差时的分辨率极限具有相同的数量级，即它与透镜的口径 D 成反比，而与成像距离 z 及光的波长 λ 成正比.

7.2.3 强度与相位的二阶概率密度函数

设观察平面 (x_1, y_1) 与 (x_2, y_2) 上两点处复场的样本分别为

$$\widetilde{A}_1 = A_1^{(r)} + jA_1^{(i)}, \quad \widetilde{A}_2 = A_2^{(r)} + jA_2^{(i)}$$

由于 $\widetilde{A}_1, \widetilde{A}_2$ 为均匀圆型复值高斯随机变量，其四阶联合概率密度函数为

$$P(A_1^{(r)}, A_1^{(i)}, A_2^{(r)}, A_2^{(i)}) = \frac{\exp\left[-\frac{|A_1|^2 + |A_2|^2 - \mu_A A_1 A_2^* - \mu_A^* A_1^* A_2}{2\sigma^2(1 - |\mu_A|^2)} \right]}{4\pi^2 \sigma^4 (1 - |\mu_A|^2)}$$

$$(7.2.20)$$

其中已假定 $\overline{|A_1|^2} = \overline{|A_2|^2} = 2\sigma^2$.

设两点的强度与相位分别是 $I_1, I_2, \theta_1, \theta_2$，有

$$A_1^{(r)} = \sqrt{I_1}\cos\theta_1, \quad A_1^{(i)} = \sqrt{I_1}\sin\theta_1$$
$$A_2^{(r)} = \sqrt{I_2}\cos\theta_2, \quad A_2^{(i)} = \sqrt{I_2}\sin\theta_2 \qquad (7.2.21)$$

不难求出雅可比行列式的值为 $1/4$，注意到 $\mu_A = |\mu_A|\exp(i\varphi)$，得

$$P_{I,\theta}(I_1, I_2; \theta_1, \theta_2) = \frac{\exp\left[-\frac{I_1 + I_2 - 2\sqrt{I_1 I_2}|\mu_A|\cos(\theta_1 - \theta_2 + \varphi)}{2\sigma^2(1 - |\mu_A|^2)} \right]}{16\pi^2 \sigma^2 (1 - |\mu_A|^2)}$$

$$(7.2.22)$$

对上式求边缘概率密度函数，可以得出 I_1 与 I_2，θ_1 与 θ_2 的联合概率密度函数

$$P_I(I_1, I_2) = \frac{\exp\left[-\frac{I_1 + I_2}{\overline{I}(1 - |\mu_A|^2)} \right]}{\overline{I}^2(1 - |\mu_A|^2)} I_0\left[\frac{2\sqrt{I_1 I_2}|\mu_A|}{\overline{I}(1 - |\mu_A|^2)} \right] \qquad (7.2.23)$$

式中，$I_0[\,\cdot\,]$ 是零阶第一类修正的贝塞尔函数.

$$P_\Theta(\theta_1,\theta_2) = \frac{1-|\mu_A|^2}{4\pi}(1-\beta^2)^{3/2}\left(\beta\sin^{-1}\beta + \frac{\pi\beta}{2} + \sqrt{1-\beta^2}\right) \tag{7.2.24}$$

式中，$\beta = |\mu_A|\cos(\theta_1-\theta_2+\varphi)$，$\theta_1$ 与 θ_2 均位于区间 $(-\pi,\pi)$ 内.

7.3　星体斑纹干涉测量术

星体斑纹干涉测量术是利用地面上的天文望远镜，在存在大气扰动的情况下，获得成像系统衍射受限分辨率的技术. 通常在良好的能见度条件下，5 m 直径的望远镜长时间曝光只能得到直径 1 弧秒的分辨率，而用星体斑纹干涉术处理，实际分辨率可接近其理论分辨率 0.02 弧秒.

7.3.1　测量方法概述

大家知道，成像系统短时间曝光传递函数比长时间曝光函数包含更多的高空间频率成分. 用小于大气扰动寿命 0.02 秒的短曝光时间可以得到大气扰动"冻结"时星体的斑纹干涉图. 通过大量的这种短时间曝光的斑纹照片，消除它们之间成像位置移动的影响，便可以达到提高分辨率的目的.

具体方法是在现有的大口径天文望远镜上，经过适当的改进，加上像增强器以及必要的干涉滤光片和色散补偿器，构成天文望远照相的装置，得到一系列短时间曝光照，然后采用一个特制的光学傅里叶变换装置，对短时间曝光照片的傅里叶谱做照相记录. 如果将大量的（几十张甚至上百张）照片的衍射图样记录在同一张照片上，再经过一次傅里叶变换，便得到了以上分析过的结果.

7.3.2　测量原理

设第 k 次短时间曝光的像面强度为 $I_i^{(k)}(u,v)$，其强度谱为

$$\mathcal{I}_i^{(k)}(\nu_u,\nu_v) = \iint\limits_{-\infty}^{\infty} I_i^{(k)}(u,v)\exp[\mathrm{j}2\pi(u\nu_u + v\nu_v)]\mathrm{d}u\,\mathrm{d}v \tag{7.3.1}$$

设物体光强度谱为 $\mathcal{I}_0$，第 k 次曝光时光学传递函数为 $\widetilde{\mathcal{H}}^{(k)}$，则

$$\mathcal{I}_i^{(k)}(\nu_u,\nu_v) = \widetilde{\mathcal{H}}^{(k)}(\nu_u,\nu_v)\mathcal{I}_0(\nu_u,\nu_v) \tag{7.3.2}$$

取像强度谱的模平方，得到能谱

$$\epsilon_i^{(k)}(\nu_u,\nu_v) = |\mathcal{I}_i^{(k)}(\nu_u,\nu_v)|^2 \tag{7.3.3}$$

将所有 k 次照相的能谱求和，并除以 k 求平均值，当 k 足够大，即接近系综平均，有

$$\overline{\epsilon_i^{(k)}(\nu_u,\nu_v)} = \overline{|\widetilde{\mathcal{H}}^{(k)}(\nu_u,\nu_v)|^2}\,|\mathcal{I}_0(\nu_u,\nu_v)|^2 \tag{7.3.4}$$

对上式做逆傅里叶变换,得到像强度的自相关函数 $\Gamma_I(u,v)$,即

$$\Gamma_I(u,v) = \overline{I_i(u,v) \otimes I_i(u,v)} = \overline{[S(u,v) \otimes S(u,v)]} \cdot [I_0(u,v) \otimes I_0(u,v)]$$

式中,$\otimes$ 表示相关运算,$S(u,v)$ 为大气扰动及望远镜瞬时成像的点散布函数.

我们知道,长时间曝光的像强度谱的系综平均值与光学传递函数的系统平均值 $\overline{\widetilde{\mathcal{H}}(\nu_u, \nu_v)}$ 成正比,但在斑纹干涉术中却与 $\overline{|\widetilde{\mathcal{H}}(\nu_u, \nu_v)|^2}$ 成正比,根据 Kroff 研究的结果,当大气相干直径 r_0 远小于望远镜孔径 D 的情况下,有

$$\overline{|\widetilde{\mathcal{H}}(\nu_u, \nu_v)|^2} = |\overline{\widetilde{\mathcal{H}}(\nu_u, \nu_v)}|^2 + k|\widetilde{\mathcal{H}}_D(\nu_u, \nu_v)| \tag{7.3.5}$$

式中,$k \simeq (r_0/D)^2 \simeq 1/N$,$N$ 为望远镜相关单元的总数,$\widetilde{\mathcal{H}}_D(\nu_u, \nu_v)$ 为望远镜衍射受限的光学传递函数.因此,斑纹干涉测量术中的传递函数具有更高的空间频率成分,直至衍射受限的截止频率为止,正因如此,斑纹干涉测量术已获得了接近成像系统衍射极限的分辨率.

第8章 光电计数统计

前面的章节我们讨论了各种光场的统计涨落,那是经典涨落.因为我们那时是把光场当作连续变化的经典电磁场来考虑它的振幅、位相和强度的随机涨落的.但是光具有波粒二象性,光场也可看作一群光(量)子,在这个图像中,就有一种新的涨落——量子涨落,它是由光的量子本性决定的.这种涨落也是可观察的.在以光电效应为基础的光电检测过程中,时间间隔 T 内发射的光电子数目是随机涨落的,这种涨落是量子层面的,即使光强恒定不变,T 时段内的光电计数次数也是一个随机变量,它服从泊松分布.

实际使用的各种光探测器,都是基于光和物质的相互作用.由于光同物质的作用本质上是一个量子过程,因此光电计数过程既有测量光场时的经典涨落,又有量子力学中所固有的不确定性,实际上是一个双重随机过程.

光电计数理论内容非常丰富,这里只对最基本的内容做初步的介绍.首先根据光电计数过程的模型建立光电计数的基本公式,然后讨论几种情况下的光电计数分布.

8.1 光电计数基本公式

设一束光照射到光电探测器的光敏表面上,探测器的表面面积为 A,先假设光束射到 A 上是空间均匀的,光强 $I(t)$ 随时间以已知的确定的方式变化,也就是说 $I(t)$ 是确定函数.我们把从 t 至 $t+\tau$ 的时间里,发生 k 次光电事件的概率,记为 $P(k;t,t+\tau)$.

我们做三条基本假设:

(1) 当 $\Delta t \to 0$ 时,$P(1;t,t+\Delta t)=\alpha I(t)\Delta t$.

即当时间间隔 Δt 足够小时,在 Δt 内发生一次光电事件的概率与入射光的强度 $I(t)$ 和时间间隔 Δt 成正比;

(2) 当 $\Delta t \to 0$ 时,$P(0;t,t+\Delta t)=1-\alpha I(t)\Delta t$.

即在 Δt 时间间隔内除了发生一次事件之外就是不发生事件,也就是忽略了多重事件.显然,这里没有考虑同时吸收多个光子的情况.

(3) 发生在非重叠时间间隔里的光电事件是统计独立的,也就是假定光电发射过程无记忆.

从前面所讨论的关于随机过程的理论可知,这样的三条假设将导出 $P(k;t,t+\tau)$ 服从泊松分布

$$P(K;t,t+\tau) = \frac{[\alpha W_t(\tau)]^K}{K!}\exp[-\alpha W_t(\tau)] \tag{8.1.1}$$

其中

$$W_t(\tau) = \int_t^{t+\tau} I(\zeta)\mathrm{d}\zeta \tag{8.1.2}$$

称为在时间间隔 t 至 $t+\tau$ 内的**积分强度**. 由于 $I(t)$ 是完全确定的,故 $W_t(\tau)$ 也是完全确定的.

一般情况下,$I(t)$ 是随机过程,因此 $W_t(\tau)$ 也是随机的,这时,我们可以认为式(8.1.1)的泊松分布是关于 $W_t(\tau)$ 的一个条件分布:

$$P(K;t,\tau|W) = \frac{(\alpha W)^K}{K!}\exp(-\alpha W) \tag{8.1.3}$$

也就是说,t,τ 和 $I(t)$ 是通过 W 来影响 $P(K;t,t+\tau)$ 的. 如果 W 也是随机变量,那么要得到 $P(K;t,t+\tau)$,就必须对 W 的统计分布求平均.

根据 $W_t(\tau)$ 的统计分布对 $P(K;t,t+\tau|W)$ 求平均,得到

$$P(K;t,t+\tau) = \int_0^\infty P(K;t,t+\tau \mid W)p_W(W)\mathrm{d}W \tag{8.1.4}$$

其中,$p_W(W)$ 是 W 作为随机变量的概率密度函数. 如果 $I(t)$ 是一个严格平稳过程,其一切统计性质与 t 无关,则 $P_W(W)$ 与时间无关. 于是,$P(K;t,t+\tau)$ 也与时间无关,可以写为

$$P(K,\tau) = \int_0^\infty \frac{(\alpha W)^K}{K!}\exp(-\alpha W)p_W(W)\mathrm{d}W \tag{8.1.5}$$

这是光电计数理论中最基本的公式,叫作**曼德尔(Mandel)公式**.

由曼德尔公式,我们可以得出一些普遍的结论.

计数平均值为

$$\overline{K} = \sum_K KP(K,\tau) = \int_0^\infty p_W(W)\left[\sum_K K\frac{(\alpha W)^K}{K!}\mathrm{e}^{-\alpha W}\right]\mathrm{d}W$$

$$= \int_0^\infty \alpha W p_W(W)\mathrm{d}W = \alpha\overline{W} \tag{8.1.6}$$

另一方面,我们有

$$\overline{K} = \eta \cdot \frac{A\overline{W}}{h\nu} \tag{8.1.7}$$

其中,η 为量子效率,因此

$$\alpha = \frac{A\eta}{h\nu} \tag{8.1.8}$$

方差为

$$\sigma_k^2 = \overline{K^2} - \overline{K}^2 = \alpha\overline{W} + \alpha^2(\overline{W^2} - \overline{W}^2) = \overline{K} + \alpha^2\sigma_W^2 \tag{8.1.9}$$

其中,σ_k^2 为两项之和,第一项是均值为 $\overline{k}$ 的泊松过程的特征. 对于各种入射光场这一项都相同,它是光电检测过程所固有的,也是量子涨落所引起的纯粹散粒噪声(又称泊松噪声);第二项是由入射光强度的经典涨落引起的噪声,它因入射光场的不同而异. 正是在这个意义上

我们说光电计数是一个双重随机过程.

以上讨论的是 K 的一阶矩和二阶中心矩.

再看看高阶矩.

首先, K 的 N 阶阶乘矩

$$E\big[K(K-1)(K-2)\cdots(K-N+1)\big] = \alpha^N\,\overline{W^N}$$

由此可得

$$\overline{K} = \alpha\overline{W}$$

$$\overline{K^2} = \alpha^2\,\overline{W^2} + \alpha\overline{W}$$

$$\overline{K^3} = \alpha^3\,\overline{W^3} + 3\alpha^2\,\overline{W^2} + \alpha\overline{W}$$

······

8.2　不同光场的光电计数分布

下面我们用曼德尔公式求出不同光场对应的光电计数分布 $P(K,\tau)$,一般的步骤如下:首先由该光场的光强分布 $P_I(I)$ 设法求出积分光强分布 $P_W(W)$,然后用曼德尔公式求 $P(K,\tau)$.下面我们对激光和热光这两大类光源来求光电计数分布.

8.2.1　激光

首先考虑一个工作在阈值以上很远,振幅稳定的单模激光器.这时,照到光探测噪表面上的光强是恒定的,设光强为 I_0,因此

$$W = \int_t^{t+\tau} I_0\mathrm{d}\zeta = I_0\tau \tag{8.2.1}$$

$$p_W(W) = \delta(W - I_0\tau) \tag{8.2.2}$$

因此得到

$$P(K;\tau) = \int_0^\infty \frac{(\alpha W)^K}{K!}\mathrm{e}^{-\alpha W}\delta(W - I_0\tau)\mathrm{d}W$$

$$= \frac{(\alpha I_0\tau)^K}{K!}\mathrm{e}^{-\alpha I_0\tau} = \frac{\overline{K}^K}{K!}\mathrm{e}^{-\overline{K}} \tag{8.2.3}$$

因此这时光电计数服从泊松分布.其中, $\overline{K} = \alpha I_0\tau$.

由泊松分布的方差 $\sigma_K^2 = \overline{K}$,可得信噪比为

$$\frac{S}{N} = \frac{\overline{K}}{\sigma_K} = \sqrt{\overline{K}}$$

对于激光的其他强度分布情况,我们应注意到,激光的相干时间通常要比测量时间 τ 长得多,因此在时间 τ 内可以认为强度 I 近似不变.于是

$$W_t(\tau) = \int_t^{t+\tau} I(\zeta)\,\mathrm{d}\zeta \simeq \tau I(t)$$

其中,τ 是固定的,而 $I(t)$ 是随机变量,因此 W 的概率密度分布应当与 I 的概率密度函数分布相同.

对于激光器输出光强统计分布的 Risken 解,光强分布 $p_I(I)$ 由式(3.3.11)给出

$$p_I(I) = \begin{cases} \dfrac{1}{\pi I_0} \cdot \dfrac{1}{1 + \mathrm{erf}(w)} \exp\left[-\left(\dfrac{I}{\sqrt{\pi}I_0} - w \right)^2 \right], & I \geqslant 0 \\ 0, & I < 0 \end{cases}$$

注意此式中的 w 代表抽运参量而不是积分强度 $W_t(\tau)$,I_0 是激光器工作在阈值($w = 0$)时光强的平均值.于是当测量时间 τ 很短时,应有

$$p_W(W) = \begin{cases} \dfrac{1}{\pi W_0} \cdot \dfrac{1}{1 + \mathrm{erf}(w)} \exp\left[-\left(\dfrac{W}{\sqrt{\pi}W_0} - w \right)^2 \right], & W \geqslant 0 \\ 0, & W < 0 \end{cases} \tag{8.2.4}$$

其中,$W_0 = I_0\tau$.由此可以算出

$$P(K;\tau) = \frac{2}{\sqrt{\pi}} \cdot \frac{D^K}{K!} \cdot \frac{\exp(-wD + D^2/4)}{1 + \mathrm{erf}(w)} \int_{-c}^{\infty} \mathrm{e}^{-x^2} (x + c)^K \mathrm{d}x \tag{8.2.5}$$

其中,$D = \sqrt{\pi}\alpha I_0\tau, c = w - \dfrac{1}{2}D$.

8.2.2 热光

我们讨论偏振热光的情况.设测量时间为 τ,我们把它分成 m 个等长度的子区间,每个子区间的长度取成这样,它是如此之短,使得在这段时间里波场没有显著的变化,同时它又是如此之长,使得不同子区间里的波场不发生相关.实际上,这就要求子区间的长度为相干时间 τ_c 的量级,既不能太大,也不能太小.子区间长度的定量决定方法,我们下面将详细讨论.

我们可假定:

(1) 每个子区间内光强近似不变

$$W_i \simeq I_i\Delta\tau$$

随机变量 W_i 和 I_i 具有相同的统计分布.对于偏振热光,都遵从负指数分布.

(2) 不同子区间里 W_i 的分布统计独立

由于每个 W_i 都服从负指数分布,平均值为 $\overline{W_i} = \overline{W}/m$,于是

$$p_{W_i}(W_i) = \frac{1}{\overline{W_i}} \exp\left(-\frac{W_i}{\overline{W_i}} \right) = \frac{m}{\overline{W}} \exp\left(-\frac{mW_i}{\overline{W}} \right) \tag{8.2.6}$$

其特征函数

$$\widetilde{M}_{W_i}(\omega) = \frac{1}{1 - \mathrm{j}\,\overline{W_i}\omega} = \frac{1}{1 - \mathrm{j}\,\dfrac{\overline{W}}{m}\omega} \tag{8.2.7}$$

总的积分强度 W 是 m 个独立随机变量 W_i 之和,因此其特征函数是 m 个乘积

$$\widetilde{M}_W(\omega) = (\widetilde{M}_{W_i}(\omega))^m = \frac{1}{\left(1 - \mathrm{j}\,\dfrac{\overline{W}}{m}\omega\right)^m} \tag{8.2.8}$$

对 $M_W(\omega)$ 进行傅里叶逆变换,得

$$p_W(W) = \begin{cases} \left(\dfrac{m}{\overline{W}}\right)^m \dfrac{W^{m-1}\exp(-mW/\overline{W})}{\Gamma(m)}, & W \geqslant 0 \\ 0, & W < 0 \end{cases} \tag{8.2.9}$$

其中,$\Gamma(m)$ 是参量为 m 的 Γ 函数.上式分布称为 Γ 分布.

Γ 分布中含有两个参量 $\overline{W}$ 和 m,通过选择这两个参量的值,可以使这个近似分布同 W 的真实分布匹配得最好.一个合理的选法是使两者的一阶矩和二阶炬相等,由此定出 $\overline{W}$ 和 m.

首先要求两者平均值相等,因此有

$$\overline{W} = \overline{I}t \tag{8.2.10}$$

Γ 分布的方差为

$$\sigma_W^2 = \frac{(\overline{I}t)^2}{m} = \frac{(\overline{W})^2}{m} \tag{8.2.11}$$

偏振热光真实的 σ_W^2 为

$$\sigma_W^2 = \overline{W^2} - \overline{W}^2 = \int_0^\tau \int_0^\tau \left[\overline{I(t)I(t')} - \overline{I(t)} \cdot \overline{I(t')}\right] \mathrm{d}t\,\mathrm{d}t'$$

由于 $I(t) = \widetilde{u}^*(t)\widetilde{u}(t')$,而复振幅 $\widetilde{u}(t)$ 是圆复高斯随机过程,应用圆复高斯随机过程四阶矩阵定理,得

$$\sigma_W^2 = \int_0^\tau \int_0^\tau |\widetilde{\Gamma}_U(t,t')|^2 \mathrm{d}t\,\mathrm{d}t' \tag{8.2.12}$$

其中,$\widetilde{\Gamma}_U(t,t') = \overline{\widetilde{u}^*(t)\widetilde{u}(t')}$ 是振幅自相关函数.对于平稳过程,上式可以进一步化简为单变量积分.注意到,对于平稳过程,有

$$\widetilde{\Gamma}_U(t,t') = \widetilde{\Gamma}_U(t-t') = \widetilde{\Gamma}_U(0)\widetilde{\gamma}(t-t') = \overline{I}\widetilde{\gamma}(\eta)$$

其中,$\eta = t - t'$,$\widetilde{\gamma}(\eta)$ 为复相干度,$|\widetilde{\gamma}(\eta)|^2$ 为偶函数.因此,偏振热光的方差为

$$\sigma_W^2 = 2\overline{I}^2 \tau \int_0^\infty \left(1 - \frac{\eta}{\tau}\right)|\widetilde{\gamma}(\eta)|^2 \mathrm{d}\eta$$

$$= \frac{2\overline{W}^2}{\tau} \int_0^\tau \left(1 - \frac{\eta}{\tau}\right)|\widetilde{\gamma}(\eta)|^2 \mathrm{d}\eta \tag{8.2.13}$$

比较式(8.2.11)和式(8.2.13),得

$$m = \frac{1}{\dfrac{2}{\tau}\displaystyle\int_0^\tau \left(1 - \frac{\eta}{\tau}\right)|\widetilde{\gamma}(\eta)|^2 \mathrm{d}\eta} \tag{8.2.14}$$

注意 m 一般不是整数.上式意味着,我们应取每个子区间的长度为

$$\frac{\tau}{m} = 2\int_0^\tau \left(1 - \frac{\eta}{\tau}\right)|\widetilde{\gamma}(\eta)|^2 \mathrm{d}\eta \tag{8.2.15}$$

它不但与光谱线型有关,而且与 τ 有关.

确定了 Γ 分布作为 $p_W(W)$ 的良好近似之后,应用曼德尔公式,就可求出偏振热光在时间 τ 内的光电计数分布近似为

$$P(K;\tau) = \int_0^\infty \frac{(\alpha W)^K}{K!} e^{-\alpha W} \left(\frac{m}{\overline{W}}\right)^m W^{m-1} \frac{\exp(-mW/\overline{W})}{\Gamma(m)} dW$$

$$= \frac{\Gamma(K+m)}{\Gamma(K+1)\Gamma(m)} \left(1 + \frac{m}{\overline{K}}\right)^{-K} \left(1 + \frac{\overline{K}}{m}\right)^{-m} \tag{8.2.16}$$

式中,$\overline{K} = \alpha\overline{W}$,这是统计学中著名的负二项式分布.

下面分别考虑两种极限情况.

(1) 测量时间 τ 远远小于相干时间 τ_c

对于真正的热光,这个条件是很难满足的.波长为 $5000\ \text{Å}$ 的光哪怕带宽只有 $10\ \text{Å}$,也意味着 $\tau \ll 10^{-12}\ \text{s}$.但是,对于所谓的"赝热光"(激光通过运动的漫射体而成),则此条件不难满足.

在式(8.2.14)中,考虑到 τ 的宽度很小,在 τ 内 $|\tilde{\gamma}(\eta)|^2 \simeq 1$,这时有

$$m = \frac{1}{\dfrac{2}{\tau}\int_0^\tau \left(1 - \dfrac{\eta}{\tau}\right)d\eta} = 1 \tag{8.2.17}$$

因此,在这种情况下,式(8.2.16)的分布趋于

$$P(K;\tau) = \frac{\Gamma(K+1)}{\Gamma(K+1)\Gamma(1)} \left(1 + \frac{1}{\overline{K}}\right)^{-K} \cdot (1 + \overline{K})^{-1} = \frac{1}{1+\overline{K}} \left(\frac{\overline{K}}{1+\overline{K}}\right)^K \tag{8.2.18}$$

这种分布叫作玻色-爱因斯坦(Bose-Einstein)分布(在统计学中叫几何分布).

式(8.2.18)也可以由较简便的方法得到.由于 $\tau \ll \tau_c$,在测量时内 $I(t)$ 近似不变,W 的统计分布和 I 相同,服从负指数分布

$$p_W(W) = \begin{cases} \dfrac{1}{\overline{W}}\exp\left(-\dfrac{W}{\overline{W}}\right), & W \geqslant 0 \\ 0, & W < 0 \end{cases}$$

其中,$\overline{W} = \overline{I}\tau$.利用 Mandel 公式,可算出

$$P(K;\tau) = \int_0^\infty \frac{(\alpha W)^K}{K!} e^{-\alpha W} p_W(W) dW$$

$$= \frac{\alpha^K}{K!\overline{W}} \int_0^\infty W^K e^{-W\left(\alpha + \frac{1}{\overline{W}}\right)} dW$$

$$= \frac{\alpha^K}{K!\overline{W}} \frac{K!}{\left(\alpha + \dfrac{1}{\overline{W}}\right)^{K+1}} = \frac{1}{1 + \alpha\overline{W}} \left(\frac{\alpha\overline{W}}{1 + \alpha\overline{W}}\right)^K$$

注意到 $\overline{K} = \alpha\overline{W}$,因此结果与式(8.2.18)相同.

(2) 测量时间 τ 远远大于相干时间 τ_c

这种情况下,在 $|\tilde{\gamma}(\eta)|$ 内,$1 - \dfrac{\eta}{\tau} \simeq 1$,于是有

$$m = \frac{1}{\frac{2}{\tau}\int_0^\tau |\tilde{\gamma}(\eta)|^2 \mathrm{d}\eta} = \frac{\tau}{\tau_0} \tag{8.2.19}$$

其中,我们已定义 τ_c:

$$\tau_c \equiv \int_{-\infty}^{\infty} |\tilde{\gamma}(\eta)|^2 \mathrm{d}\eta$$

如果令 $\delta_c = \dfrac{\overline{K}}{m}$,则式(8.2.16)的负二项式分布为

$$p(K;\tau) = \frac{\Gamma\left(K + \dfrac{\overline{K}}{\delta_c}\right)}{K!\,\Gamma\left(\dfrac{\overline{K}}{\delta_c}\right)} \left[(1+\delta_c)^{\frac{\overline{K}}{\delta_c}} \left(1 + \frac{1}{\delta_c}\right)^K \right]^{-1} \tag{8.2.20}$$

τ 很大时,m 也很大,则 $\delta_c \ll 1$,因此有

$$\left(1 + \frac{1}{\delta_c}\right)^K \simeq \left(\frac{1}{\delta_c}\right)^K$$

$$(1+\delta_c)^{\frac{\overline{K}}{\delta_c}} \simeq \mathrm{e}^{\overline{K}}$$

进一步假定 $K \ll \dfrac{\overline{K}}{\delta_c} = m$ 时,式(8.2.20)趋于

$$p(K;\tau) = \frac{(\overline{K})^K}{K!}\mathrm{e}^{-\overline{K}} \tag{8.2.21}$$

这正是泊松分布.

由式(8.1.9)和式(8.2.11),得到

$$\sigma_K^2 = \overline{K} + \alpha^2 \sigma_W^2 = \overline{K} + \alpha^2 \frac{\overline{W}^2}{m} = \overline{K}\left(1 + \frac{\overline{K}}{m}\right)$$

即

$$\sigma_K^2 = \overline{K}(1 + \delta_c) \tag{8.2.22}$$

其中,$\delta_c = \dfrac{\overline{K}}{m}$ 是每个子区间的平均计数率,它决定了偏振热光的计数方差 σ_K^2 中经典噪声同泊松分布引起的纯散粒噪声的比值,因此,当 $\delta_c \to 0$ 时,负二项式分布趋于泊松分布也就不奇怪了.

第9章　量子相干函数

9.1　电磁场的量子化

9.1.1　电磁场的正则量子化

对于自由电磁场,自由电荷和电流为零,麦克斯韦方程为

$$\begin{cases} \nabla \cdot \boldsymbol{D} = 0 \\ \nabla \times \boldsymbol{E} = -\dfrac{\partial \boldsymbol{B}}{\partial t} \\ \nabla \cdot \boldsymbol{B} = 0 \\ \nabla \times \boldsymbol{H} = -\dfrac{\partial \boldsymbol{D}}{\partial t} \end{cases} \tag{9.1.1}$$

在均匀介质中,

$$\boldsymbol{D} = \varepsilon \boldsymbol{E}, \quad \boldsymbol{B} = \mu \boldsymbol{H} \tag{9.1.2}$$

引入矢势 $\boldsymbol{A}$,则有

$$\boldsymbol{B} = \nabla \times \boldsymbol{A}, \quad \boldsymbol{E} = -\frac{\partial \boldsymbol{A}}{\partial t} = -\dot{\boldsymbol{A}}$$

在库仑(Coulomb)规范下,$\nabla \cdot \boldsymbol{A} = 0$,矢势满足波动方程

$$\nabla^2 \boldsymbol{A} = \mu \varepsilon \frac{\partial^2 \boldsymbol{A}}{\partial t^2} \tag{9.1.3}$$

在真空中,$\mu \varepsilon = \mu_0 \varepsilon_0 = \dfrac{1}{c^2}$,波动方程为

$$\nabla^2 \boldsymbol{A} = \frac{1}{c} \frac{\partial^2 \boldsymbol{A}}{\partial t^2}$$

取 $\boldsymbol{A}$ 为正则坐标,拉氏密度为

$$L = \frac{1}{2} (\varepsilon \boldsymbol{E}^2 - \mu \boldsymbol{H}^2)$$

正则动量为

$$\boldsymbol{P} = \frac{\partial L}{\partial \dot{\boldsymbol{A}}} = \varepsilon \dot{\boldsymbol{A}} = -\varepsilon \boldsymbol{E} = -\boldsymbol{D} \tag{9.1.4}$$

系统的哈密顿(Hamilton)量为

$$H = \int (\boldsymbol{P} \cdot \boldsymbol{A} - L) \mathrm{d}V = \frac{1}{2} \int (\varepsilon \boldsymbol{E}^2 + \mu \boldsymbol{H}^2) \mathrm{d}V$$

为方便起见,人们总是将所描述的场限制在一定的空间体积内,这时矢势可以用正交模函数展开:

$$\boldsymbol{A} = \sum_{\tau=1}^{2} \sum_{k} \left(\frac{\hbar}{2\varepsilon\omega_k} \right) \left[a_{k\tau} \boldsymbol{u}_{k\tau}(\boldsymbol{r}) \mathrm{e}^{-\mathrm{i}\omega_k t} + a_{k\tau}^* \boldsymbol{u}_{k\tau}^*(\boldsymbol{r}) \mathrm{e}^{\mathrm{i}\omega_k t} \right] \tag{9.1.5}$$

其中,$\boldsymbol{u}_{k\tau} = L^{-\frac{2}{3}} \boldsymbol{\varepsilon}_{k\tau} \mathrm{e}^{\mathrm{i}k \cdot r}$,$L$ 是空间范围的线度,τ 表示电磁场的两个偏振方向,$\boldsymbol{k}$ 为波矢.广义动量为

$$\boldsymbol{P} = \varepsilon \boldsymbol{A} = \sum_{\tau=1}^{2} \sum_{k} \left(\frac{\varepsilon\hbar\omega_k}{2} \right)^{\frac{1}{2}} \left[-\mathrm{i} a_{k\tau} \boldsymbol{u}_{k\tau}(\boldsymbol{r}) \mathrm{e}^{-\mathrm{i}\omega_k t} + \mathrm{i} a_{k\tau}^* \boldsymbol{u}_{k\tau}^*(\boldsymbol{r}) \mathrm{e}^{\mathrm{i}\omega_k t} \right]$$

正则量子化方法就是将正则坐标和动量变成算符

$$\hat{\boldsymbol{A}} = \sum_{k\tau} \left(\frac{\hbar}{2\varepsilon\omega_k} \right)^{\frac{1}{2}} \left[\hat{a}_{k\tau} \boldsymbol{u}_{k\tau}(\boldsymbol{r}) \mathrm{e}^{-\mathrm{i}\omega_k t} + \mathrm{i} \hat{a}_{k\tau}^\dagger \boldsymbol{u}_{k\tau}^*(\boldsymbol{r}) \mathrm{e}^{\mathrm{i}\omega_k t} \right] \tag{9.1.6}$$

$$\hat{\boldsymbol{P}} = -\mathrm{i} \sum_{k\tau} \left(\frac{\hbar}{2\varepsilon\omega_k} \right)^{\frac{1}{2}} \left[\hat{a}_{k\tau} \boldsymbol{u}_{k\tau}(\boldsymbol{r}) \mathrm{e}^{-\mathrm{i}\omega_k t} - \hat{a}_{k\tau}^\dagger \boldsymbol{u}_{k\tau}^*(\boldsymbol{r}) \mathrm{e}^{\mathrm{i}\omega_k t} \right] \tag{9.1.7}$$

量子化后的哈密顿算符为

$$\hat{H} = \sum_{k\tau} \hbar\omega_k \left(\hat{a}_{k\tau}^\dagger \hat{a}_{k\tau} + \frac{1}{2} \right) \tag{9.1.8}$$

其中,$\hat{a}_{k\tau}^\dagger$ 和 $\hat{a}_{k\tau}$ 分别是电磁场中光子的产生与湮灭算符.量子化后,电磁场变成了光子场,$\hat{a}_{k\tau}^\dagger$ 和 $\hat{a}_{k\tau}$ 满足对易关系

$$\begin{cases} [\hat{a}_{k\tau}, \hat{a}_{k'\tau'}^\dagger] = \delta_{kk'} \cdot \delta_{\tau\tau'} \\ [\hat{a}_{k\tau}, \hat{a}_{k'\tau'}] = [\hat{a}_{k\tau}^\dagger, \hat{a}_{k'\tau'}^\dagger] = 0 \end{cases} \tag{9.1.9}$$

正则坐标 $\hat{\boldsymbol{A}}$ 与正则动量 $\hat{\boldsymbol{P}}$ 满足横对易关系

$$[\hat{\boldsymbol{A}}_j(\boldsymbol{r}, t), \hat{\boldsymbol{P}}_l(\boldsymbol{r}', t)] = -\mathrm{i}\hbar\delta_{jl}^T(\boldsymbol{r} - \boldsymbol{r}')$$

式中,T 表示垂直于电磁波传播方向的横方向.量子化后电磁场状态可以用光子数表示.在一般量子电动力学中,光子没有确定位置,自由光子有确定动量和偏振方向,状态用波矢 k 与偏振方向 τ 表示.为简单起见,常省去 τ 而只标出 k,故光子产生与湮灭算符分别为 $\hat{a}_k^\dagger$ 和 $\hat{a}_k$,相应的哈密顿量和对易关系为

$$\hat{H} = \sum_{k} \hbar\omega_k \left(\hat{a}_k^\dagger \hat{a}_k + \frac{1}{2} \right) \tag{9.1.10}$$

$$[\hat{a}_k, \hat{a}_k^\dagger] = \delta_{kk'}$$

9.1.2　光子数态

电磁场经过量子化后,电磁场变成光子场,电磁场的状态将用光子数态 $|n_k\rangle$ 表示,它是哈密顿算符的本征态

$$\hat{H} |n_k\rangle = \hbar\omega_{k'} \left(\hat{a}_{k'}^\dagger \hat{a}_{k'} + \frac{1}{2} \right) |n_k\rangle = \hbar\omega_k \left(n_k + \frac{1}{2} \right) |n_k\rangle$$

光子数算符

$$\hat{n}_k = \hat{a}_k^{\dagger}\hat{a}_k$$

$$\hat{n}_k \mid n_k \rangle = n_k \mid n_k \rangle$$

电磁场的基态是真空态,表示为$\mid 0\rangle$,定义

$$\hat{a}_k \mid 0\rangle = \mid 0\rangle$$

则基态的能量

$$\langle 0 \mid H \mid 0 \rangle = \frac{1}{2}\sum_k \hbar\omega_k$$

由于电磁场的模式无限,则给出的电磁场基态的能量也无限,这是电磁场量子化一个概念性困难.但由于实验测量,只是电磁场能量改变,则电磁场的无限大的零点能在实际中不会带来发散.产生和湮灭算符作用在光子数态上得到

$$\begin{cases} \hat{a}_k \mid n_k \rangle = n_k^{1/2} \mid n_k - 1 \rangle \\ \hat{a}_k^{\dagger} \mid n_k \rangle = (n_k + 1)^{1/2} \mid n_k + 1 \rangle \end{cases} \tag{9.1.11}$$

较高的激发态可用产生算符连续作用在真空态上得到

$$\mid n_k \rangle = \frac{(\hat{a}_k^{\dagger})^{n_k}}{(n_k!)^{1/2}} \mid 0 \rangle, \quad n_k = 1, 2, 3, \cdots \tag{9.1.12}$$

光子数是正交的

$$\langle n_k \mid m_k \rangle \equiv \delta_{nm} \tag{9.1.13}$$

和完备的

$$\sum_{n_k=0}^{\infty} \mid n_k \rangle\langle n_k \mid = 1 \tag{9.1.14}$$

光子数态形成希尔伯特空间一个完备的基矢,对光子数比较小的情况是一个有用的表示.

光子数态的一个重要性质是光场的平均值为零,光子场的电场强度算符

$$\hat{E} = \sum_k \left(\frac{\hbar\omega_k}{2\varepsilon}\right)^{1/2} \left[\hat{a}_k u_k(r)\mathrm{e}^{-\mathrm{i}\omega_k t} - \hat{a}_{k\tau}^{\dagger} u_k^*(r)\mathrm{e}^{\mathrm{i}\omega_k t}\right]$$

$$= E^{(+)}(r, t) + E^{(-)}(r, t) \tag{9.1.15}$$

其中,$E^{(+)}$称电场的正频部分,它只包含湮灭算符,而$E^{(-)}$是负频部分,它只包含产生算符,它们之间的关系为$E^{(-)} = (E^{(+)})^{\dagger}$.

利用式(9.2.1)和光子数态的正交关系,我们得到

$$\langle n_k \mid \hat{E} \mid n_k \rangle = 0$$

既然$\mid n_k \rangle$表示有n_k个光子的态,那么,为什么光场的平均值为零呢?这是因为光子数和相位是一对测不准量,满足测不准关系.既然态$\mid n_k \rangle$是光子数,且是完全确定的,则必然是相位完全混乱的,所以电场测量平均值为零,而光强的平均值不为零,有

$$\langle n_k \mid \hat{E}^2 \mid n_k \rangle = \sum_k \left(\frac{\hbar\omega_k}{2\varepsilon}\right)\left(n_k + \frac{1}{2}\right) \tag{9.1.16}$$

9.1.3 光子的相位算符

在经典光学中,当考虑光的干涉和衍射时,最重要的量是相位.这里将讨论电磁场的相

位的量子化,引入光子的相位算符,并研究相位算符本征态的性质.

经典电磁场理论中通常把复数振幅写成实数振幅与相位因子的乘积,相似的把算符 $\hat{a}_k$ 和 $\hat{a}_k^\dagger$ 也写成振幅与相位算符的乘积

$$\hat{a} = (\hat{a}\hat{a}^\dagger)^{1/2}\exp(\mathrm{i}\hat{\varphi})$$

$$\hat{a}^\dagger = \exp(-\mathrm{i}\hat{\varphi})(\hat{a}\hat{a}^\dagger)^{1/2}$$

这样定义的相位算符为

$$\exp(\mathrm{i}\hat{\varphi}) = (\hat{a}\hat{a}^\dagger)^{-1/2}\hat{a} \tag{9.1.17}$$

该相位算符最早是由 Susskind 和 Glogower 提出的,称为 SG 相位算符. 由于

$$\exp(-\mathrm{i}\hat{\varphi}) = \hat{a}(\hat{a}\hat{a}^\dagger)^{-1/2}$$

则有

$$\exp(\mathrm{i}\hat{\varphi})\exp(-\mathrm{i}\hat{\varphi}) = 1$$

算符 $\exp(\mathrm{i}\hat{\varphi})$ 用数态展开,得

$$\exp(\mathrm{i}\hat{\varphi}) = \sum_{n=0}^{\infty} |n\rangle\langle n+1| \tag{9.1.18}$$

不难证明

$$[\exp(\mathrm{i}\hat{\varphi}),(\exp(\mathrm{i}\hat{\varphi}))^\dagger] = |0\rangle\langle 0| \tag{9.1.19}$$

$$\langle n-1|\exp(\mathrm{i}\hat{\varphi})|n\rangle = 1 \tag{9.1.20}$$

$$\langle n+1|\exp(-\mathrm{i}\hat{\varphi})|n\rangle = 1 \tag{9.1.21}$$

表明 SG 相位算符是非幺正的,也是非厄米算符的,是不对应可观察的物理量的,可定义如下的厄米算符:

$$\begin{cases} \cos\hat{\varphi} = \dfrac{1}{2}[\exp(\mathrm{i}\hat{\varphi}) + \exp(-\mathrm{i}\hat{\varphi})] \\ \sin\hat{\varphi} = \dfrac{1}{2\mathrm{i}}[\exp(\mathrm{i}\hat{\varphi}) - \exp(-\mathrm{i}\hat{\varphi})] \end{cases} \tag{9.1.22}$$

可以证明

$$\begin{cases} [\hat{n},\cos\hat{\varphi}] = -\mathrm{i}\sin\hat{\varphi} \\ [\hat{n},\sin\hat{\varphi}] = \mathrm{i}\cos\hat{\varphi} \end{cases} \tag{9.1.23}$$

这表明 $\hat{n}$ 和 $\hat{\varphi}$ 不可能同时确定,利用量子力学中测不准关系,对任意两力学量 $\hat{A}$ 和 $\hat{B}$ 有

$$\Delta\hat{A} \cdot \Delta\hat{B} \geqslant \frac{1}{2}|\langle[\hat{A},\hat{B}]\rangle|$$

则有

$$\Delta\hat{n}\Delta\cos\hat{\varphi} \geqslant \frac{1}{2}|\langle[\hat{n},\cos\hat{\varphi}]\rangle| = \frac{1}{2}|\langle -\mathrm{i}\sin\hat{\varphi}\rangle| = \frac{1}{2}|\langle\sin\hat{\varphi}\rangle| \tag{9.1.24}$$

同理

$$\Delta\hat{n}\Delta\sin\hat{\varphi} \geqslant \frac{1}{2}|\langle\cos\hat{\varphi}\rangle| \tag{9.1.25}$$

表明光子数和相位不能被同时精确地测定,这是量子化电磁场与经典电磁场的根本区别.

可以证明 $\cos\hat\varphi$ 和 $\sin\hat\varphi$ 是不对易的,表明它们不能被同时精确测定,也没有共同本征态.但是在一定的极限条件下,$\cos\hat\varphi$ 和 $\sin\hat\varphi$ 可以有共同本征态 $\langle\varphi|$.$\langle\varphi|$ 为相位态,它可以用光子数态 $\langle n|$ 的线性叠加表示,取

$$\langle\varphi| = \lim_{S\to\infty}(S+1)^{-1/2}\sum_{n=0}^{\infty}\exp(in\varphi)\langle n| \tag{9.1.26}$$

由于 $\langle n|$ 是正交归一的,不难证明,$\langle\varphi|$ 也是正交归一的.

$$\langle\varphi|\varphi\rangle = \lim_{S\to\infty}(S+1)^{-1}\sum_m\sum_n\exp[i(n-m)\varphi]\langle m|n\rangle$$

$$= \lim_{S\to\infty}(S+1)^{-1}\sum_{n=0}^{\infty}1 = 1$$

当 $S\to\infty$ 时可给出

$$\cos\hat\varphi|\varphi\rangle = \cos\varphi|\varphi\rangle$$

表明当 S 很大时,$\langle\varphi|$ 是 $\cos\hat\varphi$ 的本征态.

下面再简单看一下光子数态的性质.所谓光子数态是光子数 n 完全确定的态,对这些态光子数的测量不确定性为零,即 $\Delta n = 0$.

对光子数态,相位算符平均值为零,即

$$\langle n|\cos\hat\varphi|n\rangle = 0, \quad n = 0 \tag{9.1.27}$$

$$\langle n|\cos^2\hat\varphi|n\rangle = \frac{1}{2\pi}\int_0^2\cos^2\varphi\mathrm{d}\varphi = \frac{1}{2} \tag{9.1.28}$$

表明 φ 是在 0 到 2π 之间完全无规分布,即表明光子数完全确定的态,其相位完全不确定.

9.2 相干态与光场的相干性质

相干态在量子光学中是一个十分重要的概念,一般激光器产生的激光就是相干态.此外它在电磁场的量子理论与经典理论之间起桥梁作用,如果将量子理论中密度算符用相干态展开,会引入 P,它是准概率分布函数,这样就将量子统计问题简化为经典概率统计问题,大大简化了量子光学的讨论.

9.2.1 相干态

有多种方法引入相干态,一种常用方法是利用量子的平均能量等于经典能量,若 $|\alpha\rangle$ 为相干态,从量子平均能量等于经典能量给出

$$\langle\alpha|\hat a^\dagger\hat a|\alpha\rangle = \langle\alpha|\hat a^\dagger|\alpha\rangle\langle\alpha|\hat a|\alpha\rangle \tag{9.2.1}$$

Glauber 称此式为相干态条件,从这条件出发可以给出相干态是湮灭算符的本征态

$$\hat a|\alpha\rangle = a|\alpha\rangle \tag{9.2.2}$$

由于 $\hat{a}$ 是非厄米算符,其本征值为复数 $\alpha = |\alpha|\exp(\mathrm{i}\varphi)$,若把相干态写在粒子数态表象中,则有

$$|\alpha\rangle = \mathrm{e}^{-\frac{|\alpha|^2}{2}} \sum_n \frac{\alpha n}{\sqrt{n!}} |n\rangle$$

$$= \mathrm{e}^{-\frac{|\alpha|^2}{2}} \sum_n \frac{(\alpha\hat{a}^\dagger)^n}{n!} |0\rangle$$

$$= \exp\left(-\frac{|\alpha|^2}{2}\right) \exp(\alpha\hat{a}^\dagger) |0\rangle$$

利用算符公式 $\mathrm{e}^{\hat{A}+\hat{B}} = \mathrm{e}^{\hat{A}}\mathrm{e}^{\hat{B}}\mathrm{e}^{-[\hat{A},\hat{B}]/2}$,上式可写成

$$|\alpha\rangle = \mathrm{e}^{\alpha\hat{a}^\dagger - \alpha^*\hat{a}} |0\rangle = \hat{D}(\alpha) |0\rangle \tag{9.2.3}$$

$\hat{D}(\alpha)$ 称为平移算符,相干态是真空态的平移态.平移算符有以下性质:

$$\hat{D}^\dagger(\alpha) = \hat{D}^{-1}(\alpha) = \hat{D}(-\alpha)$$

$$\hat{D}^\dagger(\alpha)\hat{a}\hat{D}(\alpha) = \hat{a} + \alpha$$

$$\hat{D}^\dagger(\alpha)\hat{a}^\dagger\hat{D}(\alpha) = \hat{a}^\dagger + \alpha$$

利用相干态的定义式可以证明相干态有以下特性:

（a）相干态是归一化的,但不是正交的.

$$|\langle\alpha|\alpha\rangle|^2 = 1$$

$$|\langle\beta|\alpha\rangle| = \mathrm{e}^{-|\alpha-\beta|^2} \tag{9.2.4}$$

只有 $|\alpha-\beta| \gg 1$ 时才是近似正交的,相干态形成超完备态,完备性关系可证明为

$$\frac{1}{\pi} \int |\alpha\rangle\langle\alpha| \, \mathrm{d}^2\alpha = 1$$

（b）在相干态中平均光子数为

$$\bar{n} = \langle\alpha|\hat{a}^\dagger\hat{a}|\alpha\rangle = |\alpha|^2$$

光子数的均方差为

$$\Delta n = \left[\langle\alpha|\hat{n}^2|\alpha\rangle - (\langle\alpha|\hat{n}|\alpha\rangle)^2\right]^{\frac{1}{2}} = |\alpha|$$

（c）相干态中光子数分布为泊松分布.

$$P(n) = |\langle n|\alpha\rangle|^2 = \frac{\bar{n}^n}{n!}\exp(-\bar{n}) \tag{9.2.5}$$

（d）相干态是测不准量为最小的量子态,相应正则坐标与正则动量有

$$\Delta q \Delta p = \frac{\hbar}{2}$$

若取 $\hat{a} = X_1 + \mathrm{i}X_2$,可以证明

$$\Delta X_1 \Delta X_2 = \frac{1}{4}, \quad \Delta X_1 = \frac{1}{2}, \quad \Delta X_2 = \frac{1}{2} \tag{9.2.6}$$

X_1 与 X_2 分别称为相干光场的余弦分量和正弦分量,这两个分量的均方差相等.

9.2.2　场的量子相干函数

现在讨论电磁场的探测.首先考虑采用最简单的装置,它是通过吸收光子引起的跃迁.

在光的吸收过程中,原子吸收一个光子,同时发射一个光电子.只有场的正频起作用,因为只有正频部包含光子的湮灭算符.所以在位置 r、时间 t 时,探测器吸收光子几率为

$$T_{if} \propto |\langle f \mid \boldsymbol{E}^{(+)}(\boldsymbol{r},t) \mid i \rangle|^2$$

$|i\rangle$ 和 $|f\rangle$ 分别是耦合原子与场系统的初态和末态,探测器吸收一个光子而使场从初态 $|i\rangle$ 跃迁到末态 $|f\rangle$.在实际中我们测到的不是单一末态而是总的计数率.为给出总的计数率必须对可能达到的末态求和,则总计数率或平均场强为

$$I(\boldsymbol{r},t) = \sum_f T_{if} = \sum_f \langle i \mid \boldsymbol{E}^{(-)}(\boldsymbol{r},t) \mid f \rangle \langle f \mid \boldsymbol{E}^{(+)}(\boldsymbol{r},t) \mid i \rangle$$
$$= \langle i \mid \boldsymbol{E}^{(-)}(\boldsymbol{r},t) \boldsymbol{E}^{(+)}(\boldsymbol{r},t) \mid i \rangle \tag{9.2.7}$$

这里利用了完备性关系 $\sum_f |f\rangle\langle f| = 1$.上面的结果是假定场是在纯态 $|i\rangle$,但该结果也容易推广到一般混合态

$$I(\boldsymbol{r},t) = \sum_i P_i \langle i \mid \boldsymbol{E}^{(-)}(\boldsymbol{r},t) \boldsymbol{E}^{(+)}(\boldsymbol{r},t) \mid i \rangle$$

其中,P_i 是场在 i 态的几率.上式也可以表示为

$$I(\boldsymbol{r},t) = \mathrm{Tr}\{\hat{\rho} \boldsymbol{E}^{(-)}(\boldsymbol{r},t) \boldsymbol{E}^{(+)}(\boldsymbol{r},t)\} \tag{9.2.8}$$

其中,$\hat{\rho}$ 为密度算符,定义为

$$\hat{\rho} = \sum_i P_i \mid i \rangle\langle i \mid$$

下面考虑在时空点 $x_1 = (r_1, t_1)$ 和时空点 $x_2 = (r_2, t_2)$ 场的关系.引入相关函数

$$G^{(1)}(x_1, x_2) \equiv G_{12}^{(1)} = \mathrm{Tr}[\hat{\rho} \boldsymbol{E}^{(-)}(x_1) \boldsymbol{E}^{(+)}(x_2)] \tag{9.2.9}$$

这是辐射场的一阶相关函数,利用这个函数足以去讨论经典的杨氏干涉实验.但对 Hanbury Brown 和 Twiss 干涉实验,必须定义高阶相干函数.定义电磁场 n 阶相干函数为

$$G^{(n)}(x_1 \cdots x_n, x_{n+1} \cdots x_{2n}) = \mathrm{Tr}\{\hat{\rho} \boldsymbol{E}^{(-)}(x_1) \cdots \boldsymbol{E}^{(-)}(x_n) \boldsymbol{E}^{(+)}(x_2) \cdots \boldsymbol{E}^{(+)}(x_{2n})\}$$
$$\tag{9.2.10}$$

下面介绍相干函数的性质.对任意一个线性算符 $\hat{F}$,由于 $\hat{F}^{\dagger}\hat{F}$ 的非负性,有不等式

$$\mathrm{Tr}\{\hat{\rho}\hat{F}^{\dagger}\hat{F}\} \geqslant 0$$

选择 $\hat{F} = E^{(+)}(x)$,给出

$$G^{(1)}(x, x) \geqslant 0 \tag{9.2.11}$$

一般地,若取

$$\hat{F} = E^{(+)}(x_n) \cdots E^{(+)}(x_1)$$

则有

$$G^{(n)}(x_1 \cdots x_n, x_n \cdots x_1) \geqslant 0 \tag{9.2.12}$$

相干函数还具有以下性质:

$$G^{(1)}(x_1, x_1) G^{(1)}(x_2, x_2) \geqslant |G^{(1)}(x_1, x_2)|^2 \tag{9.2.13}$$

或用电场表示

$$|\boldsymbol{E}_1^{(-)}(x)\boldsymbol{E}_1^{(+)}(x)\boldsymbol{E}_2^{(+)}(x)\boldsymbol{E}_2^{(-)}(x)|^2 \leqslant \langle[\boldsymbol{E}_1^{(-)}(x)\boldsymbol{E}_1^{(+)}(x)]^2\rangle\langle[\boldsymbol{E}_2^{(-)}(x)\boldsymbol{E}_2^{(+)}(x)]^2\rangle$$
$$\tag{9.2.14}$$

经典光学杨氏干涉实验相应于一阶相干函数的测量,观察屏上 $x(r,t)$ 处的光是 x_1 和 x_2 处两针孔发出光波的叠加

$$E^{(+)}(r,t)=E_1^{(+)}(r,t)+E_2^{(+)}(r,t)=\frac{1}{s_1}E_1^{(+)}\left(r_1,t-\frac{s_1}{c}\right)+\frac{1}{s_2}E_2^{(+)}\left(r_2,t-\frac{s_2}{c}\right)$$

近似取 $s_1=s_2=s$,有

$$E^{(+)}(r,t)=\frac{1}{s}\left[E_1^{(+)}(x_1)+E_2^{(+)}(x_2)\right] \tag{9.2.15}$$

在屏上观察到的强度将正比于

$$I=\mathrm{Tr}\{\hat{\rho}E^{(-)}(r,t)E^{(+)}(r,t)\}=G^{(1)}(x_1,x_1)+G^{(1)}(x_2,x_2)+2\mathrm{Re}\{G^{(1)}(x_1,x_2)\}$$
$$=G^{(1)}(x_1,x_1)+G^{(1)}(x_2,x_2)+2\left|G^{(1)}(x_1,x_2)\right|\cos\Psi(x_1,x_2) \tag{9.2.16}$$

引入归一化的相干函数

$$g^{(1)}(x_1,x_2)\equiv g_{12}^{(1)}=\frac{G^1(x_1,x_2)}{\left[G^1(x_1,x_1)G^{(1)}(x_2,x_2)\right]^{\frac{1}{2}}} \tag{9.2.17}$$

则干涉条纹的可见度为

$$V=\left|g^{(1)}(x_1,x_2)\right| \tag{9.2.18}$$

9.2.3　各种光场的量子相干函数

第一个非单光子强度相关实验是由 Hanbury Brown 和 Twiss 做的.实验中利用光子计数和数字相关,在本质上这个实验是测量 t 时刻到达的光子和 $t+\tau$ 时刻到达的光子的光子计数联合概率.测量的是二阶相干函数

$$G^{(2)}(\tau)=\langle E^{(-)}(t)E^{(-)}(t+\tau)E^{(+)}(t+\tau)E^{(+)}(t)\rangle$$
$$=\langle:I(t)I(t+\tau):\rangle\propto\langle:n(t)n(t+\tau):\rangle \tag{9.2.19}$$

其中,":"表示正规乘积,$I(t)$ 是模拟测量强度,$n(t)$ 是光子数.引入二阶归一化的相关函数

$$g^{(2)}(\tau)=\frac{G^{(2)}(\tau)}{\left|G^{(1)}(0)\right|^2} \tag{9.2.20}$$

若对一个场 $g^{(2)}(\tau)=1$,则它具有二阶相干性.

下面给出具有不同量子态的场的一阶和二阶相干函数.

1. 一阶量子相干函数

(1) 光子数态

对于处于光子数态的单模光场,在场点 x_1 的场可写为

$$E^{(-)}(x_1)=C_1\hat{a}^\dagger,\quad E^{(+)}(x_1)=C_1\hat{a} \tag{9.2.21}$$

同样在 x_2 处的场为

$$E^{(-)}(x_2)=C_2\hat{a}^\dagger,\quad E^{(+)}(x_2)=C_2\hat{a} \tag{9.2.22}$$

代入一阶相干度表达式,可得

$$g_{12}^{(1)}=\frac{|C_1||C_2|\mathrm{Tr}\{\hat{\rho}\hat{a}^\dagger\hat{a}\}}{|C_1||C_2|\left[\mathrm{Tr}\{\hat{\rho}\hat{a}^\dagger\hat{a}\}\mathrm{Tr}\{\hat{\rho}\hat{a}^\dagger\hat{a}\}\right]^{\frac{1}{2}}}=1 \tag{9.2.23}$$

因此,处于光子数态的单模光场,对所有的时空点都是一阶相干的.

(2) 相干态

对处于相干态的单模光场,类似于上面的计算,也可证明对所有的场点是一阶相干的.事实上辐射场的一个单模无论是激发到纯态,还是统计混沌态都是一阶相干的.

(3) 混沌光

这时密度算符为

$$\hat{\rho} = \sum_{\langle n_k \rangle} |\{n_k\}\rangle\langle\{n_k\}| \prod_k \frac{(\bar{n}_k)^{n_k}}{(1 + \bar{n}_k)^{1+n_k}} \tag{9.2.24}$$

则一阶相干度为

$$g_{12}^{(1)} = \frac{\left|\sum_k \bar{n}_k \omega_k \exp(i\omega_k\tau)\right|}{\sum_k \bar{n}_k \omega_k} \tag{9.2.25}$$

式中

$$\tau = t_1 - t_2 - \frac{1}{\omega_k} \boldsymbol{k}_k \cdot (\boldsymbol{r}_1 - \boldsymbol{r}_2)$$

对洛伦兹型混沌光有

$$g_{(12)}^{(1)} = \exp(-\gamma|\tau|) \tag{9.2.26}$$

而对高斯型混沌光则为

$$g_{12}^{(1)} = \exp\left(-\frac{1}{2}\delta^2\tau^2\right) \tag{9.2.27}$$

这些与经典方法计算的结果相同.

(4) 多模场

对于每一个模都处于相干态 $|\alpha_k\rangle$ 的多模场 $|\{n_k\}\rangle$ 而言,可证明 $|\{n_k\}\rangle$ 是一阶相干的.

2. 二阶量子相干函数

二阶量子相干函数的定义为

$$G^{(2)}(x_1, x_2; x_2, x_1) = \langle \boldsymbol{E}^{(-)}(x_1)\boldsymbol{E}^{(-)}(x_2)\boldsymbol{E}^{(+)}(x_2)\boldsymbol{E}^{(+)}(x_1)\rangle \tag{9.2.28}$$

二阶相干度为

$$g^{(2)}(x_1, x_2; x_2, x_1) \equiv \frac{\langle \boldsymbol{E}^{(-)}(x_1)\boldsymbol{E}^{(-)}(x_2)\boldsymbol{E}^{(+)}(x_2)\boldsymbol{E}^{(+)}(x_1)\rangle}{\langle \boldsymbol{E}^{(-)}(x_1)\boldsymbol{E}^{(+)}(x_1)\rangle\langle \boldsymbol{E}^{(-)}(x_2)\boldsymbol{E}^{(+)}(x_2)\rangle} \tag{9.2.29}$$

下面讨论几种不同量子光场的二阶相干性:

(1) 光子数态

对单模场,考虑同一时空点,则有

$$g_{12}^{(2)} = \frac{\langle \hat{a}^\dagger \hat{a}^\dagger \hat{a}\hat{a}\rangle}{\langle \hat{a}^\dagger \hat{a}\rangle^2} = \frac{\langle \hat{a}^\dagger \hat{a}\hat{a}^\dagger \hat{a}\rangle - \langle \hat{a}^\dagger \hat{a}\rangle}{\langle \hat{a}^\dagger \hat{a}\rangle^2}$$

$$= 1 + \frac{\langle(\Delta n)^2\rangle - \langle n\rangle}{\langle n\rangle^2} \tag{9.2.30}$$

其中,$\langle(\Delta n)^2\rangle$ 对光子数态为零,因此有

$$g_{12}^{(2)} = \begin{cases} 1 - \dfrac{1}{n}, & n \geqslant 2 \\ 0, & n = 0,1 \end{cases} \tag{9.2.31}$$

是一个永远比 1 小的数. 这用经典理论是解释不了的, 必须用量子理论解释. 结论是, 光子数态不满足二阶相干性.

(2) 相干态

对单模相干态, 利用相干态定义式 $\hat{a}|\alpha\rangle = \alpha|\alpha\rangle$ 及其共轭式 $\langle\alpha|\hat{a}^{\dagger} = \alpha^{*}\langle\alpha|$, 可以证明

$$g_{12}^{(2)} = \frac{\langle\alpha|\alpha\rangle\langle\alpha|\hat{a}^{\dagger}\hat{a}^{\dagger}\hat{a}\hat{a}|\alpha\rangle}{[\langle\alpha|\alpha\rangle\langle\alpha|\hat{a}^{\dagger}\hat{a}|\alpha\rangle]^{2}} = \frac{\alpha^{*}\alpha^{*}\alpha\alpha}{|\alpha^{*}|^{2}|\alpha|^{2}} = 1 \tag{9.2.32}$$

对多模相干态, 有同样结论

$$g_{12}^{(2)} = \frac{\sum\limits_{k'}\langle\alpha_{k'}|\{a_{k}\}\rangle\langle\{a_{k}\}|\hat{a}_{k}^{\dagger}\hat{a}_{k}^{\dagger}\hat{a}_{k}\hat{a}_{k}|\alpha_{k'}\rangle}{\left|\sum\limits_{k'}\langle\alpha_{k'}|\{a_{k}\}\rangle\langle\{a_{k}\}|\hat{a}_{k}^{\dagger}\hat{a}_{k}|\alpha_{k'}\rangle\right|^{2}}$$

$$= \frac{\alpha_{k}^{*}\alpha_{k}^{*}\alpha_{k}\alpha_{k}}{|\alpha_{k}^{*}|^{2}|\alpha_{k}|^{2}} = 1 \tag{9.2.33}$$

因此无论是单模相干态, 还是多模相干态, 都是二阶相干的.

(3) 多模混沌光

利用密度算符式 (9.2.24) 和一阶相干度表达式, 可求得二阶相干度为

$$g_{12}^{(2)} = \frac{\left|\sum\limits_{k}\bar{n}_{k}\omega_{k}\exp(\mathrm{i}\omega_{k}\tau)\right|^{2}}{\left(\sum\limits_{k}\bar{n}_{k}\omega_{k}\right)^{2}} + 1 = (g_{12}^{(1)})^{2} + 1 \tag{9.2.34}$$

这与经典表示式是一样的.

对于更高阶的相干函数, 我们这里就不讨论了.

附　　录

附录 A　几个常用的特殊函数

1. 矩形函数

矩形函数是现代光学中使用最多的函数之一. 它的基本定义如下：

$$\text{rect}(x) = \begin{cases} 1, & |x| < \dfrac{1}{2} \\[2mm] \dfrac{1}{2}, & |x| = \dfrac{1}{2} \\[2mm] 0, & |x| > \dfrac{1}{2} \end{cases} \tag{A.1}$$

这是一个中心位于坐标原点且宽度和高度均为 1 的一个矩形形状, 所以曲线下的面积为 1, 如图 A.1 所示.

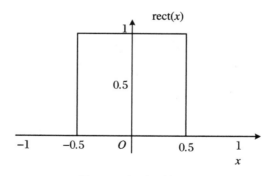

图 A.1　矩形函数图形

如果要描述一个中心不是在原点, 而是位移了 x_0；宽度不是 1, 而是变到任意宽度 a, 这时变量 x 变为 $\dfrac{x-x_0}{a}$, 公式变为

$$\text{rect}\left(\frac{x-x_0}{a}\right) = \begin{cases} 1, & \left|\dfrac{x-x_0}{a}\right| < \dfrac{1}{2} \\ \dfrac{1}{2}, & \left|\dfrac{x-x_0}{a}\right| = \dfrac{1}{2} \\ 0, & \left|\dfrac{x-x_0}{a}\right| > \dfrac{1}{2} \end{cases} \tag{A.2}$$

如图 A.2 所示.

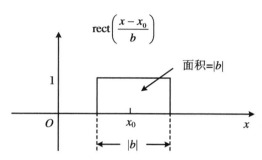

图 A.2 位移加宽后的矩形函数图形

后面的函数公式可以类似处理.

2. sinc 函数

$$\text{sinc}(x) = \frac{\sin(\pi x)}{\pi x} \tag{A.3}$$

如图 A.3 所示,函数的零点(曲线与横轴的交点)位于整数位置.还有一种 sinc 函数的定义,其表达式中不含 π,这时函数的零点位置则会出现 π,使用起来不太方便.

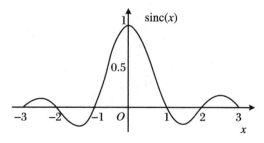

图 A.3 sinc 函数图形

3. 三角型函数

$$\Lambda(x) = \begin{cases} 1 - |x|, & |x| \leqslant 1 \\ 0, & |x| > 1 \end{cases} \tag{A.4}$$

如图 A.4 所示.

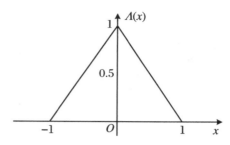

图 A.4　三角型函数图形

4. 圆域函数

$$\text{circ}\left(\sqrt{x^2 + y^2}\right) = \begin{cases} 1, & \sqrt{x^2 + y^2} < 1 \\ \dfrac{1}{2}, & \sqrt{x^2 + y^2} = 1 \\ 0, & \sqrt{x^2 + y^2} > 1 \end{cases} \tag{A.5}$$

如图 A.5 所示,这是一个 x, y 平面上的二维函数,可以在极坐标下表示,这时 $\sqrt{x^2 + y^2} = r$,公式变为

$$\text{circ}(r) = \begin{cases} 1, & r < 1 \\ \dfrac{1}{2}, & r = 1 \\ 0, & r > 1 \end{cases} \tag{A.6}$$

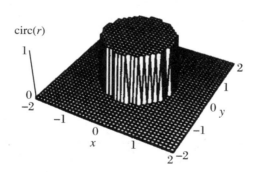

图 A.5　圆域函数图形

5. 符号函数

$$\text{sgn}(x) = \begin{cases} 1, & x > 0 \\ 0, & x = 0 \\ -1, & x < 0 \end{cases} \tag{A.7}$$

如图 A.6 所示.

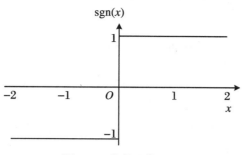

图 A.6　符号函数图形

6. δ 函数

（1）δ 函数定义

δ 函数是一种特殊函数,由狄拉克(Dirac)最先引入,可用它描述物理现象中的基本质点,如力学中的质点、电磁学中的点电荷、光学中的点光源等.通常定义为

$$\begin{cases} \delta(x) = 0, & x \neq 0 \\ \int_{-\infty}^{\infty} \delta(x)\mathrm{d}x = 1 \end{cases} \tag{A.8}$$

我们也可以把宽度逐渐变小而高度逐渐变大,但保持曲线下面积为 1 脉冲序列的极限定义为 δ 函数,例如

$$\delta(x) = \lim_{n \to \infty} n \cdot \exp(-\pi n^2 x^2) \tag{A.9}$$

$$\delta(x) = \lim_{n \to \infty} n \cdot \mathrm{rect}(nx) \tag{A.10}$$

$$\delta(x) = \lim_{n \to \infty} n \cdot \mathrm{sinc}(nx) \tag{A.11}$$

等.

（2）δ 函数的性质

介绍几个常用的性质,这些性质都比较容易证明,我们就不一一证明了.

① 筛选性质

$$\int_{-\infty}^{\infty} f(x)\delta(x - x_0)\mathrm{d}x = f(x_0) \tag{A.12}$$

当 $x_0 = 0$ 时,公式成为

$$\int_{-\infty}^{\infty} f(x)\delta(x)\mathrm{d}x = f(0) \tag{A.13}$$

δ 函数的筛选性质很重要我们经常会用到.

② δ 函数为偶函数

$$\delta(-x) = \delta(x) \tag{A.14}$$

③ 比例变换性质

$$\delta(ax) = \frac{1}{|a|}\delta(x) \tag{A.15}$$

④ 乘积性质

$$f(x)\delta(x - x_0) = f(x_0)\delta(x - x_0) \tag{A.16}$$

当 $x_0 = 0$ 时,有

$$f(x)\delta(x) = f(0)\delta(x) \tag{A.17}$$

而当 $f(x) = x$ 时,得到

$$x\delta(x) = 0 \tag{A.18}$$

⑤ 卷积性质

$$\delta(x) * f(x) = f(x) * \delta(x) = f(x) \tag{A.19}$$

⑥ δ 函数的傅里叶变换

$$\int_{-\infty}^{\infty} \delta(x) e^{\pm j2\pi ux} dx = 1 \tag{A.20}$$

反过来,1 的逆傅里叶变换应该等于 $\delta(x)$

$$\int_{-\infty}^{\infty} 1 \cdot e^{\pm j2\pi ux} du = \int_{-\infty}^{\infty} e^{\pm j2\pi ux} du = \delta(x) \tag{A.21}$$

所以说, $\delta(x)$ 与 1 构成一对傅里叶变换对.

附录 B 卷积与相关

1. 卷积

两个函数 $f(x)$ 和 $g(x)$ 的卷积定义为

$$f(x) * g(x) = \int_{-\infty}^{\infty} f(x')g(x - x') dx' \tag{B.1}$$

从这个卷积的定义式可以看出实行卷积运算的步骤如下:

(1) 换变量:将 $f(x)$ 和 $g(x)$ 中的变量 x 换成哑积分变量 x'.

(2) 折叠:找出 $g(x')$ 相对于纵坐标的镜像 $g(-x')$.

(3) 位移:将 $g(-x')$ 移动一个 x 值成为 $g(x - x')$.

(4) 相乘:将位移后的函数 $g(x - x')$ 乘以函数 $f(x')$.

(5) 积分:求出 $g(x - x')$ 与 $f(x')$ 乘积曲线下的面积即为 x 值时的卷积值,所以卷积的结果是 x 的函数.

一个显然的例子是两个矩形函数的卷积为三角形函数:

$$\text{rect}(x) * \text{rect}(x) = \Lambda(x) \tag{B.2}$$

其中矩形函数为

$$\text{rect}(u) = \begin{cases} 1, & -\dfrac{1}{2} \leqslant u \leqslant \dfrac{1}{2} \\ 0, & \text{其他} \end{cases} \tag{B.3}$$

三角型函数为

$$\Lambda(x) = \begin{cases} 1 - |x|, & |x| < 1 \\ 0, & x \geqslant 1 \end{cases} \tag{B.4}$$

这个结果很容易从上述卷积运算步骤推演出来:位移 $x = 0$,两个矩形函数重叠,重叠面积最大,等于每个矩形函数的面积,等于 1. 随着位移距离 x 的增加,两个矩形函数开始错开,重叠面积开始减少,而且是随 x 线性地减小,直到两个矩形函数完全分开,没有重叠时,这时重叠面积变成零. 位移可以是左右两个方向,这两个方向的情况完全一样,所以最后得到三角型函数.

下面讨论一下卷积的性质,很容易证明,我们这里就不一一证明了.

(1) 变换性质

$$f(x) * g(x) = g(x) * f(x) \tag{B.5}$$

这一性质说明,我们在进行卷积运算时,可对任一函数进行折叠和位移,最后得到的卷积结果不变.

(2) 分配性质

$$[af(x) + bh(x)] * g(x) = a[f(x) * g(x)] + b[h(x) * g(x)] \tag{B.7}$$

式中,a 和 b 是实常数.

(3) 位移不变性质

若 $f(x) * h(x) = g(x)$,则有

$$f(x - x_0) * h(x) = f(x) * h(x - x_0) = g(x - x_0) \tag{B.8}$$

这说明,如果进行卷积的两个函数中的一个被位移了 x_0,那么卷积以后的结果也将被位移同样的距离 x_0.

(4) 结合性质

$$[f(x) * h(x)] * g(x) = f(x) * [h(x) * g(x)] \tag{B.9}$$

(5) δ 函数的某些卷积性质

我们知道 δ 函数的筛选性

$$\int_{-\infty}^{\infty} f(x')\delta(x' - x)\mathrm{d}x' = f(x) \tag{B.10}$$

其中,$f(x)$ 是一个任意函数. 由于 δ 函数是偶函数,所以上式可以写成卷积形式

$$\int_{-\infty}^{\infty} f(x')\delta(x - x')\mathrm{d}x' = f(x) * \delta(x) = f(x) \tag{B.11}$$

也就是我们需要的结果

$$f(x) * \delta(x) = f(x) \tag{B.12}$$

很自然地还有

$$f(x - x_0) * \delta(x) = f(x - x_0) \tag{B.13}$$

某一函数与 δ 函数卷积的结果仍得到该函数,由此又可得到

$$\delta(x) * \delta(x) = \delta(x) \tag{B.14}$$

我们还可证明

$$\delta(x - x_1) * \delta(x - x_2) = \delta[x - (x_1 + x_2)] \tag{B.15}$$

(6) 比例性质

仍设 $f(x) * h(x) = g(x)$,则有

$$f\left(\frac{x}{a}\right) * h\left(\frac{x}{a}\right) = |a|g\left(\frac{x}{a}\right) \tag{B.16}$$

（7）复值函数的卷积

我们可以把以上实函数的卷积推广到复值函数的卷积.

设两个复值函数为 $\tilde{f}_1(x) = r_1(x) + ji_1(x)$，$\tilde{f}_2(x) = r_2(x) + ji_2(x)$，其中 $r(x)$ 和 $i(x)$ 分别表示实部与虚部，均为实函数；$j = \sqrt{-1}$，为虚数单位.它们的卷积 $\tilde{f}_3(x)$ 一般也是复值函数

$$\begin{aligned}
\tilde{f}_3(x) = \tilde{f}_1(x) * \tilde{f}_2(x) &= [r_1(x) + ji_1(x)] * [r_2(x) + ji_2(x)] \\
&= r_1(x) * r_2(x) + j[r_1(x) * i_2(x)] + j[r_2(x) * i_1(x)] - i_1(x) * i_2(x) \\
&= [r_1(x) * r_2(x) - i_1(x) * i_2(x)] + j[r_1(x) * i_2(x) + r_2(x) * i_1(x)] \\
&= r_3(x) + ji_3(x) \tag{B.17}
\end{aligned}$$

（8）平滑效应

一般说来，函数 $f(x)$ 和 $h(x)$ 的卷积结果 $g(x)$ 的函数曲线比 $f(x)$ 和 $h(x)$ 的函数曲线平滑一些，也就是说每个函数的精细结构被冲蚀，棱角处变得圆滑，这就是卷积的平滑效应.平滑的程度取决于被卷积的两个函数的精细特征.下面简单讨论一下.

首先，设 $f(x)$ 为一任意函数，$h(x)$ 为一 δ 函数，我们已经知道 $f(x) * \delta(x) = f(x)$，所以卷积的结果没有得到平滑化，而只是精确再现 $f(x)$（见图 B.1(a)）.

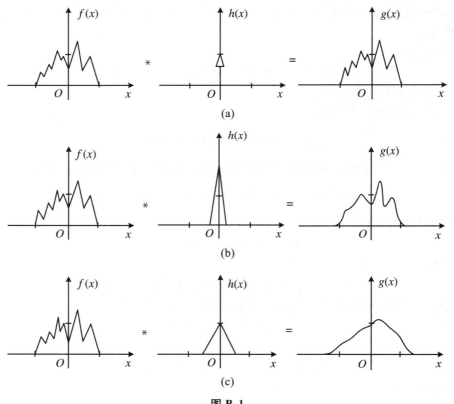

图 B.1

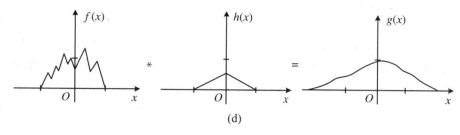

(d)

图 B.1(续)

进一步假设 $h(x)$ 不是非常窄的 δ 函数，而是比较窄的函数，比起函数 $f(x)$ 还是非常窄的。这时卷积的结果基本还是再现 $f(x)$，只是稍稍平滑一些（见图 B.1(b)）．

更进一步假设函数 $h(x)$ 逐渐变宽，卷积的结果的曲线就会越来越平滑．

最后，当函数 $h(x)$ 变得很宽时，$f(x)$ 的精细结构将被完全平滑掉（见图 B.1(c) 和 (d)）．

我们已经知道，两个矩形函数卷积的结果是三角型函数，显然是加宽了，平滑了；三个这样的矩形函数卷积后就进一步加宽、平滑，有点像高斯函数了，见图 B.2．显然，卷积的矩形函数个数越多，就越接近高斯函数．

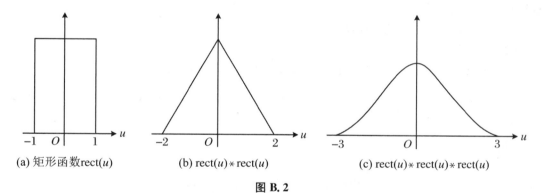

(a) 矩形函数rect(u)　　　(b) rect(u) $*$ rect(u)　　　(c) rect(u) $*$ rect(u) $*$ rect(u)

图 B.2

以上是一维卷积情况，很容易将它推广到多维的情况．例如三维空间中，$\boldsymbol{r} = (x, y, z)$ 为位置矢量，$f(\boldsymbol{r})$ 和 $g(\boldsymbol{r})$ 的三维卷积可写为

$$f(\boldsymbol{r}) * g(\boldsymbol{r}) = \iiint_{-\infty}^{\infty} f(\boldsymbol{r}_1) g(\boldsymbol{r} - \boldsymbol{r}') \mathrm{d}\boldsymbol{r}'$$

$$= \iiint_{-\infty}^{\infty} f(x, y, z) g(x - x', y - y', z - z') \mathrm{d}x' \mathrm{d}y' \mathrm{d}z' \tag{B.18}$$

考虑几个物理中的例子．一个瞬时脉冲信号 $\delta(t)$ 输入到一个电学系统后，产生一个输出信号 $h(t)$．一般来说，这个输出信号不同于输入的脉冲信号，而是被"模糊"了或者说"加宽"了的，信号有了畸变．这说明系统的"带宽"不够大，如果系统的带宽很大，畸变就会小一些．带宽越大，输出信号越接近输入的脉冲信号．这个 $h(t)$ 就是系统的脉冲响应，或称点扩散函数．如果输入的信号是一个有一定持续时间的一般信号 $f(t)$，则输出信号 $g(t)$ 就是输

入信号 $f(t)$ 与系统脉冲响应 $h(t)$ 的卷积

$$g(t) = f(t) * h(t) \tag{B.19}$$

再看一个例子,一束被很好地校正了的平行光束(平面波),它的角分布应该是一个 δ 函数,$\delta(\vartheta)$.这束光照射到一块毛玻璃片上,通过此毛玻璃片后,光束角分布就被加宽了,成为 $h(\vartheta)$.假如入射的光束本身就不是平行光束,而是有一个初始的光束角分布 $A(\vartheta)$,那么射出毛玻璃片后的光束角分布 $B(\vartheta)$ 就应该是进一步被加宽了的,结果应该是 $A(\vartheta)$ 和 $h(\vartheta)$ 的卷积

$$B(\vartheta) = A(\vartheta) * h(\vartheta) \tag{B.20}$$

这里,$h(\vartheta)$ 相当于毛玻璃片的脉冲响应.

2. 相关

(1) 互相关(交叉相关)
随机函数是无规律变化的,但是可以用相关运算来衡量两个随机函数的关联程度.
两个复值函数 $f(x)$ 和 $g(x)$ 的互相关定义为

$$\Gamma_{fg}(x) = f(x) \otimes g(x) = \int_{-\infty}^{\infty} f(x') g^*(x - x') \mathrm{d}x' \tag{B.21}$$

相关的定义方式有多种,这里的定义只是其中的一种.
易见,与卷积不同,互相关运算不满足交换律.

(2) 自相关
一个函数与它自己的相关是自相关,复值函数 $f(x)$ 的自相关定义为

$$\Gamma_{ff}(x) = f(x) \otimes f(x) = \int_{-\infty}^{\infty} f(x') f^*(x - x') \mathrm{d}x' \tag{B.22}$$

附录 C 傅里叶变换

1. 一维傅里叶变换

我们数学课里学的傅里叶变换对一般是如下形式:

$$F(\omega) = \int_{-\infty}^{\infty} f(t) \mathrm{e}^{-\mathrm{j}\omega t} \mathrm{d}t \tag{C.1}$$

$$f(t) = \frac{1}{2\pi} \int_{-\infty}^{\infty} F(\omega) \mathrm{e}^{\mathrm{j}\omega t} \mathrm{d}\omega \tag{C.2}$$

这里,t 为时域坐标,ω 是频域坐标,$\omega = 2\pi\nu$ 为角频率,ν 是频率.第一式为时域函数 $f(t)$ 的傅里叶变换(正变换),得到它的频谱 $F(\omega)$;第二式为逆傅里叶变换,由频域空间函数 $F(\omega)$ 变回时域函数 $f(t)$.第二式前面的常系数 $\frac{1}{2\pi}$ 也可分成两个 $\frac{1}{\sqrt{2\pi}}$,分别放在两式的积分号外

面,使得公式更加对称.

在物理中,特别是光学中,我们在频域中常用频率 ν 作为频域变量而不用角频率 ω,而且习惯上将虚数单位用 j 表示,$j = \sqrt{-1}$,这样一来,这一对傅里叶变换对可以写成如下形式,积分号前的 $\dfrac{1}{2\pi}$ 就没有了,公式的对称性更好了,

$$F(\nu) = \int_{-\infty}^{\infty} f(t) e^{-j2\pi\nu t} dt \tag{C.3}$$

$$f(t) = \int_{-\infty}^{\infty} F(\nu) e^{j2\pi\nu t} d\nu \tag{C.4}$$

通常我们把这一对傅里叶变换关系表示成

$$f(t) \rightleftharpoons F(\nu) \tag{C.5}$$

并且约定左边是时域函数,右边是频域函数.傅里叶变换也常表示成

$$F(\nu) = \mathcal{F}\{f(t)\} \tag{C.6}$$

逆变换为

$$f(t) = \mathcal{F}^{-1}\{F(\nu)\} \tag{C.7}$$

如果是空域函数 $f(x)$ 与空间频率域函数 $F(\nu)$ 之间的变换,则只需把上面的公式中的 t 全部换成 x 即可.

大家注意,在我们这本书中,所采用的傅里叶变换定义略有不同,傅里叶正变换的变换核 e 指数上是正号,而逆变换的变换核上是负号,另外将时间域坐标 t 改为空间域坐标 x,公式写成如下形式:

$$F(\nu) = \int_{-\infty}^{\infty} f(x) e^{j2\pi\nu x} dt \tag{C.8}$$

$$f(x) = \int_{-\infty}^{\infty} F(\nu) e^{-j2\pi\nu x} d\nu \tag{C.9}$$

很容易将上述一维傅里叶变换推广到二维或更高的维数.

2. 傅里叶变换的性质

下面介绍几个常用的傅里叶变换常用的性质,它们很容易利用利用傅里叶变换的定义加以证明,这里就不一一证明了.我们设 $f_1(x) \rightleftharpoons F_1(\nu)$,$f_2(x) \rightleftharpoons F_2(\nu)$.

(1) 线性性质

设 a_1, a_2 为常数,则有

$$a_1 f_1(x) + a_2 f_2(x) \rightleftharpoons a_1 F_1(\nu) + a_2 F_2(\nu) \tag{C.10}$$

(2) 函数下的面积

令式(C.8)中的 $\nu = 0$,令式(C.9)中的 $x = 0$,我们分别得到如下两式:

$$F(0) = \int_{-\infty}^{\infty} f(x) dx \tag{C.11}$$

$$f(0) = \int_{-\infty}^{\infty} F(x) d\nu \tag{C.12}$$

从式(C.11)可以看出函数 $f(x)$ 曲线下的面积等于它对应的频谱在原点的值;式(C.12)则表示空域函数在原点的值等于它的频谱函数在频域的曲线面积.

（3）位移性质

① 空域位移

$$f(x \pm x_0) \rightleftharpoons \mathrm{e}^{\mp \mathrm{j}2\pi\nu x_0} F(\nu) \tag{C.13}$$

即空域的位移对应频域的一个相移.

② 频域位移

$$\mathrm{e}^{\pm \mathrm{j}2\pi\nu_0 x} f(x) \rightleftharpoons F(\nu \pm \nu_0) \tag{C.14}$$

即频域的位移对应空域的一个相移.

（4）反比性质

设 a 为实常数,则有

$$f(ax) \rightleftharpoons \frac{1}{|a|} F\left(\frac{\nu}{a}\right) \tag{C.15}$$

$$\frac{1}{|a|} f\left(\frac{x}{a}\right) \rightleftharpoons F(a\nu) \tag{C.16}$$

可见,当空域函数曲线变窄时,它的频谱函数曲线就会加宽,反之亦然.

（5）卷积的变换（卷积定理）

两个函数 $f(x)$ 和 $g(x)$ 的**卷积**定义为

$$f(x) * g(x) = \int_{-\infty}^{\infty} f(\xi) g(x - \xi) \mathrm{d}\xi \tag{C.17}$$

这两个函数卷积的傅里叶频谱为乘积关系,即

$$f(x) * g(x) \rightleftharpoons F(\nu) \cdot G(\nu) \tag{C.18}$$

反过来,若两个函数在空域是乘积关系,则在频域是卷积关系

$$f(x) \cdot g(x) \rightleftharpoons F(\nu) * G(\nu) \tag{C.19}$$

（6）微分的变换

利用傅里叶变换表达式,不难证明如下对于空域函数或频域函数的一阶微商的结果

$$\frac{\mathrm{d}}{\mathrm{d}x} f(x) = f'(x) \rightleftharpoons (-\mathrm{j}2\pi\nu) F(\nu) \tag{C.20}$$

$$(\mathrm{j}2\pi x) f(x) \rightleftharpoons \frac{\mathrm{d}}{\mathrm{d}\nu} F(\nu) = F'(\nu) \tag{C.21}$$

一般地,对于空域函数或频域函数的 n 次微商,有如下两式:

$$f^{(n)}(x) \rightleftharpoons (-\mathrm{j}2\pi\nu)^n F(\nu) \tag{C.22}$$

$$(\mathrm{j}2\pi x)^n f(x) \rightleftharpoons F^{(n)}(\nu) \tag{C.23}$$

（7）相关的变换

函数 $f(x)$ 和 $g(x)$ 的互相关定义为

$$\Gamma_{fg}(x) = \int_{-\infty}^{\infty} f(x') g^*(x' - x) \mathrm{d}x' \tag{C.24}$$

若 $f(x) \rightleftharpoons F(\nu)$, $g(x) \rightleftharpoons G(\nu)$,则有

$$\Gamma_{fg}(x) \rightleftharpoons F(\nu) G^*(\nu) \tag{C.25}$$

$$f(x) g^*(x) \rightleftharpoons \Gamma_{FG}(\nu) \tag{C.26}$$

3. 二维或高维傅里叶变换

设 (x,y) 为空域坐标，(μ,ν) 为频域坐标，二维傅里叶变换常写成

$$F(\mu,\nu) = \iint\limits_{-\infty}^{\infty} f(x,y)\exp\big[j2\pi(x\mu + y\nu)\big]\mathrm{d}x\mathrm{d}y \tag{C.27}$$

$$f(x,y) = \iint\limits_{-\infty}^{\infty} F(\mu,\nu)\exp\big[-j2\pi(\mu x + \nu y)\big]\mathrm{d}\mu\mathrm{d}\nu \tag{C.28}$$

傅里叶光学里我们已经知道，正透镜（会聚透镜），设焦距为 f，透镜前焦面的光场分布 $\tilde{u}(\xi,\eta)$ 经透镜衍射后到达后焦面时的光场分布 $\tilde{u}(u,v)$ 是透镜的夫琅禾费衍射，实际上满足二维傅里叶变换关系：

$$\tilde{u}(u,v) = \iint\limits_{-\infty}^{\infty} \tilde{u}(\xi,\eta)\exp\big[j2\pi(\xi\mu + \eta\nu)\big]\mathrm{d}\xi\mathrm{d}\eta \tag{C.29}$$

其中，$\mu = \dfrac{\xi}{\lambda f}$，$\nu = \dfrac{\eta}{\lambda f}$ 为空间频率。也就是说**正透镜前后焦面的光场分布满足二维傅里叶变换关系**。

输出面必须是透镜的后焦面，输入面可以不是透镜的前焦面。如果输入面是前焦面则可以得到准确的傅里叶变换关系，如式 (C.29) 所示；但是如果输入面偏离了透镜前焦面，离透镜距离为 $z,z\neq f$，则输出表达式会出现一个与 z 有关的二次相位因子在积分号外。而当 $z = f$ 时，即输入面在透镜的前焦面上时，这个二次位相因子消失，前、后焦面的输入、输出光场符合准确的傅里叶变换关系。

本书第 5 章中，我们可以看到，**正透镜前后焦面的互强度分布满足四维傅里叶变换关系**，即式 (5.1.8)

$$\tilde{J}_f(u_1,v_1;u_2,v_2) = \frac{1}{(\bar{\lambda}f)^2}\iiiint\limits_{-\infty}^{\infty} \tilde{J}_0(\xi_1,\eta_1;\xi_2,\eta_2)$$
$$\times \exp\big[j2\pi(\xi_1\nu_1 + \eta_1\nu_2 + \xi_2\nu_3 + \eta_2\nu_4)\big]\mathrm{d}\xi_1\mathrm{d}\eta_1\mathrm{d}\xi_2\mathrm{d}\eta_2 \tag{C.30}$$

4. 傅里叶-贝塞尔变换

光学中常处理圆对称的函数，这类函数通常在极坐标 (r,ϑ) 下表示。当函数与角向坐标 ϑ 无关，而仅与径向坐标 r 有关时，称该函数是圆对称的。

例　圆孔夫琅禾费衍射。

半径为 R 的圆型孔径，置于焦距为 f 的正透镜的前焦面上。振幅为 A_0 的单色平面波垂直入射到圆孔上。孔径函数为

$$\tilde{u}(x,y) = \begin{cases} A, & \text{圆孔内} \\ 0, & \text{其他} \end{cases} \tag{C.31}$$

可用圆域函数表示这个孔径函数

$$\tilde{u}(x,y) = A_0\mathrm{circ}\left(\frac{\sqrt{x^2+y^2}}{R}\right) \tag{C.32}$$

透镜后焦面上得到此孔径的夫琅禾费衍射,正比于此孔径函数的傅里叶变换,即

$$\tilde{u}(\xi,\eta) = C\mathcal{F}\{\tilde{u}(x,y)\} = C\iint_{-\infty}^{\infty} u(x,y)\exp[\mathrm{j}2\pi(\mu x + \nu y)]\mathrm{d}x\mathrm{d}y$$

其中,C 为比例因子.

由于圆对称性,我们到极坐标中考虑此问题.

前焦面:$(x,y) \rightarrow (r,\phi)$,$\begin{cases} x = r\cos\phi \\ y = r\sin\phi \end{cases}$,$\begin{cases} r = \sqrt{x^2 + y^2} \\ \phi = \arctan\left(\dfrac{y}{x}\right) \end{cases}$;

后焦面:$(\xi,\eta) \rightarrow (\rho,\alpha)$,$\begin{cases} \xi = \rho\cos\alpha \\ \eta = \rho\sin\alpha \end{cases}$,$\begin{cases} \rho = \sqrt{\xi^2 + \eta^2} \\ \alpha = \arctan\left(\dfrac{\eta}{\xi}\right) \end{cases}$.

将上式变到极坐标,由于在前焦面上,孔径内光场为常数 A_0,孔径外光场为零,我们有

$$\tilde{u}(\rho,\alpha) = CA_0\int_0^{2\pi}\int_0^R \exp\left\{-\frac{\mathrm{j}k}{z}[r\rho(\cos\phi\cos\alpha + \sin\phi\sin\alpha)]\right\}r\mathrm{d}r\mathrm{d}\phi$$

$$= CA_0\int_0^R\left\{\int_0^{2\pi}\exp[-\mathrm{j}kr\vartheta\cos(\phi-\alpha)]\mathrm{d}\phi\right\}r\mathrm{d}r$$

其中已设

$$\vartheta = \frac{\rho}{z}$$

为观察点(ρ,α)对透镜的张角.

对于大括号内的对 φ 的积分,我们利用贝塞尔恒等式

$$\mathrm{J}_0(a) = \frac{1}{2\pi}\int_0^{2\pi}\exp[-\mathrm{j}a\cos(\phi-\alpha)]\mathrm{d}\phi$$

可得

$$\tilde{u}(\rho,\alpha) = CA_0\int_0^R[2\pi\mathrm{J}_0(kr\vartheta)]r\mathrm{d}r$$

其中已利用了 $\mathrm{J}_0(x)$ 是偶函数的事实.我们发现,结果与角度 φ 无关,仅为径向 r 有关.于是变换可以写成(对于圆对称的孔径函数 $\tilde{u}(\rho,\alpha) = \tilde{u}(\rho)$ 的变换)

$$\tilde{u}(\rho,\alpha) = \tilde{u}(\rho) = 2\pi\int_0^{\infty}\tilde{u}(r)\mathrm{J}_0(2\pi r\rho)r\mathrm{d}r$$

于是,圆对称函数的傅里叶变换也是圆对称的,这里我们已经将积分限扩展到无穷,因为孔径以外的光场为零,这样做更具有一般性.傅里叶变换的这个特殊形式我们称为傅里叶-贝塞尔变换.它的逆变换形式是完全一样的

$$\tilde{u}(r,\varphi) = \tilde{u}(r) = 2\pi\int_0^{\infty}\tilde{u}(\rho)\mathrm{J}_0(2\pi r\rho)\rho\mathrm{d}\rho$$

我们继续上面的计算,利用第一类贝塞尔函数的递推公式(见附录 D)

$$\frac{\mathrm{d}}{\mathrm{d}x}[x^{n+1}\mathrm{J}_{n+1}(x)] = x^{n+1}\mathrm{J}_n(x)$$

当 $n = 0$ 时,有

$$\frac{\mathrm{d}}{\mathrm{d}x}[x\mathrm{J}_1(x)] = x\mathrm{J}_0(x)$$

利用此式,可得

$$\tilde{u}(\rho,\alpha) = 2\pi CA_0 \frac{R}{k\vartheta} J_1(k\vartheta R)$$

$$= CA_0(\pi R^2)\left[\frac{2J_1\left(\frac{2\pi R\vartheta}{\lambda}\right)}{\left(\frac{2\pi R\vartheta}{\lambda}\right)}\right] = CA_0(\pi R^2)\left[\frac{2J_1(a)}{a}\right]$$

这是圆孔衍射的结果,衍射花样的艾里(Airy)斑的大小取决于下式($\Delta\vartheta$ 为艾里斑对透镜的张角)

$$a = \frac{2\pi R\Delta\vartheta}{\lambda} = 1.22\pi$$

即

$$\Delta\vartheta = 0.61\frac{\lambda}{R} = 1.22\frac{\lambda}{D}$$

其中,$D = 2R$ 为衍射孔径的直径.

5. 广义傅里叶变换,符号函数的傅里叶变换

我们以符号函数的傅里叶变换为例简单介绍一下广义傅里叶变换.

考虑频率空间的符号函数,定义为

$$\mathrm{sgn}(\nu) = \begin{cases} 1, & \nu > 0 \\ 0, & \nu = 0 \\ -1, & \nu < 0 \end{cases}$$

我们求它的逆傅里叶变换,得到时域的表达式.

符号函数不满足绝对可积条件:

$$\int_{-\infty}^{\infty} |f(\nu)|^2 \mathrm{d}\nu < \infty$$

因此无法定义通常的(狭义)傅里叶变换,但是选取适当的函数序列可定义它的广义傅里叶变换.

一般来讲,若 $F(\nu)$ 和一个函数序列 $F_n(\nu)$($n = 0,1,2,\cdots$)具有如下关系:

$$F(\nu) = \lim_{n\to\infty} F_n(\nu)$$

并且对函数序列中的每一个函数 $F_n(\nu)$ 来说,其傅里叶逆变换均存在

$$f_n(t) = \mathcal{F}^{-1}\{F_n(\nu)\}$$

而且当 $n\to\infty$ 时,函数序列 $f_n(t)$ 也有确定极限,则在极限意义下可定义 $F(\nu)$ 的逆傅里叶变换

$$\mathcal{F}^{-1}\{F(\nu)\} = \lim_{n\to\infty} \mathcal{F}^{-1}\{F_n(\nu)\}$$

对于频域的符号函数 $\mathrm{sgn}(\nu)$,我们选取

$$F_n(\nu) = \begin{cases} \mathrm{e}^{-\frac{\nu}{n}}, & \nu > 0 \\ 0, & \nu = 0 \\ -\mathrm{e}^{\frac{\nu}{n}}, & \nu < 0 \end{cases}$$

容易看出

$$\text{sgn}(\nu) = \lim_{n \to \infty} F_n(\nu) = \begin{cases} 1, & \nu > 0 \\ 0, & \nu = 0 \\ -1, & \nu < 0 \end{cases}$$

我们有

$$f_n(t) = \mathcal{F}^{-1}\{F_n(\nu)\} = \int_{-\infty}^{\infty} F_n(\nu) e^{-j2\pi\nu t} d\nu$$

$$= \int_0^{\infty} e^{-\frac{\nu}{n}} \cdot e^{-j2\pi\nu t} d\nu - \int_{-\infty}^0 e^{\frac{\nu}{n}} \cdot e^{-j2\pi\nu t} d\nu$$

$$= \frac{-j4\pi t}{\frac{1}{n^2} + (2\pi t)^2}$$

所以得

$$f(t) = F^{-1}\{\text{sgn}(\nu)\} = \lim_{n \to \infty} f_n(t) = \begin{cases} -\dfrac{j}{\pi t}, & t \neq 0 \\ 0, & t = 0 \end{cases}$$

附录 D 贝塞尔函数简介

贝塞尔函数的内容很多,也很繁杂,我们这里只介绍一些与本书有关的内容.

1. Γ 函数

由于贝塞尔函数展开式里含有 Γ 函数,所以我们介绍一些 Γ 函数的内容.
Γ 函数定义为

$$\Gamma(n) = \int_0^{\infty} e^{-x} x^{n-1} dx, \quad n > 0 \tag{D.1}$$

它有如下三个主要性质,我们就不证明了.

(1) 当 $n = 1$ 时,有

$$\Gamma(1) = 1 \tag{D.2}$$

(2) 当 n 为有限数时,有

$$\Gamma(n + 1) = n\Gamma(n) \tag{D.3}$$

(3) 当 n 为正整数时,有

$$\Gamma(n + 1) = n! \tag{D.4}$$

所以,对于正整数的 n,Γ 函数就是阶乘.

下面看看 $n < 0$ 时的情况:

$$\Gamma(n) = \frac{\Gamma(n + 1)}{n}, \quad n < 0, \neq -1, -2, \cdots \tag{D.5}$$

当 n 为负整数时,有

$$\Gamma(-1) = \frac{\Gamma(0)}{-1} = -\infty \tag{D.6}$$

$$\Gamma(-2) = \frac{\Gamma(-1)}{-2} = \infty \tag{D.7}$$

......

以上给出的是实变数 x 的 Γ 函数,复变数 z 的 Γ 函数这里就不讨论了.

2. 贝塞尔函数

贝塞尔函数是如下贝塞尔微分方程的一个解,该微分方程为

$$\frac{\mathrm{d}^2 y}{\mathrm{d}x^2} + \frac{1}{x}\frac{\mathrm{d}y}{\mathrm{d}x} + \left(1 - \frac{n^2}{x^2}\right)y = 0 \tag{D.8}$$

此微分方程的通解为

$$y = c_1 \mathrm{J}_n(x) + c_2 \mathrm{Y}_n(x) \tag{D.9}$$

其中,$\mathrm{J}_n(x)$ 是 n 阶第一类贝塞尔函数,$\mathrm{Y}_n(x)$ 是 n 阶第二类贝塞尔函数. 我们需要用到的是第一类贝塞尔函数.

$\mathrm{J}_n(x)$ 是个无穷级数,定义为

$$\mathrm{J}_n(x) = \sum_{k=0}^{\infty} \frac{(-1)^k \left(\frac{x}{2}\right)^{n+2k}}{\Gamma(k+1)\Gamma(n+k+1)} \tag{D.10}$$

将上式的 n 换成 $-n$,得到

$$\mathrm{J}_{-n}(x) = \sum_{k=0}^{\infty} \frac{(-1)^k \left(\frac{x}{2}\right)^{-n+2k}}{\Gamma(k+1)\Gamma(-n+k+1)} \tag{D.11}$$

通常 $\mathrm{J}_0(x)$ 和 $\mathrm{J}_1(x)$ 用得比较多,在式(D.10)中分别使 $n=0$ 和 $n=1$,并利用 Γ 函数的公式(D.4),可得

$$\mathrm{J}_0(x) = \sum_{k=0}^{\infty} \frac{(-1)^k \left(\frac{x}{2}\right)^{2k}}{(k!)^2} = 1 - \frac{x^2}{2^2} + \frac{x^4}{2^2 \cdot 4^2} - \frac{x^6}{2^2 \cdot 4^2 \cdot 6^2} + \cdots \tag{D.12}$$

$$\mathrm{J}_1(x) = \sum_{k=0}^{\infty} \frac{(-1)^k \left(\frac{x}{2}\right)^{2k+1}}{k!(k+1)!} = \frac{x}{2}\left(1 - \frac{x^2}{2 \cdot 4} + \frac{x^4}{2 \cdot 4 \cdot 4 \cdot 6} - \frac{x^6}{2 \cdot 4 \cdot 6 \cdot 4 \cdot 6 \cdot 8} + \cdots\right) \tag{D.13}$$

下面几个公式就是我们要用到的公式.

不同阶贝塞尔函数之间有如下的递推关系:

$$\frac{\mathrm{d}}{\mathrm{d}x}\left[x^n \mathrm{J}_n(x)\right] = x^n \mathrm{J}_{n-1}(x) \tag{D.14}$$

$$\frac{\mathrm{d}}{\mathrm{d}x}\left[\frac{\mathrm{J}_n(x)}{x^n}\right] = -x^{-n} \mathrm{J}_{n+1}(x) \tag{D.15}$$

当 $n=0$ 时,有

$$\frac{\mathrm{d}}{\mathrm{d}x}\left[x \mathrm{J}_1(x)\right] = x \mathrm{J}_0(x) \tag{D.16}$$

整数阶贝塞尔函数还有如下的积分表达式:

$$\mathrm{J}_n(x) = \frac{\mathrm{j}^{-n}}{2\pi}\int_0^{2\pi}\mathrm{e}^{\mathrm{j}x\mathrm{con}\,\vartheta}\cdot\mathrm{e}^{\mathrm{j}n\vartheta}\mathrm{d}\vartheta \qquad (\mathrm{D}.17)$$

当 $n = 0$ 时,得到 0 阶第一类贝塞尔函数的积分表达式:

$$\mathrm{J}_0(x) = \frac{1}{2\pi}\int_0^{2\pi}\mathrm{e}^{\mathrm{j}x\mathrm{con}\,\vartheta}\mathrm{d}\vartheta \qquad (\mathrm{D}.18)$$

附录 E　主要函数符号

随机变量 U 的概率密度函数	$p_U(u)$
随机变量 U 的概率分布函数	$F_U(u)$
二维随机变量 UV 的概率密度函数	$p_{UV}(u,v)$
二维随机变量 UV 的概率分布函数	$F_{UV}(u,v)$
随机变量 U 和 V 的协方差	C_{UV}
随机变量 U 和 V 的相关函数	Γ_{UV}
能谱密度(确定函数的)	$\epsilon(\nu)$
随机过程 $U(t)$ 的能谱密度	$\epsilon_U(\nu)$
功率谱密度(确定函数的)	$\mathcal{G}(\nu)$
随机过程 $U(t)$ 的功率谱密度	$\mathcal{G}_U(\nu)$
随机过程 $U(t)$ 的自协方差函数	$C_U(t_2,t_1)$
随机过程 $U(t)$ 的结构函数	$D_U(t_2,t_1)$
随机过程 $U(t),V(t)$ 的时间平均意义下的交叉相关函数	$\widetilde{\Gamma}_{UV}(\tau)$
随机过程 $U(t),V(t)$ 的系综平均意义下的交叉相关函数	$\Gamma_{UV}(t_2,t_1)$
随机过程 $U(t),V(t)$ 的交叉谱密度	$\widetilde{\mathcal{G}}_{UV}(\nu)$
点扩散函数(脉冲响应)	$h(t)$
传递函数	$\widetilde{\mathcal{H}}(\nu)$
随机变量 U 的特征函数	$M_U(\omega)$
相干矩阵	J
偏振度	P
自相干函数	$\widetilde{\Gamma}(\tau)$
(时间)复相干度	$\widetilde{\gamma}(\tau)$
光场归一化的功率谱密度	$\hat{\mathcal{G}}(\nu)$
光场的相干时间	τ_c
光场的相干长度	l_c

光场的互相干函数	$\widetilde{\Gamma}_{12}(\tau)$
（空间）复相干度	$\widetilde{\gamma}_{12}(\tau)$
条纹可见度函数	V
互强度	$\widetilde{J}_{12}$
互强度频谱	$\mathcal{J}(\mu,\nu)$
复相干系数	$\widetilde{\mu}_{12}$
振幅散布函数	$\widetilde{K}$
光学传递函数	$\widetilde{\mathcal{H}}(\mu,\nu)$
点散布函数	$\widetilde{S}(x,y)$
振幅透过率	$\widetilde{t}(x,y)$
振幅透过率频谱	$\widetilde{\mathcal{J}}(\mu,\nu)$